中国地质大学（武汉）实验教学系列教材
中国地质大学（武汉）实验教材项目资助（SJC-201911）
中国地质大学（武汉）本科教学工程项目资助（2019G47）

物理演示与探索实验

WULI YANSHI YU TANSUO SHIYAN

主　编　周俐娜　陈　玲　何开华　张光勇
副主编　李铁平　陈洪云　金三梅　汪　海
　　　　张薇薇　马　冲

图书在版编目(CIP)数据

物理演示与探索实验/周俐娜等主编;李铁平等副主编.—武汉:中国地质大学出版社,2023.11

ISBN 978-7-5625-5765-4

Ⅰ.①物… Ⅱ.①周… ②李… Ⅲ.①物理学-实验-高等学校-教材 Ⅳ.①O4-33

中国国家版本馆 CIP 数据核字(2024)第 022300 号

物理演示与探索实验

周俐娜 陈 玲 何开华 张光勇 **主 编**

李铁平 陈洪云 金三梅 汪 海 张薇薇 马 冲 **副主编**

责任编辑:郑济飞 责任校对:张咏梅

出版发行:中国地质大学出版社(武汉市洪山区鲁磨路 388 号) 邮编:430074

电 话:(027)67883511 传 真:(027)67883580 E-mail:cbb@cug.edu.cn

经 销:全国新华书店 http://cugp.cug.edu.cn

开本:787mm×1092mm 1/16 字数:468 千字 印张:18.25

版次:2023 年 11 月第 1 版 印次:2023 年 11 月第 1 次印刷

印刷:湖北睿智印务有限公司

ISBN 978-7-5625-5765-4 定价:68.00 元

前言 PREFACE

自古以来，人类对自然界的探索欲望便根植于我们的血脉之中。正如庄子所言："判天地之美，析万物之理"，在那个遥远的时代，希腊的智者们已经开始将物理学纳入自然哲学的范畴，开启了其发展的旅程。这种对自然奥秘的渴望和探索，不仅推动了科学的进步，也塑造了人类文明的辉煌。在科技迅猛发展的今天，无论是马斯克雄心勃勃的"火星计划"，还是普通人对物理问题的好奇与追问，都是源自我们内心深处对未知世界的渴望。因此，物理学作为自然科学的基石，其普及教育对于促进个体的自我成长具有不可估量的价值。

歌德曾说："如果你想与这个世界结合，没有比科学更可靠的途径。"在中国，为了帮助青少年更好地理解这个世界，物理学作为一门基础学科，不仅在中学阶段被列为必修课程，而且在大学阶段，对于理工科学生而言，更是必修课。

然而，物理学的学习并不简单，随着理论知识的深入，学习难度也随之增加。对于那些出于兴趣自学物理的青少年或未受过高等教育的成年人，一本充满抽象概念、复杂公式和严谨推导的物理读物，可能会让他们感到畏惧，从而使得对物理的兴趣迅速消退。

对于正在接受系统物理教育的学生来说，课堂所学知识往往因为缺乏与实践的结合而难以留下深刻印象。为了帮助学生更好地掌握这些知识，中学和大学阶段的教学普遍采用大量习题训练的方式。虽然这种方法在一定程度上能够巩固所学知识，但它缺乏趣味性和启发性。题目往往是精心设计的，没有"意外"，不需要额外的思考和探索，这不利于培养学生的科学精神和创新意识。正如普朗克所说："物理定律的获得不能仅仅依靠思维，还需要通过观察和实验来实现。"

物理演示与探索实验正是弥补这一缺陷的有效手段。它能够将抽象的物理过程具体化，让"纸上的"物理原理变得"看得见"和"动起来"，从而加深对物理概念和定律的理解。同时，演示与探索实验往往需要声、光、电、机械等多种技术的配合，这不仅对物理老师提出了更高的要求，也为学生提供了探索和学习的机会。实验中可能出现的"意外"现象或"故障"，正是培养学生探索精神和创新意识的宝贵资源。

自 2003 年起，我校开始建设物理演示实验室，并为学生开设了演示实验课程。如今，该实验室拥有 270m^3 的展厅和 130 余套演示设备。2022 年，实验室被评为"湖北省科普教育基地"，并定期开展对外科普活动。为了进一步提升实验教学和科普工作的质量，我们编写了这本书。本书涵盖了力学、热学、电磁学、振动与波、光学、综合物理 6 个领域，包含 120 多个实验项目。在叙述上，我们尽量避免使用复杂的物理公式，力求以通俗易懂的语言展现物理原理。书中不仅包含了一些经典的演示实验项目，还引入了现代科学技术的应用实例，如超导磁悬浮、3D打印、全息照相、光纤通信、GPS定位、激光监听、纳米磁液、记忆合金等。我们希望通过这些内容，能够帮助青少年拓宽视野，激发他们的探索热情。作为一线物理教师和科普工作者，编者希望能够通过这本书为我国的科学普及事业贡献一份力量。由于编写时间紧迫和编者水平有限，书中可能存在一些不足之处，我们诚挚地欢迎读者批评和指正。

目录 CONTENTS

第一篇　力　学

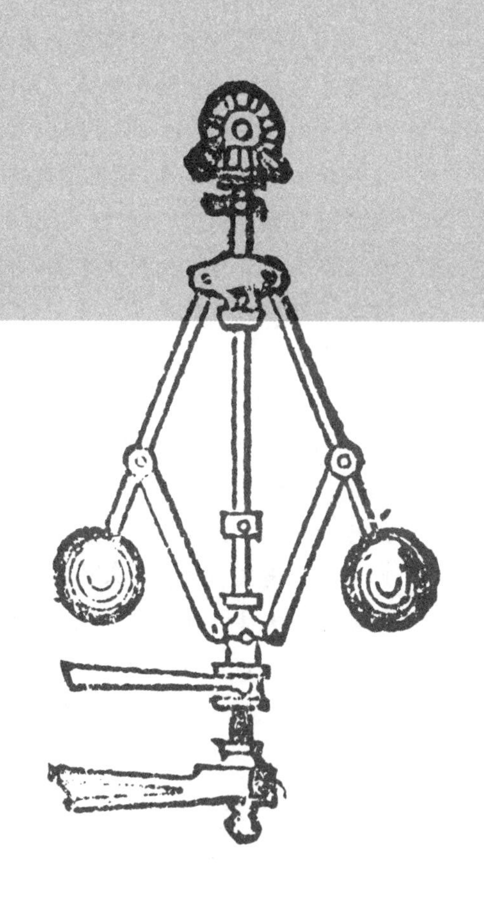

力学是物理学的一个重要分支，它研究的是物体在力的作用下发生的运动状态和变形情况，以及力与运动、力与变形之间的关系。力学致力于揭示自然界中物体机械运动的基本规律，并通过数学工具构建模型和方程，以便准确地预测物体的行为和动态响应。力学的研究范围既包括宏观物体，如地球上的建筑和飞行器，也涉及微观粒子，甚至扩展到宇宙尺度的天体运动。此外，力学还包括固体力学(研究固体材料在受力后的应力应变关系)、流体力学(研究流体运动规律)以及振动、冲击、声学等多个子领域。

力学的起源可以追溯到古希腊时期的自然哲学家，如亚里士多德提出的关于运动和力的初步观念。然而，真正的力学科学体系的建立始于文艺复兴时期，尤其是16世纪至17世纪，伽利略通过实验验证了物体自由落体和抛体运动的规律，提出了惯性原理的前身。伽利略的工作为后来牛顿创建经典力学奠定了基础。17世纪末，牛顿发表了《自然哲学的数学原理》，在这部著作中他提出了著名的牛顿运动三定律和万有引力定律，从而建立了经典力学的完整体系。此后，力学迅速发展，产生了如拉格朗日力学和哈密顿力学等新的表述形式，这些理论不仅用于描述刚体和质点的运动，还在工程学、航空航天、地质力学等领域发挥了巨大作用。进入19世纪，随着工业革命和技术进步，力学与其他学科交叉融合，产生了更多细分领域，如弹性力学、塑性力学、流变学、空气动力学等。20世纪以来，尽管量子力学和相对论的出现拓展了物理学的新边界，但经典力学仍然是理解和解决日常生活和工程技术问题的核心工具，并且在宏观物理现象的描述中保持着无可替代的地位。同时，力学也在不断发展和完善，如非线性力学、混沌理论等现代力学分支的兴起，持续丰富着力学的知识体系和应用领域。

本篇主要介绍自然界中力学知识的应用，包括机械能守恒和转换、质点动力学、角动量定理与守恒、刚体的运动和流体力学等相关实验内容。

A　自然界、机械能守恒与转换

在力学中，自然界中的机械能守恒与转换是一个核心的概念，它反映了自然界能量转换的基本规律。在人类文明进程中，常常利用能量转换规律将自然界的能量转换为我们生产生活所需要的能量。

实验 1.1　能量穿梭机

【演示目的】

了解能量转换、能量守恒、动量传递及动量守恒等原理。

【实验装置】

图 1.1.1 所示是能量穿梭机演示仪。

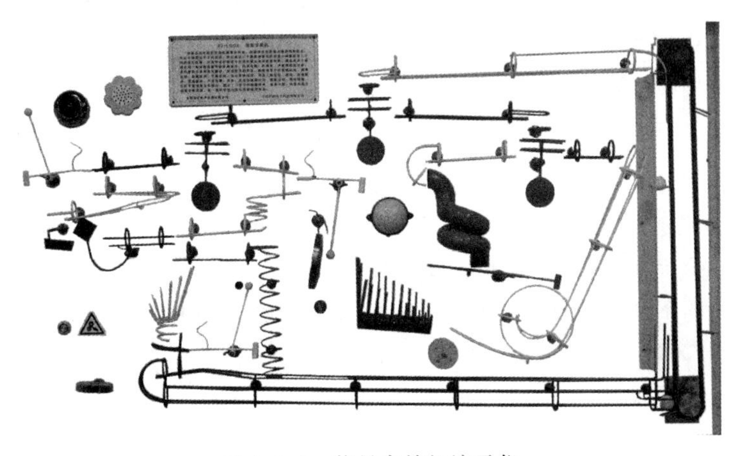

图 1.1.1　能量穿梭机演示仪

【演示原理】

自然界的一切物质都具有能量，能量既不能创造也不能消灭，只能从一种形式转换成另一种形式，或从一个物体传递到另一个物体，在能量转换和传递过程中能量的总量恒定不变。一个系统的总能量等于传入和传出该系统的能量之和。

本装置有各种转轮、杠杆、轨道等传送装置，小球从高处滚下，由于重力势能转化为动能，使小球发生一系列生动有趣的运动。演示装置上的感应开关，自动把小球移到最高处，然后小球从高处滚下即可进行演示，主要演示小球在电能、机械能、重力势能、动能的一系列转化过程中像穿梭机一样运动。

用输送带将小球输送到演示仪的顶端之后，借助其势能沿着特制的轨道，小球不断地做着圆周运动、斜抛运动、惯性运动、螺旋运动、玫瑰线运动、模拟天体运动、随机运动和弹性碰撞之后，最后回到出发点。由于每个小球的质量不一样，小球们通过输送带到达顶端后，每个小球的运动路线不一样，小球或急冲直下，或缓缓平滚，或盘旋而下，或逆势上扬，或跳跃前行，以多种姿态在运动轨迹中完成声、光、电的演绎，在运动中完成能量转换及动量传递。当小球在螺旋运动之后的一段水平轨道上运行时，还会触动感应开关，给你意外的惊喜。

【实验操作及演示现象】

(1)将球依次放置在传送带下端的入口处，按下启动开关，即可观察小球做各种运动；

(2)观察小球运动的随机性和多样性；

(3)传送带运动一定时间后会自动停止工作，若想再次观察小球做各种运动，需要重新启动开关。

【注意事项】

(1)为了保证实验的稳定性，必须检查模型上各个支架是否稳固地固定在底盘上，若发现有松动现象应设法紧固(插紧支架或旋紧螺栓)。

(2)定期检查轨道上的油漆是否有脱落现象。油漆脱落不仅影响美观，还可能改变受力，应及时修补，以免影响实验效果。

(3)球长期不用时，应擦净表面后，放入密封的塑料袋或容器中，以防止球表面污垢改变受力而影响使用。小球轻拿轻放，防止摔到地上破损。

【思考题】

(1)在弹性碰撞中，有哪些物理量保持不变？

(2)如果让小球不通过传送带，而是手动放在运动轨道上的某处，观察小球的运动轨道是否与传送带投递时的运动轨道一致。

实验 1.2　三球仪

【演示目的】

演示太阳、地球、月球三者之间的关系，并了解日食、月食的形成及四季的变化等。

【实验装置】

图 1.2.1 所示为三球仪。

图 1.2.1　三球仪

【演示原理】

地球绕太阳的轨道所在平面和月球绕地球的轨道所在平面比较接近，当月球转到太阳和地球之间并且三者成一条直线时，月球挡住了太阳的光线，在地面上月亮的阴影区域就出现了日食。而当月亮转到地球的另一边到达地球的阴影区域时，太阳照射月亮的光线被地球挡住了，我们就看到了月食。

地球绕太阳公转时，地球自转的转轴与地-日连线不是垂直的，而是有一个 66°34′的倾角。因此有半年时间，北半球阳光照射较多，这时北半球为夏季，而另半年南半球阳光照射较多，南半球进入夏季，北半球则进入冬季。南北半球阳光照射大体相当的季节，就是一年中的春秋两季。

月球绕地球运转时，月球自转周期与公转周期相同，即月亮自转一圈所需时间等于绕地球一圈所需时间，故月亮始终以同一面朝向地球。

【实验操作及演示现象】

(1)演示日食和月食现象：把代表太阳的灯点亮，分别观察月亮在地球上的阴影和地球在月亮上的阴影。

(2)演示地球上的四季现象:让地球绕太阳公转,观察在公转一圈的过程中北半球和南半球日照情况的变化。

(3)演示月亮的自转和公转:可让月球绕地球转动,观察其朝地球的面是否变化。

【注意事项】

三球仪演示时在暗室内进行效果较好。

【思考题】

(1)月球自转周期与公转周期为什么相同?为什么月球总以同一面面对我们?为什么月球公转周期是27.32天,而一个月有30天左右?

(2)农历的一个月称为朔望月,大月30天,小月29天,朔望月平均29.53天。为什么与月球公转周期27.32天不一样?

(3)中国农历闰年怎么确立?闰年怎么确定闰几月?为什么说中国农历不能算阴历,应该是阴阳历?

(4)中国农历二十四节气是怎么确定的?清明节是清明节气第一天,为什么它总在公历4月4—6日?

实验 1.3　磁悬浮地球仪

【演示目的】

(1)了解磁悬浮原理；

(2)展示地球的真实状态，如展示七大洲、四大洋等，寓教于乐。

【实验装置】

图 1.3.1 所示为磁悬浮地球仪。

图 1.3.1　磁悬浮地球仪

【演示原理】

磁悬浮地球仪与普通地球仪不同，磁悬浮地球仪能够运用磁悬浮的科学原理，在无任何支撑物及触点的情况下悬浮于空中自转，更加生动真实地展现了地球在太空中的形态，具有独特的视觉效果，给人以奇特新颖的感觉和精神享受，同时具有很高的欣赏价值和使用价值。地球球面为标准的世界地图，七大洲、四大洋、世界各国疆域版图及重要城市尽收眼底，寓教于乐，融知识与趣味于一体。

磁悬浮地球仪利用电磁力效应使地球仪悬浮在半空中。地球仪底端有一个磁铁，底座圆环形塑胶框内部顶端有一个金属线圈，金属线圈通过电流就会成为电磁铁，电磁铁与地球仪顶端磁铁间的排斥力可抵消地球仪所受重力，因此地球仪可悬浮在半空中。用手轻轻触碰地球仪可使其偏离平衡位置。塑胶框内部底端的霍尔磁探测器可监测磁场变化，自动产生补偿电流使塑胶框顶端金属线圈产生磁场来补偿磁力的变化，将地球仪拉回平衡位置。所以，手移开后地球仪不会掉落，轻轻拨动地球仪便可使其持续不停转动，这可以用惯性原理(也可依据角动量守恒原理)解释。地球仪所受到的外力矩为零，因此会以固定速率沿固定方向转动。

【实验操作及演示现象】

(1)将底座安放在稳固、水平的台面,不可移动摇晃,然后接通电源。

(2)用双手的大拇指和食指托住地球仪的最底部,将地球仪从基座的正中央上部,垂直往下放。当手托住地球仪从上往下靠近基座中心垂直距离约 1.5 cm 处时,能感受到强烈的磁力向上支撑着物体,然后将两个小拇指紧贴在底座上,以确保双手稳定以便控制地球仪水平漂浮。当你感觉到地球仪受力平衡时,试着轻轻移开两只手,地球仪呈悬浮状态。悬浮成功后,再用手指轻轻拨动地球仪底部,地球仪即可旋转起来。

(3)悬浮后,若地球仪呈自由摆动或抖动状态,可用手轻轻稳住地球仪底部,即可呈正常的工作状态。但如果碰到或摇动底座,地球仪会停止悬浮并且吸附在底座上。如果发生这样的情况,可以按照第(2)步重新摆放,就可以使其重新悬浮。

【注意事项】

(1)将底座插好电源,再把地球仪放上去,确保地球仪不被大力触动(不然会使球体底座损坏)。

(2)要关掉底座的电源时,必须先把地球仪拿下来放好,再把电源拔掉,这样才不至于使地球仪摔坏。

(3)地球仪在运作时不要随意触碰。

(4)初次使用者若操作不当,会造成地球仪不能立即悬浮。试放地球仪不能超过 5 min,超过 5 min 试放不上请拔掉电源,等待半个小时后再重新试放(这是因为地球仪在摆放过程中电磁系统会产生比较大的瞬间电流,长时间不正确操作,系统会形成过热保护,这时候底座有发热的感觉,应在系统冷却后再操作)。

【思考题】

(1)将悬浮的地球模型看成大致光滑的球体,通过实验观察并估算一下地球模型与空气阻力矩、空气的黏滞系数。

(2)为什么需要在地球仪底端安装一个霍尔磁探测器?引起磁场变化的因素有哪些?

(3)能否让地球仪不需要手拨自转?地球自转轴与公转轴之间的夹角为 $66°34'$,能否让地球仪的自转方向与竖直方向的夹角也为 $66°34'$。

实验 1.4　麦克斯韦滚摆

【演示目的】

(1)通过滚摆的滚动演示机械能守恒;

(2)演示滚摆的平动动能、转动动能与重力势能之间的转化。

【实验装置】

图 1.4.1 所示为麦克斯韦滚摆。

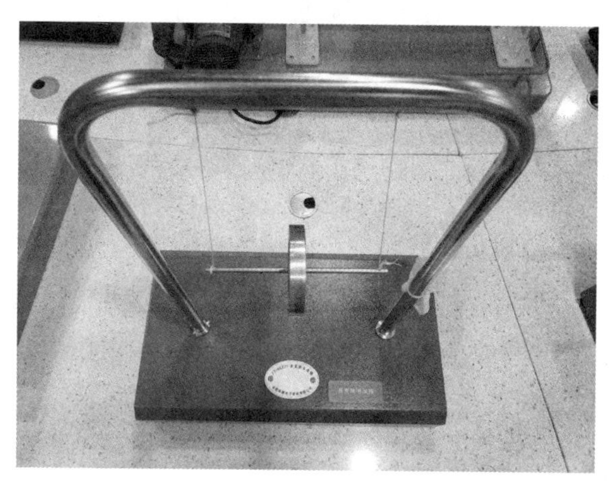

图 1.4.1　麦克斯韦滚摆

【演示原理】

捻动滚摆的轴,当滚摆上升到顶点时,储蓄一定的势能。当滚摆被松开,开始旋转下降,滚摆势能随之逐渐减小,而动能(平动动能和转动动能)逐渐增加。当悬线完全松开,滚摆不再下降时,转动角速度与下降平动速度达到最大值,动能最大。由于滚摆仍继续旋转,它又开始缠绕悬线使滚摆上升。在滚摆上升的过程中动能逐渐减小,势能却逐渐增加,上升到跟原来差不多的高度时,动能为零,而势能最大。如果没有任何阻力,滚摆每次上升的高度都相同,说明滚摆的势能和动能在相互转化过程中,机械能的总量保持不变。

麦克斯韦滚摆的简易版就是现在小朋友玩的溜溜球。

重力作用下滚摆的运动是滚摆质心的平动与滚摆绕质心转动的合运动。如果不计空气阻力,滚摆在运动过程中机械能守恒。在任一时刻,滚摆的总动能等于质心的平动动能和绕质心的转动动能之和,即

$$E=\frac{1}{2}mv_c^2+\frac{1}{2}J\omega^2 \tag{1.4.1}$$

式中：m 是滚摆的质量；J 是滚摆对通过质心且与摆平面垂直的转轴的转动惯量；v_c 为质心运动的平动速度大小；ω 为滚摆绕质心的角速度大小。

本实验中，滚摆的受力情况如图 1.4.2 所示，图中 r 是轴的半径，T 是绳对滚摆的拉力，mg 是滚摆受到的重力，由质心运动定律和转动定律可得

$$\begin{cases} mg - T = ma_c \\ Tr = J\beta \\ \beta r = a_c \end{cases} \tag{1.4.2}$$

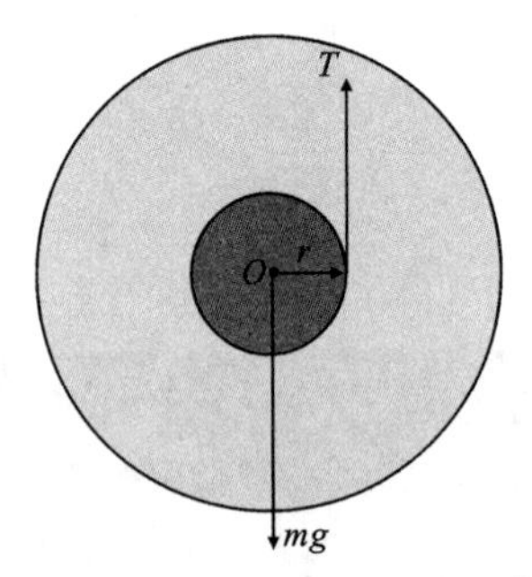

图 1.4.2　麦克斯韦滚摆受力分析

式中：a_c为质心的加速度；β 为绕质心转动的角加速度。由此可解出

$$a_c = \frac{mg\,r^2}{m\,r^2 + J} \qquad T = \frac{mgJ}{m\,r^2 + J} \qquad \beta = \frac{mgr}{m\,r^2 + J} \tag{1.4.3}$$

若滚摆从静止开始下降，经过时间 t，其下降的高度为

$$h = \frac{mg\,r^2\,t^2}{2(m\,r^2 + J)} \tag{1.4.4}$$

质心的平动动能为

$$E_{kt} = \frac{1}{2}m\,v_c^2 = \frac{1}{2}m\,(a_c t)^2 = \frac{m^3\,g^2\,r^4\,t^2}{2\,(m\,r^2 + J)^2} \tag{1.4.5}$$

绕质心的转动动能为

$$E_{kv} = \frac{1}{2}J\,\omega^2 = \frac{1}{2}J\,(\beta t)^2 = \frac{m^2\,g^2\,r^2\,t^2 J}{2\,(m\,r^2 + J)^2} \tag{1.4.6}$$

显然满足

$$E_{kt} + E_{kv} = mgh \tag{1.4.7}$$

上式表明，滚摆在下降过程中，减少的重力势能转变成了质心的平动动能与绕质心的转动动能之和，即滚摆在运动中机械能守恒。

当滚摆下降到最低点时，摆轮的转动动能达到最大值，然后由于转动的惯性，滚摆开始反向卷绕挂绳，把下落过程中获取的平动动能和转动动能转化为重力势能，轮的转速逐渐减小，质心位置升高，重力势能增大。即到了最低点以后，滚摆的动能反过来转换为重力势能，直至到达最高位置，然后滚摆在重力作用下降……如此反复。

【实验操作及演示现象】

(1)将滚摆轴保持水平，使悬线均匀地绕在轴上，待滚摆到达一定高度，放手使其平稳

下落。

(2)将挂绳绕在麦克斯韦滚摆的轮的轴上，直到轮上升到顶部，使轮在挂绳悬点的正下方。松手释放，在重力作用下，重力势能转化为轮的转动动能。轮下降到最低点，轮的转速最大，转动动能最大；然后又反向卷绕挂绳，转动动能转化为重力势能，轮的转速减小，位置升高。如此反复。

【注意事项】

要尽量使滚摆平稳地上下运动，不能有前后摆动或扭动现象。

【思考题】

(1)试分析麦克斯韦滚摆下落到接近最低时滚摆的动力学过程。

(2)如何用简便方法测量一个物体在空气中运动的平移阻力和转动阻力。

(3)如果滚摆上升到释放点高度差别在3%，也就是说往返一次损失了3%的重力势能。以此推论下去，需要20多次往返滚摆高度才会达到原先高度的一半。但实际发生的不是如此，滚摆没有往返那么多次，甚至停止了运动。请解释此现象。

(4)如果把滚摆的运动看成一个周期性运动，它还是一个欠阻尼周期运动。按照这个思路，请分析一下滚摆的运动。

实验1.5　人体反应时间测试

【演示目的】

定量测试人在不同情况下的反应时间。

【实验装置】

人体反应时间测试系统主要由实验主机(机箱盖上装有喇叭)、模拟汽车刹车系统、模拟自行车刹车系统组成,如图1.5.1所示。

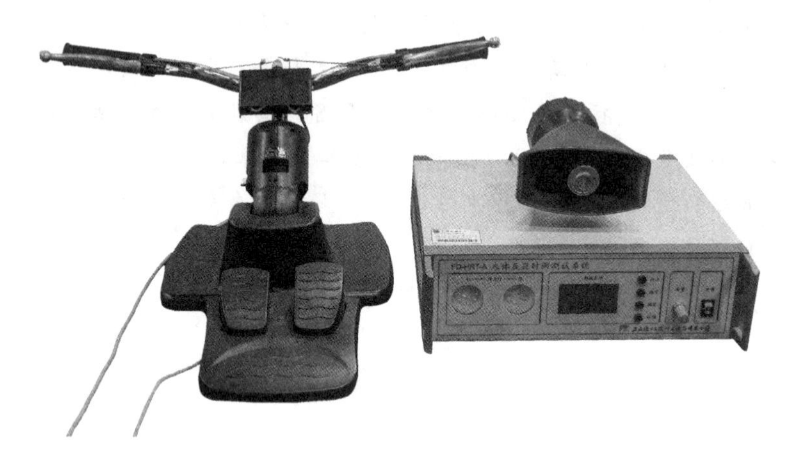

图1.5.1　人体反应时间测试系统

【演示原理】

在引发交通事故的诸多因素中,骑车人与驾驶员的身心素质尤为重要,特别是他们对信号灯及汽车喇叭的反应速度,往往决定了交通事故的发生与否以及严重程度。因此,研究骑车人与汽车驾驶员在不同生理、心理状况下的反应速度,对减少交通事故的发生,保障自己和他人生命的安全有着重要意义。

汽车行驶中,由驾驶人发现危险信号,大脑反应想要停车时开始,到右脚踩到制动踏板上为止,所经过的时间称为驾驶人的反应时间。这段时间的长短,取决于驾驶人的精神集中程度和动作的灵敏程度,而这两者则又取决于驾驶人的年龄、个性、驾驶技术。通过测量反应时间可以了解和评定人体神经系统反射弧不同环节的功能水平。机体对刺激的反应越迅速,反应时间越短,灵活性越好。

本测试系统模拟骑车人的手刹或驾驶员的脚刹动作,分别从视觉、听觉两个角度来研究人的反应时间。应用该测试系统可以完成以下实验:研究信号灯转变时骑车人或驾驶员的刹车反应时间;研究听到汽车喇叭声时骑车人的刹车反应时间。

【实验操作及演示现象】

（1）在“汽车测试”模式下，根据屏幕提示，在红灯点亮后踩下刹车，屏幕上将显示本次测试反应的时间。

（2）在“自行车测试”模式下，根据屏幕提示，在红灯点亮后捏紧手刹，屏幕上将显示本次测试的反应时间。

（3）在“声音测试”模式下，根据屏幕提示，在喇叭响后捏紧手刹，屏幕上将显示本次测试的反应时间。

【注意事项】

提前刹车将被视作犯规。

【思考题】

（1）人体的反应时间主要受哪些因素影响？

（2）根据反应时间估算不同行车速度下的安全车距。

B 质点动力学类

质点动力学是经典力学的重要组成部分，它主要研究单一质点在力的作用下如何运动，以及力与运动状态变化之间的关系。质点被理想化为具有质量但没有体积和形状，这有助于我们忽略复杂形状带来的影响，专注于力与运动本身的基本规律。

实验 1.6 锥体上滚

【演示目的】

(1)观察锥体沿倾斜轨道上滚的现象，理解在重力场中物体总是会降低重心，趋于稳定的运动规律；

(2)了解物体从势能高的位置向势能低的位置移动的趋势，在这个过程中重力势能将转换为动能，并且在转换过程中机械能守恒。

【实验装置】

图 1.6.1 所示为锥体上滚演示装置。

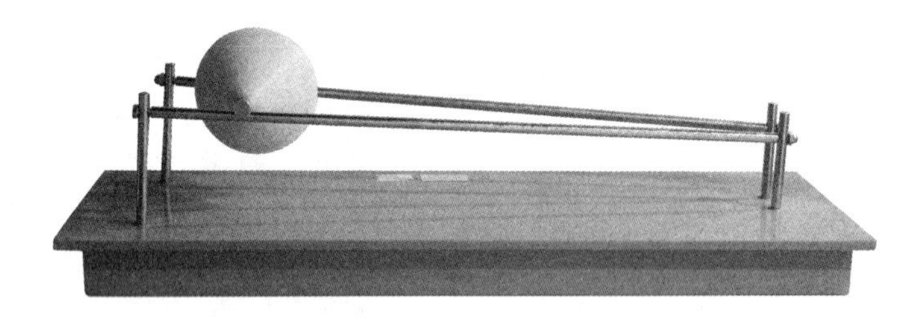

图 1.6.1 锥体上滚演示装置

【演示原理】

在重力场中可以自由运动的物体，其平衡位置是其重力势能极小的位置，重力的作用迫使物体向重力势能减小的方向运动，这就是本实验的基本原理。本实验巧妙地利用了双锥体的形状，将双锥体上的支撑点对锥体质心的影响，以及锥体在倾斜双轨道上滚动时轨道高度对质心的影响结合起来，适当调节两轨道间的夹角 γ，以及轨道的倾角 α，可以证明，对于锥顶角为 β 的密度均匀的双锥体，满足如下关系：

$$\tan\frac{\beta}{2}\tan\frac{\gamma}{2} > \tan\alpha \tag{1.6.1}$$

双锥体在轨道高端时的质心位置比在轨道低端时的质心位置更低，于是双锥体在重力的作用下，就会从轨道较低的一端（质心位置较高）自动地滚向轨道较高的一端（质心位置较低）。

【实验操作及演示现象】

将锥体置于导轨的低端，松手后锥体便会自动滚上这个斜坡，到达高端（即开口端）后停止。

【注意事项】

锥体容易摔坏，小心放置，以免损坏。

【思考题】

（1）试证明：密度均匀的双锥体上滚时，α、β、γ 满足如下关系 $\tan\frac{\beta}{2}\tan\frac{\gamma}{2} > \tan\alpha$。

（2）沈阳市沈北新区帽山西麓、阎家村附近有一个怪坡，长 80m，宽 15m，看上去是西高东低的走向，如果骑着自行车从西面坡顶向下骑，若不踩自行车，自行车不会往下滑行；但是如果从东面的坡往上骑行，那么就算不踩自行车，自行车也会往上滑行。试用所掌握的科学原理，解释这种奇异现象。

实验 1.7　弹性碰撞演示

【演示目的】

通过演示 7 个等质量钢球之间的对心弹性碰撞过程，加深对弹性碰撞过程中动量守恒和机械能守恒的理解。

【实验装置】

图 1.7.1 所示为七联球弹性碰撞演示装置。

图 1.7.1　七联球弹性碰撞演示装置

【演示原理】

碰撞是一种常见的物理现象。最简单、最基本的碰撞是两个物体之间的对心碰撞，即两个物体在碰撞前后的运动方向在同一直线上。假设在一个光滑的水平面上，两物体的质量分别为 m_1、m_2，碰撞前后两物体的速度分别为 v_{10}、v_{20} 和 v_1、v_2，并且速度的方向在同一直线上，若把这两个物体视为一个系统，则碰撞前后系统的动量守恒为

$$m_1 v_{10} + m_2 v_{20} = m_1 v_1 + m_2 v_2 \tag{1.7.1}$$

此外，实验表明，对于材料给定的两个物体，它们碰撞后的分离速度与碰撞前的接近速度之比为常量，即

$$e = \frac{v_2 - v_1}{v_{20} - v_{10}} \tag{1.7.2}$$

比例系数 e 称为恢复系数。$e=1$，称为完全弹性碰撞；$e=0$，称为完全非弹性碰撞；$0<e<1$，称为一般的非弹性碰撞。对于完全弹性碰撞($e=1$)，式(1.7.2)变为

$$v_{20} - v_{10} = v_2 - v_1 \tag{1.7.3}$$

由式(1.7.1)和式(1.7.3)可以证明

$$\frac{1}{2}m_1 v_{10}^2+\frac{1}{2}m_2 v_{10}^2=\frac{1}{2}m_1 v_1^2+\frac{1}{2}m_2 v_1^2 \tag{1.7.4}$$

式(1.7.3)和式(1.7.4)表明,对于完全弹性碰撞,碰撞前两物体的接近速度等于被撞后两物体的分离速度,并且碰撞前后两物体的总动能不变。当碰撞的两个小球质量相等时,被撞的小球获得前面小球的速度。这就是我们在七联球碰撞中看到的现象。

由式(1.7.1)和式(1.7.3)还可以求得

$$v_1=\frac{m_1-m_2}{m_2+m_1}v_{10}+\frac{2m_2}{m_2+m_1}v_{20} \tag{1.7.5}$$

$$v_2=\frac{2m_1}{m_2+m_1}v_{10}+\frac{m_2-m_1}{m_2+m_1}v_{20} \tag{1.7.6}$$

当 $m_1=m_2$,且 $v_{20}=0$ 时,则 $v_1=0$,$v_2=v_{10}$,即当两个等质量小球发生弹性碰撞时,如果一个小球原来静止,另一个小球用 v_{10} 的速度去撞它,发生碰撞之后,去撞击的那个小球停止运动,被撞的小球会获得前面那个小球速度。这正是我们在七联球碰撞中看到的现象,只不过七联球碰撞最后看到的第 7 个小球通过连续 6 次上述的碰撞获得第一个小球的速度而已。

【实验操作及演示现象】

(1)将仪器放置在水平桌面上,调整固定摆球悬线的螺丝,使悬挂摆球的两根悬线长度相等,且所有摆球的球心都处于同一直线上。

(2)拉动右侧一个球使其偏离竖直方向一个角度,松手使其与余球碰撞,观察并定性记录碰撞过程。

(3)仿照过程(2),一次拉动两球、三球……松手后使其与余球碰撞,观察并定性记录碰撞过程。

【注意事项】

(1)不要用力拉球,以免悬线被拉断。

(2)调整仪器时,要尽量使摆球的球心处于同一直线上,否则达不到预期效果。

(3)实验时,由于空气的阻力等会使系统的动能逐步减弱,所以铁球碰撞、动量相互传递的过程会逐步停止,但这点不会影响对动量守恒定律的理解。

【思考题】

(1)试用式(1.7.1)和式(1.7.3)证明式(1.7.4),以加深对完全弹性碰撞过程中总动能守恒的理解。

(2)拉起两球与余球碰撞,将使另外一侧的两球同时弹起,试用逐球分析的方法,解释这一现象。

(3)1911 年,卢瑟福在 α 粒子的散射实验中,用 α 粒子轰击金箔,发现有少数 α 粒子发生大角度的偏转。汤姆森在 1903 年提出了原子的“葡萄干圆面包模型”,认为原子的正电荷和质量联系在一起均匀连续分布于原子范围，电子镶嵌在其中，可以在其平衡位置做微小振动。汤姆森认为"葡萄干圆面包模型"是稳定的，而原子的"行星模型"，即原子核处于原子的中心，电子绕着原子核做圆周运动的模型是不稳定的，经典电磁学认为做圆周运动的电子会向外辐射电磁波，能量减小。若如此，电子会落入原子核内，原子很快就塌陷了，为什么用汤姆森模型无法说明卢瑟福的实验结果？卢瑟福的原子有核模型又怎么解释大角散射的事实？汤姆森所担心的有核模型不稳定又是怎么解决的？

(4)1922—1923年，康普顿研究了X射线被较轻物质(石墨、石蜡等)散射后，发现散射谱线中除了有波长与原波长相同的成分外，还有波长较长的成分，这种散射现象称为康普顿效应，康普顿用光子与自由电子的碰撞解释了这一实验结果。为什么光子与电子碰撞后，光的波长变长？

(5)1938年，哈恩用慢中子轰击铀核时，发现了铀原子核的裂变，并放出新的中子。经过许多科学家的努力，很快就确定了每个铀235核发生裂变时平均约放出2.5个中子。一个铀核在一个中子作用下发生裂变，如果裂变时放出两个次级中子，这两个次级中子又引起两个铀核发生裂变，放出4个次级中子，这4个中子再引起4个铀核发生裂变……如此下去，反应的规模将自动地变得越来越大，这就是铀核链式反应。中子源就是链式反应的"点火器"，裂变产生的中子能量为0.1～10MeV，平均为2MeV，这些快中子需由慢化剂迅速慢化成慢中子，常用的慢化剂材料有含氢的材料(轻水、重水、某些有机物和金属氢化物)、铍(金属、氧化物)和石墨等，为什么用它们做慢化剂？

实验 1.8 最速降线演示

【演示目的】

1. 观察最速降线实验；
2. 了解最速降线的实验原理。

【实验装置】

最速降线实验演示装置如图 1.8.1 所示。该实验装置有两条轨道，一条是直线，另一条是曲线。两条轨道的起点高度相同，终点高度也相同。

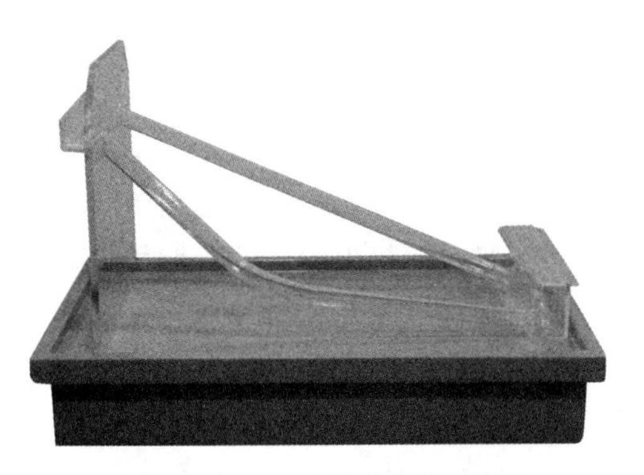

图 1.8.1 最速降线实验演示装置

【演示原理】

以水平方向为 x 轴，以竖直方向为 y 轴，起点作为坐标原点 O，终点设为 A，这两条轨道对应的平面直线(曲线)如图 1.8.2 所示。物体沿哪一条轨道最快到达终点呢？伽利略早在 1630 年就提出了这个问题，“一个质点在重力作用下，从一个给定点到不在它垂直下方的另一点，如果不计摩擦力，沿着什么曲线滑下所需时间最短?”伽利略认为最速降线是一段圆弧，但这是一个错误的答案。很多科学家都对这个问题进行了研究和证明，包括 17 世纪的瑞士数学家伯努利和英国物理学家牛顿等人，最终得出的结论是这条最速降线是一条摆线，也叫旋轮线。摆线是指一个圆在一条直线上滚动时，圆周上一个定点的轨迹，如图 1.8.3 所示。

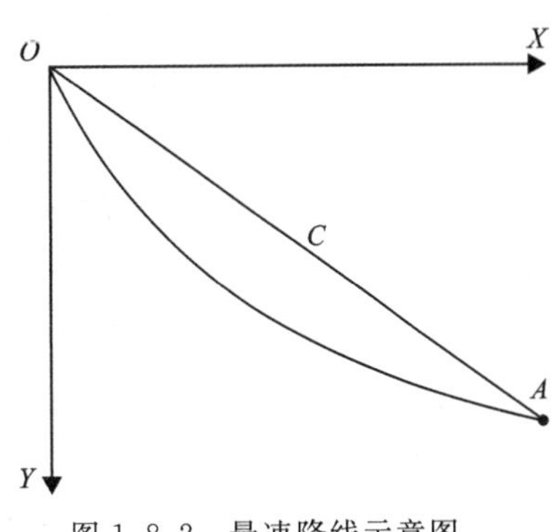

图 1.8.2 最速降线示意图

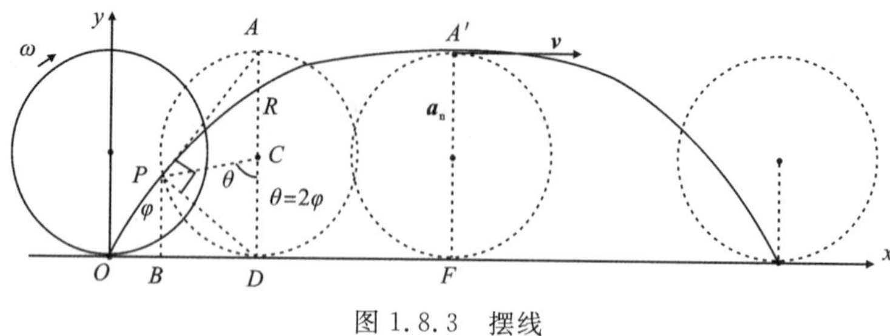

图 1.8.3　摆线

摆线形状与圆是否匀速转动没有关系。设 P 点是摆线上任一点，由几何关系可以推得 P 点的坐标公式

$$\begin{cases} x = R(\theta - \sin\theta) \\ y = R(1 - \cos\theta) \end{cases} \tag{1.8.1}$$

式中：R 为圆的半径；θ 为圆转过的角度。摆线上每点都有最大密切圆，A 是摆线的顶点，摆线在该点的曲率半径 ρ 为

$$\rho = 4R \tag{1.8.2}$$

摆线有很多的奇特性质，因涉及较多复杂数学推导，这里不再赘述。

为什么摆线就是最速降线？伯努利借助光线传输给出解释。1662 年，法国科学家费马提出费马原理：光线传播的路径是选择时间最少的路径。所以也被称为“最短时间原理”。光在同一介质中传输时沿直线用时最短，但当光在不同介质中传输，沿直线用时却不是最短，如图 1.8.4 所示，当光从光密介质进入光疏介质时，$n_1 > n_2$，由 $n = c/v$，光在介质 2 中传输速度更快。当光从 A 点到 B 点传输时，光在折射率低的介质 2 中多跑一段，可以节省时间，如图 1.8.4 中光走的折线。可以证明，当入射角的正弦值与该介质中光速的比值等于折射角的正弦与该介质中光速的比值时，传输用时最少，这正是折射定律给出的结果。

$$n_1 \sin\varphi_1 = n_2 \sin\varphi_2 \tag{1.8.3}$$

式中，φ_1，φ_2 是入射角和折射角。质点从上到下滑落(速度逐渐增加)，就像一束光从上到下经过层层介质的传输(介质逐渐从密到疏，光速逐渐增加)，如同 1.8.5 所示。由于光的传输路径就是最短时间路径。假想介质层数无限地增加，每层的厚度无限地变薄，光的行进折线就趋于一条光滑曲线，这就是我们想要的最速降线。可以从数学上证明，这样的曲线就是摆线。

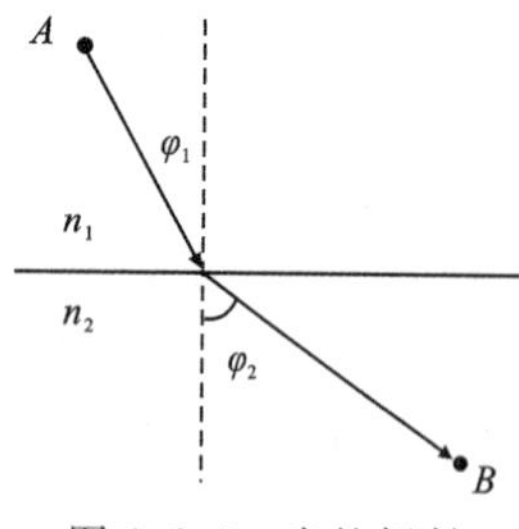

图 1.8.4　光的折射

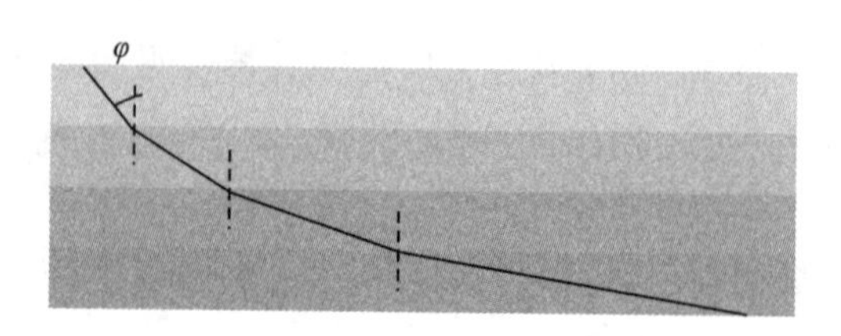

图 1.8.5　分层介质

最速降线在我们的日常生活中应用广泛。冬奥会滑雪比赛 U 型滑道采用的就是最速降

线的设计方法，使运动员能更快地下落到最低点。一些古代建筑的屋檐一般都带着些许弧度，也体现了最速降线的思想，使落在屋顶的雨水以最快速度流走，从而对房屋起到保护作用。另外，在仓储物流行业，最速降线理论的应用可以帮助优化物品的存储和运输路径，提高效率。

【实验操作及演示现象】

把2个相同的小球放置在同一高点，用启动器卡住。按压启动器，2个球同时由静止开始沿轨道下滚。观察哪个球首先到达低点。

【注意事项】

实验时要全神贯注，不要让石球掉到地上摔坏。

【思考题】

(1)我们在谈论最速降线问题时都是以物体无摩擦下落作为模型，但实验演示是用小球进行的，小球下落过程中以滚动方式运动，纯滚动是有摩擦的。滚动小球模型会改变最速降线吗？

(2)理论上，只有不存在损耗才可出现旋轮线为最速下降线。滚球在哪个位置可能出现损耗？

实验 1.9　载摆小车演示动量守恒

【演示目的】

通过载摆小车的运动来演示动量守恒定理。

【实验装置】

图 1.9.1 所示为载摆小车演示动量守恒装置。

图 1.9.1　载摆小车演示动量守恒装置

【演示原理】

演示物理摆和小车构成的系统的一维（水平方向）动量守恒。物体或物体系（质点系）在某一方向受到的合外力为零时，它在此方向上的动量将保持不变。载摆小车上摆与小车形成一个整体，当摆偏离平衡位置在重力作用下摆动时，它们的连接点将受到力的作用。当摆球有上下方向的运动时，小车将受到向下、向上的力，由于小车在水平桌面上，重力、支持力及摆的力使小车不能产生上下的运动；但在摆球向前向后运动时，小车将受到向后向前的力而前后运动。在忽略摩擦阻力和空气阻力时，整个系统在水平方向上的合力为零，满足水平方向上的动量守恒定理，则有

$$MV + mv = 0 \tag{1.9.1}$$

式中：M 为小车的质量；V 为小车的速度；m 为小球的质量；v 为小球的速度。由公式中可以看出，小车的速度方向总是与小球的速度方向相反，并且小球做单摆运动时，小车做与小球速度方向相反的往复运动。因为小球做单摆运动，所以小球到达最高点时速度 $v = 0$，由式

(1.9.1)可以求得小车的速度 $V=0$ 。因此，当小球到达最高点时速度为零，小车也就静止不动。

由于存在着摩擦阻力和空气阻力，摆球摆动的速度将逐渐减小，载摆小车的来回运动也将逐渐停止，摩擦阻力和空气阻力使摆球的初始水平速度比摆回来时相反方向的速度要大，故其最后停止的位置较初始位置将有一个向摆球初始水平速度相反方向的移动。

【实验操作及演示现象】

将模型置于光滑的平面上，使小车保持静止状态。把单摆拉至一定高度，然后松手让其自由下落。观察单摆摆动过程中小车的运动状态，可以看到单摆向右摆动时，小车向左运动；单摆向左摆动时，小车向右运动，但系统的质心位置不变。最终各种阻力的作用使单摆停止摆动，此时小车亦处于原来静止状态位置附近。

【注意事项】

尽量保证将演示装置放置在光滑的平面，并且周围环境稳定。

【思考题】

(1)通过拓展，该演示装置可以用来研究运动状态下的哪些物理量？

(2)摆球的质量大小对演示现象是否有影响？

(3)若演示装置上有两个相同的单摆，将两个摆分别向前后拉至相同高度，然后松手，分析小车的运动状态。

实验 1.10　离心力演示

【演示目的】

演示惯性离心力效应，理解惯性离心力的存在及原理。

【实验装置】

图 1.10.1 所示为离心力演示仪。

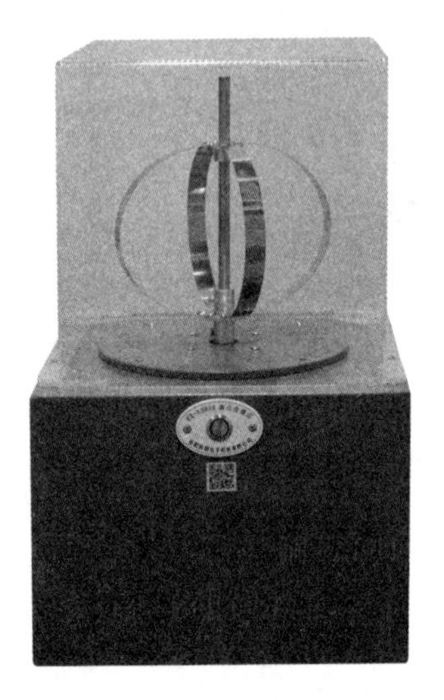

图 1.10.1　离心力演示仪

【演示原理】

离心力是一个在经典力学中特指的概念，尤其在非惯性参考系中被引入来解释物体相对于旋转参考系的行为。当物体进行圆周运动或者沿曲线路径运动时，从静止在旋转参考系中的观察者的角度来看，似乎有一种力量将物体推向远离旋转中心的方向，这就是所谓的离心力。

实际上，离心力并非真实存在于绝对的惯性参考系中，它是相对的、虚构的或者说是一种惯性效应的表现。在惯性参考系中，物体做圆周运动时，并不是由离心力导致其沿着曲线路径运动，而是指向圆心的向心力作用的结果。向心力由其他真实的力（如重力、弹力或摩擦力等）提供，使物体能保持在圆形轨道上运动。简单来说，在非惯性参考系（比如旋转的车厢内）考虑问题时，为了维持牛顿第二定律的形式不变，引入离心力以平衡向心加速度产生的影响。而在惯性参考系中，物体遵循的是“没有外力作用时物体将保持匀速直线运动或静止”的惯性定律，无需引入离心力概念。

这个离心力演示仪是一个圆柱形仪器，中间有一个细柱，细柱穿过一段闭合的钢片圆环带上的两个正对小孔，钢片圆环带一端固定，另一端可以自由移动。当静止时，系统为一个竖直平面的圆。当启动仪器时，钢片圆环带各部分均作水平方向的圆周运动，所需要的向心力由相邻钢片小段的拉力的径向分力提供。并且，由 $F_n = m\omega^2 r$ 可知，在圆环“赤道”区域，做圆周运动的半径最大，所以其惯性离心力也最大，在两极则无惯性离心力，随着钢片圆环带转速的加快，作用在钢片圆环带上的惯性离心力迫使环壁向外拉，圆环克服弹性力逐渐变扁，变成旋转的椭圆形状。停止转动后，由于不再受惯性离心力的影响，钢片圆环在弹性力作用下恢复原状。

【实验操作及演示现象】

(1)按下启动开关，使圆环高速转动，观察圆环的形变。展品台上的两个圆环是用弹性很好的钢片制成的。当圆环快速旋转时，因离心作用，半径越大的部位变形越大，由于环的周长是一定的，当水平方向直径由于变形增大时，竖直方向直径必须变小，于是圆环变成长轴沿水平方向的椭圆。

(2)松开启动开关，圆环慢慢停止转动，并恢复原状。

【注意事项】

(1)为了看到明显的形变现象，按下启动开关后不要马上松开。

(2)不要将塑料罩取下，以免钢片圆环带转动起来后打到周围障碍物。

【思考题】

(1)举例说明离心力在生活中的应用。

(2)实验仪器中圆环带的选取有什么要求？

(3)当我们把圆环带上端也固定后再进行实验，结果会怎么样呢？

(4)做圆周运动的物体，当向心力突然消失，或者说向心力远小于惯性离心力时，会有什么样的现象？

实验 1.11　科里奥利力演示

【演示目的】

演示科里奥利力作用下小球的运动轨迹。

【实验装置】

图 1.11.1 所示为科里奥利力演示装置。

图 1.11.1　科里奥利力演示装置

【演示原理】

1835 年法国科里奥利提出，为了描述旋转体系的运动，需要在运动方程中引入一个假想的力，这就是科里奥利力。引入科里奥利力之后，人们可以像处理惯性系中的运动方程一样简单地处理旋转体系中的运动方程，大大简化了旋转体系的处理方式。由于人类生活的地球本身就是一个巨大的旋转体系，因而科里奥利力很快取得了成功的应用。

根据牛顿力学理论，以旋转体系为参照系，这种质点的直线运动偏离原有方向的倾向被归结为一个外加力的作用，这就是科里奥利力。从物理学的角度考虑，科里奥利力与离心力一样，都不是真实存在的力，而是惯性作用在非惯性系内的体现。

科里奥利力的计算公式如下：

$$\boldsymbol{F}=2m\boldsymbol{v}\times\boldsymbol{\omega} \tag{1.11.1}$$

式中，$\boldsymbol{F}$ 为科里奥利力；m 为质点的质量；$\boldsymbol{v}$ 为质点的运动速度；$\boldsymbol{\omega}$ 为旋转体系的角速度。

【实验操作及演示现象】

(1)当圆盘静止不转动时，质量为 m 的小球沿导轨下滚，其轨迹沿圆盘的直径方向不发生任何的偏离。

(2)当圆盘以角速度 ω 转动,同时释放小球,小球沿导轨滚动。当落到圆盘时,小球将偏离直径方向运动。

(3)如果圆盘逆时针方向旋转,从上向下看,即 ω 方向向上,当小球向下滚动到圆盘时,小球将偏离原来直径的方向,而向前进方向的右侧偏离。如果圆盘顺时针方向旋转,从上向下看,即 ω 方向向下,当小球向下滚到圆盘时,小球向前进方向的左侧偏离。

【注意事项】

转动圆盘时不能用力过猛,要轻轻转动,否则,小球将直接飞出台面。

【思考题】

(1)随着季节的变化,地球表面沿纬度方向的气压带会发生南北漂移,于是在一些地方的风向就会发生季节性的变化,即所谓的季风。科里奥利力会使季风风向发生一定漂移,历史上人类依靠风力推动的航海,很大程度上集中在沿纬度方向,季风的存在为人类的航海创造了极大的便利,因而也被称为贸易风。你能画出夏季风和冬季风的实际风向吗?

(2)在北半球,若河水自北向南流(如中国黄河从内蒙古托克托县河口镇至风陵渡一段),则西岸受到的冲刷严重,试用科里奥利力进行解释。若河水在南半球自南向北流(如巴西的阿拉瓜亚河),哪边河岸冲刷较严重?

实验 1.12　傅科摆

【演示目的】

(1)了解和掌握傅科摆的使用及实验方法;

(2)通过地面实验证实地球在自转;

(3)了解科里奥利力的原理。

【实验装置】

图 1.12.1 所示为傅科摆演示装置。

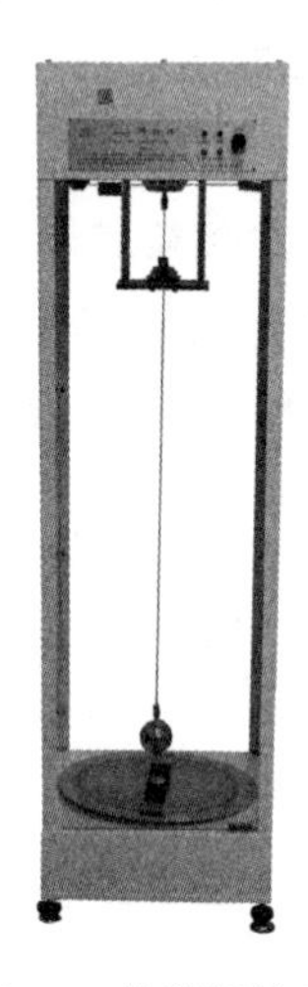

图12.1　傅科摆演示装置

【演示原理】

1851 年法国的傅科为证明地球自转,精心设计了一种单摆,绳长 67m,绳端摆锤重 28kg,摆锤的下方是巨大的沙盘,每当摆锤经过沙盘上方的时候,摆锤上的指针就会在沙盘上面留下运动的轨迹,按照一般经验,这个硕大无比的摆应该在沙盘上面画出唯一一条轨迹。因为在地面上的观察者不能发觉地球在转,但在相当长的时期内却发现摆的振动面不断偏转。从力学的角度看,这是由于受到了科里奥利力的影响。这项发现地球自转的装置是傅科在巴黎首次制成的,后来人们把这种证明地球自转的摆叫作傅科摆。现在巴黎万神殿中依然保留着 170 年前傅科摆实验所用的沙盘和标尺,在世界各地也可以看到傅科摆的身影,在北京天文馆就展示着一个傅科摆的复制品。

地球自转会带动悬挂摆的支架一起运动,从而对悬线施加扭矩,影响摆锤的自由摆动。为了避免此作用,博科采用了一种简单而巧妙的装置——万向节,这种万向节由内球面和外球面组成,内球面固定在一个轴上,外球面固定在另外一个轴上,两个球面之间填充润滑剂以减少摩擦,这种装置可以保持摆动平面不随地球自转而变化。

若以太空中的某个恒星或地心为参照系,观察地球上的傅科摆,由于在这个惯性参照系中,摆只受地球重力和拉力的作用,其合力方向始终在摆的振动平面内,由于惯性,摆的振动平面相对于恒星参照系来说将保持不变,地球自转的结果使地面上的物体相对摆平面的位置发生了偏转。而地球上的人习惯于以地球为参照物,就会感觉到摆平面相对地球的位置发生相反的偏转。

若以地球地面为参照系,由于地球在自转,地球是一个非惯性参照系,所以相对于地面运动的物体要受两种惯性力的作用,即惯性离心力和科里奥利力

$$\boldsymbol{F}_{惯}=\boldsymbol{F}_{离}+\boldsymbol{F}_{科}=m\omega^2\boldsymbol{r}+2mv\boldsymbol{\omega} \tag{1.12.1}$$

式中,$\boldsymbol{F}_{离}$为惯性离心力;$\boldsymbol{F}_{科}$科里奥利力;m为物体的质量;v为物体相对于地面的速度;$\boldsymbol{\omega}$为地球的自转角速度;$\boldsymbol{r}$是地球的自转轴到质点的矢径。不难看出,科里奥利力是物体在转动参照系中由于速度不为零而受到的一种惯性力,它的方向总是垂直于速度方向与转轴组成的平面。在北半球,科里奥利力总是指向运动方向的右侧(参考图 1.12.2 北半球上的科里奥利力);在南半球,则总是指向运动方向的左侧。

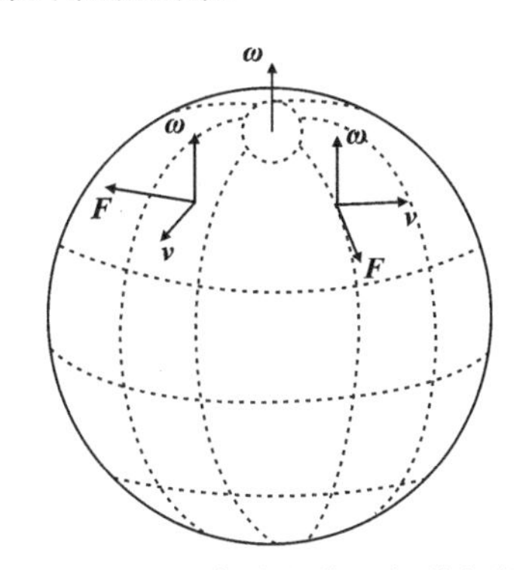

图 1.12.2 北半球的科里奥利力演示

因此,在地球上的观察者看来,傅科摆振动面的偏转是科里奥利力作用的结果,地球的自转基本上是匀速的,非常缓慢,其理论角速度的大小为

$$\omega=2\pi\mathrm{rad}/24\mathrm{h}=15.00^\circ/\mathrm{h} \tag{1.12.2}$$

实测角速度是 15.04°/h,多出的 0.04°是考虑了地球绕着太阳公转的角速度,可见地球上的物体受地球自转影响很小,不易觉察,由于傅科摆能够长时间工作可以显示这种缓慢的变化,呈现摆动平面的旋转。

傅科摆在实验室不可能选用太长的摆,也不可能用特大的摆锤,也不可能像傅科那样在下方摆上沙盘,在沙盘上画摆动轨迹,那样会带来能量的损耗。为了便于人们观察摆锤的轨迹,现在大部分实验室的傅科摆的下面用一个有刻度的圆盘,盘上刻有通过圆心的直线,如图 1.12.3 所示。静止时,摆锤正中应对准盘的圆心,推动摆锤沿经线(也称子午线)方向作南北方向摆动,过一段时间,就会看到摆动方向偏离了子午线方向,时间越长,偏转的角度越大。

由于空气阻力,摆锤能量会慢慢消耗。现在实验室使用的傅科摆,多采取各种方式(如电磁铁、怠速电机等)对摆锤能量进行补偿。实验中,如摆幅减少到一定程度,电磁铁在傅科摆

图 1.12.3 傅科摆刻度盘

上升过程中会提升悬挂点，增加摆的势能；下降过程中放下挂点，把势能变成动能，由此增加摆的能量。

【实验操作及演示现象】

(1)将摆球装在悬丝下端，使摆球的指针距水平基准盘 1～2mm，并使摆球静止不动。

(2)调节基座上 4 个水平调节螺丝，使摆球指针正对水平基准盘的中心孔。

(3)调整完毕，接通电源，打开开关，指示灯亮。

(4)从摆开始工作，约过 5 min，振幅大小就趋于平稳，如果振幅偏大或偏小，可调节振幅旋钮使其减幅或增幅。

(5)摆进入正常工作状态后，将游标尺刻度线正对摆球指针往复的轨迹，记录起始时间和刻度盘起始位置值，然后轻轻地关闭玻璃门。

(6)经过一段时间，就会发现摆动平面发生了偏转。数小时后，观察并记录刻度盘位置的偏转角度，并求出每小时的平均偏转角度。

【注意事项】

(1)记录完傅科摆的起始位置后，务必将玻璃门关上，使傅科摆处在一个没有空气流动、相对稳定的环境中。

(2)中间的等待时间很长(一般需数小时)，在等待过程中可以做其他的事情。

【思考题】

(1)试用科里奥利力解释“落体偏东”现象。

(2)试用科里奥利力解释北半球的河流右岸总是比左岸冲刷得更严重。

(3)傅科摆放置的位置不同，摆动情况也不同。在北半球时，摆动平面顺时针转动；在南半球时，傅科摆摆动的情况如何？如在赤道上，傅科摆摆动情况如何？

实验1.13　逆风行舟

【演示目的】

(1)演示并验证流体力学和经典力学中力的作用效果、力的分解与合成原理。

(2)帮助学生理解伯努利定律等流体动力学基本原理。

【实验装置】

图1.13.1所示为逆风行舟演示实验装置,风帆为硬帆,一面微凸,一面为平面。

图1.13.1　逆风行舟演示装置

【演示原理】

俗话说:"好船家会使八面风",帆船不仅可以顺着风行驶,有经验的水手还能够利用风力使船逆风前进。船是如何逆风行驶呢?

可以用伯努利原理来解释这一现象。伯努利原理是流体力学中的一个基本原理,由瑞士流体物理学家伯努利在1726年提出。该原理的核心是理想流体的机械能守恒,其最为著名的推论是:流体在等高流动时,流速越大,压强越小。如图1.13.2所示,当船头朝向与风的方向成一个锐角时,风吹到帆上,空气沿着微凸面流动时流速大,压强小,空气沿着平面流动时流速小,压强大,压差产生了一个空气压力,用$f_{风}$表示,此时力的方向与帆面垂直,对船体有一个侧向推力,在这个侧向推力作用下船体必然会受到水对它的阻力,用$f_{水}$表示,此力的方向与船侧板垂直。$f_{风}$可以分解为垂直于侧板的分量和沿轴线(指向船头)的分量,垂直于侧板的分量和$f_{水}$抵消,即:合力$f_{合}$沿着船的轴线,使船逆风前进。帆船运动员正是利用这一原理驾驭风帆,逆风向前,如图1.13.3所示。

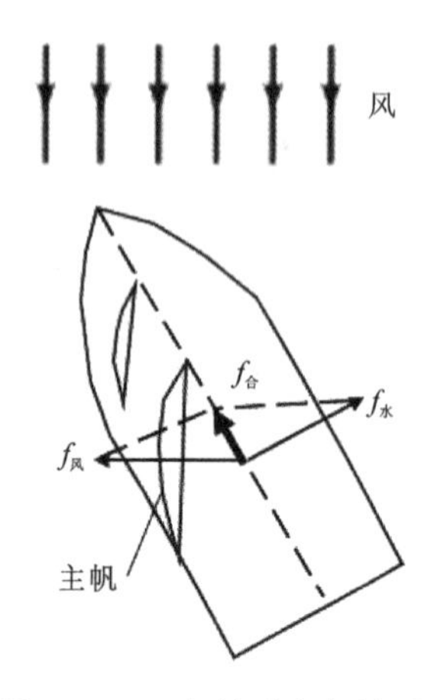

图 1.13.2　帆的受力矢量图

图 1.13.3　逆风行驶的帆船

【实验操作及演示现象】

(1)调整鼓风机手柄上黑色调风速的挡位开关到需要的风力。

(2)同时按下手柄上两个橘色按钮后,两个按钮同时被锁定,通电后鼓风机会自动持续出风。若要取消锁定,按圆形的小按钮(橘色),两个按钮同时弹起,此时启动电源开关后,需要再用手按住橘色大按钮才会出风。

(3)锁定两个按钮,打开电源开关,鼓风机持续出风,把小舟放在演示仪离出风口远的一端,调整帆的方向,使其朝向与实验原理指示的一致,观察帆船的运动,即可见到小舟沿着逆风的方向行进。

(4)改变风速,需重新调整船帆的方向,可见到小舟再次沿着逆风的方向行进。

(5)小舟放在演示仪离出风口近的一端,重新调整船帆的方向,可观察到小舟顺风行驶。

(6)关闭电源开关,松开两个按钮的锁定。

【注意事项】

(1)开机时间不宜过长,以免烧坏设备。

(2)小舟始终放在演示仪的平台上,以免小舟滑落摔坏。

【思考题】

(1)从物理上看,水中船与陆地上车的运动有何相同点和不同点?是否像逆风行舟样实现逆风行车?

(2)船能否实现利用正顶风为动力来实现正逆风行进?若可以,试进行说明。

(3)为什么帆船行驶的路线经常为Z型?

C 角动量定理与守恒

角动量定理和角动量守恒定律是物理学中描述物体旋转运动性质的基本定律，特别是在经典力学领域中占有核心地位。角动量守恒定律是自然界四大基本守恒定律之一，体现了物理过程的深层次对称性。

实验 1.14 角速度矢量合成演示

【演示目的】

角速度矢量性是物理教学中的一个难点，本实验通过相互垂直的两个转动，形象生动地演示两个角速度矢量的合成，帮助学生加深对角速度矢量的理解。

【实验装置】

图 1.14.1 所示为角速度矢量合成演示装置。

图 1.14.1 角速度矢量合成演示装置

【演示原理】

角速度是描述刚体转动状态的一个物理量，它是一个矢量，角速度的大小表示刚体转动速度的快慢，方向由右手螺旋法则确定，如图 1.14.2 所示，即若将右手四指的自然弯曲方向作为刚体的转动方向，则大拇指的指向就是角速度的方向。

如果一个刚体同时参与两个不同方向的转动，一个方向转动的角速度矢量是 $\boldsymbol{\omega}_1$，另一个方向转动的角速度矢量是 $\boldsymbol{\omega}_2$，则刚体合成转动的角速度矢量 $\boldsymbol{\omega}$ 等于两个角速度矢量 $\boldsymbol{\omega}_1$ 和 $\boldsymbol{\omega}_2$ 的矢量和，即

$$\boldsymbol{\omega}=\boldsymbol{\omega}_1+\boldsymbol{\omega}_2 \tag{1.14.1}$$

角速度矢量遵守矢量的平行四边形合成法则。

本演示仪利用串接在转轮上的一串小彩球，在同时参与两个方向互相垂直的转动时，其转动平面的变化来演示角速度的合成，而合成角速度的方向一定垂直于小彩球的转动平面，并与该转动平面呈右手螺旋关系，如图 1.14.2 所示。

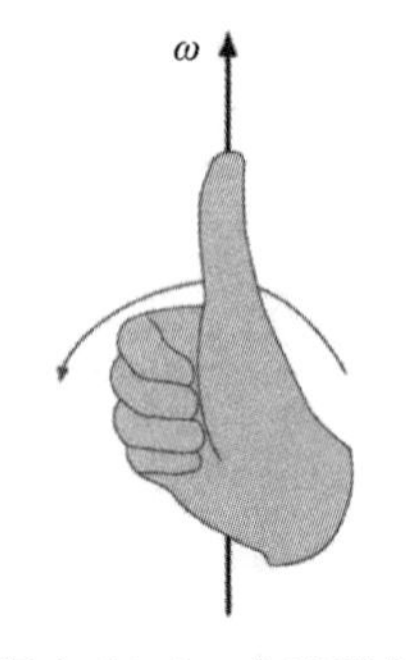

图 1.14.2　角速度矢量合成示意图

【实验操作及演示现象】

(1)将演示仪放置在水平桌面，打开电源开关，电机转动并驱动水平轴向的转动体转动。观察者可以看到多种颜色相串的小彩球绕水平转轴匀速转动，小彩球和串接线(圆弧线)位于与水平转轴相垂直的平面上绕轴作圆周运动。小彩球转动时角速度矢量 $\boldsymbol{\omega}_1$ 的方向就是按右手螺旋法则旋进的方向，即水平轴向转动体中间的箭头所指方向。

(2)用手轻轻地沿逆时针方向转动垂直轴向的转动体，使其角速度矢量 $\boldsymbol{\omega}_2$ 的方向为竖直向上，也就是垂直转动体中间的箭头所指方向。此时，相串的小彩球同时参与了两个互相垂直的转轴方向的转动，即两个角速度矢量 $\boldsymbol{\omega}_1$ 和 $\boldsymbol{\omega}_2$ 的方向是互相垂直的。因此，观察者可以观察到相串的小彩球的转动平面向上倾料，倾斜平面的法线方向(即右手螺旋旋进的方向)就是合成角速度的矢量方向，也就是两个角速度矢量 $\boldsymbol{\omega}_1$ 和 $\boldsymbol{\omega}_2$ 的合矢量方向，其合成满足平行四边形法则。

(3)用手轻轻地沿顺时针方向转动垂直轴向的转动体，使其角速度矢量 $\boldsymbol{\omega}_2$ 的方向为竖直向下，也就是垂直转动体中间箭头所指的相反方向。此时，可以观察到相串的小彩球的转动平面向下倾斜，这是因为小彩球所参与的两个互相垂直的转动中，$\boldsymbol{\omega}_1$ 的方向沿水平方向，而 $\boldsymbol{\omega}_2$ 的方向垂直向下，其合成速度的方向就是向下倾斜的。

【注意事项】

保持仪器的干燥。

【思考题】

(1)为什么小彩球的转动平面发生了倾斜，请用力学模型解释？

(2)角速度矢量的合成与普通矢量一样满足平行四边形法则。但它是轴矢量，又与普通矢量有所不同，如在齿轮传输中，两个齿轮转动角动量是针对各自轴线的，如何使两个齿轮咬合，试用角动量守恒分析，看结论是否合理。如果不合理，请给出解决方案。

实验 1.15　茹科夫斯基转椅

【演示目的】

定性观察合外力矩为零的条件下，物体的角动量守恒现象。

【实验装置】

角动量守恒演示仪，哑铃一副，如图 1.15.1 所示。

图 1.15.1　茹科夫斯基转椅

【演示原理】

绕定轴转动的刚体，当对转轴的合外力矩为零时，刚体对转轴的角动量守恒，即 $J\omega$ = 恒量。刚体的转动惯量 J 一般为常量，J_ω不变导致 ω 不变，即刚体在不受合外力矩时将维持匀角速转动。但若转动物体可改变它对转轴的转动惯量，则物体的角速度就会产生相应的变化：当 J 增大时，ω 减小；J 减小时，ω 增大，从而保持乘积 $J\omega$ 不变。

茹科夫斯基转椅是一种可绕垂直轴自由旋转的转椅。茹可夫斯基转椅实验中，人和转椅看成是一个转动系统，因为人肢体运动并不产生对转轴的外力矩，忽略转轴的摩擦，系统的角动量应保持守恒。人坐在转椅上旋转，手拿哑铃，双臂伸展或收缩，改变系统的转动惯量如图 1.15.2 所示，人和转椅的转速也随着人手臂的伸缩而改变。

图 1.15.2　茹夫斯基转椅演示效果图

【实验操作及演示现象】

(1)演示者坐在转椅上系好安全带,手持哑铃,两臂平伸。

(2)协助者推动转椅,使转椅转动起来,然后演示者收缩双臂,可看到演示者和转椅的转速显著增大;两臂再度平伸,转速又减慢。

【注意事项】

(1)实验时必须系好安全带。

(2)起始速度不可太快,避免收缩两臂时人脱离转椅发生危险。

(3)转椅旋转时,若操作者感觉不适,应尽快停止实验。

(4)实验完成后,演示者等转椅完全静止时再下凳,并注意平衡。

(5)容易眩晕者不宜做此实验。

【思考题】

(1)操作者手持哑铃坐在转椅上伸缩手臂,可使转速随之改变,花样滑冰转体动作随肢体的伸缩也在改变转速,试问这两种情况,地面的支持力分别起什么作用?跳水运动员或体操运动员在空中改变形体是否可以使身体停止转动?

(2)在本实验中,坐在转椅上的操作者、哑铃和转椅所构成系统的总动能是否发生变化?

实验1.16　旋飞球演示角动量守恒

【演示目的】

了解外力矩为零时，转动物体的角动量守恒。

【实验装置】

图1.16.1所示为旋飞球演示角动量守恒装置。

【演示原理】

质点系绕定轴转动时，若其所受到的合外力矩为零，则质点系的角动量守恒。延长线与转动轴相交的外力不产生外力矩，因此它不会影响质点系的角动量。若质点系在这种力的作用下绕定轴转动的惯量改变，则它的角速度将发生相应的改变以保持总角动量守恒。

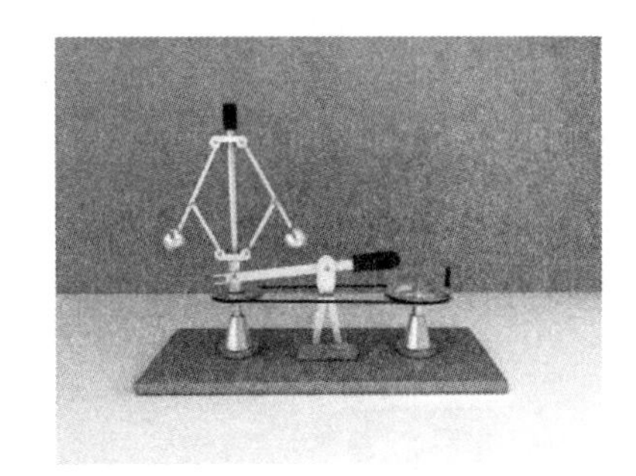

图1.16.1　旋飞球演示角动量守恒装置

本实验装置是一个由两个球体连杆组成的离心节速器，拉动套在轴上的套管可以通过连杆改变两个球体到轴的距离，从而改变球体系统绕轴转动的转动惯量。

【实验操作及演示现象】

(1)操作者右手握轴上的套筒，将两个球臂撑开，左手拨动小球，使两球臂旋转起来，这时转动系统的转动惯量较大。

(2)将套筒向下移动，通过连杆使两球臂收拢，由于套筒移动过程中合外力矩为零，转动系统应保持角动量守恒，而这时转动系统对中心轴的转动惯量减小，结果是转动的角速度增大。

(3)将套筒向上移动，则角速度减小。

【注意事项】

拉推套筒的动作要平缓。

【思考题】

(1)试分析延长线与转动轴相交的外力对质点系的作用是否改变质点系绕定轴转动的动能。

(2)拉推套筒时，其作用力对连杆与转轴交点(定点)的力矩不为零，它的作用是什么？

实验 1.17　直升飞机演示角动量守恒

【演示目的】

演示角动量守恒定律。

【实验装置】

图 1.17.1 为直升飞机演示角动量守恒的装置。

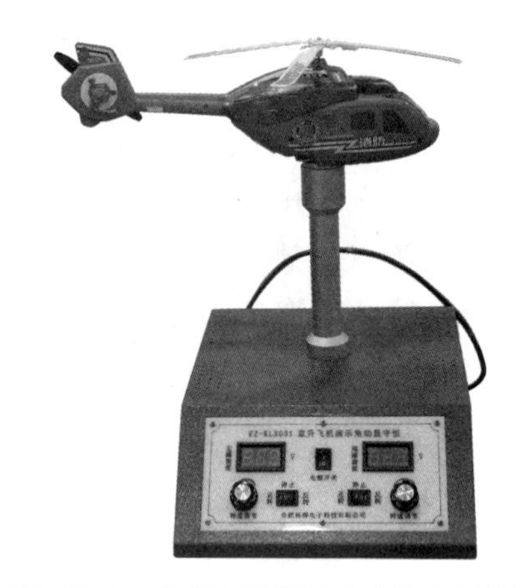

图1.17.1　直升飞机演示角动量守恒装置

【演示原理】

直升飞机为什么有一条又细又长的尾巴？尾梢处还有一个在竖直平面内旋转的小螺旋桨？

对机身、螺旋桨和尾桨构成的转动系统来说，没有对转轴的合外力矩，由定轴转动角动量守恒定律，直升飞机系统对竖直轴的角动量应保持不变。飞机静止时，系统总的角动量为零。当机身上面的螺旋桨旋转时，螺旋桨便对竖直轴产生了角动量，遵循角动量守恒定律，要使系统的角动量保持为零，机身必须向反方向转动，使其对竖直轴的角动量与螺旋桨产生的角动量相抵消，以保持系统的总角动量不变。当开动尾翼时，由伯努利原理产生压差，进而产生反向力矩，该力矩能够克服机身的反转，从而使机身保持不动。直升机尾巴较长，力臂较长，因此尾翼螺旋桨只需要较小的功率即可平衡机身的转动，以节约能量。但是，如果小螺旋桨的转速太小，将不足以完全制止机身转动；如果小螺旋桨的转速太大，矫枉过正，机身则会转动（反方向）。

同理，升空的直升飞机，系统具有一个角动量（这是初始状态），当它降落时，主螺旋桨停止，角动量减小到 0，但是系统要保持原有角动量的大小和方向，因此机身将同方向转动，此时为了制止这个转动，也要开动尾梢处的小螺旋桨（与起飞时反方向）。

【实验操作及演示现象】

（1）打开直升飞机上的电源开关。

（2）调节主翼旋钮，主旋翼转速增大，观察到机身和螺旋桨沿着相反的方向旋转起来；加大（或减小）螺旋桨转速，机身的转速也将随之加大（或减小）。

（3）调节尾翼旋钮，尾翼转速增大（或减小），继续调节旋钮，直至机身不再旋转。

（4）实验结束，速度调节逆时针至最小，关掉电源。

【注意事项】

（1）实验过程中切勿触碰飞机模型，以免打伤操作者。

（2）螺旋桨的速度不要过大，否则尾翼的力矩将不能平衡机身的转动。

（3）开机时间不宜过长，以免烧坏设备。

【思考题】

（1）有的直升飞机装有双螺旋桨，请对它的作用和原理作出解释。

（2）举出不少于 3 个日常生活中角动量守恒的应用实例。

实验 1.18　两用陀螺进动

【演示目的】

了解刚体进动现象产生的原因。

【实验装置】

两用陀螺进动演示仪如图 1.18.1 所示，转轮可以在支架上作定点转动，也可以悬空作定点转动。

图 1.18.1　两用陀螺进动演示仪

【演示原理】

当转轮高速旋转时，若外力矩为零，不管怎样旋转支架，自转轮的转轴方向始终保持不变，即角动量守恒。相反，当外力矩不为零时，自转轮绕自身对称轴转动的同时，其自转轴还绕竖直轴转动，称为进动。因而，当转速足够大的陀螺受到外力矩时，它不会跌落，还会出现进动现象。当系统重力不通过支点时，整个系统对支点有重力矩作用，角动量不守恒。

由角动量定律

$$\boldsymbol{M}=\frac{\mathrm{d}\boldsymbol{L}}{\mathrm{d}t} \tag{1.18.1}$$

在 $\mathrm{d}t$ 时间内，转轮对支点的自旋角动量 $\boldsymbol{L}$ 的增量为 $\mathrm{d}\boldsymbol{L}=\boldsymbol{M}\mathrm{d}t$，其中 $\boldsymbol{M}$ 是转轮所受的对支点的外力矩。在系统转轴水平情况下，转轮受到的外力矩 $\boldsymbol{M}$ 为水平，指向纸面内，如图 1.19.2所示。$\mathrm{d}t$ 时间后，转轮的角动量变成

$$\boldsymbol{L}+\mathrm{d}\boldsymbol{L}=\boldsymbol{L}+\boldsymbol{M}\mathrm{d}t$$

由于$\boldsymbol{M}$、$\boldsymbol{L}$和$\boldsymbol{L}+\mathrm{d}\boldsymbol{L}$的方向均在水平面内，所以自旋轴的方向不会向下倾斜，而仅是水平向左偏转。即俯视可见连续不断逆时针旋转，就形成了自旋轴绕竖直轴的转动，即进动。值得注意的是，外力矩方向始终与角动量方向垂直，因此外力矩仅改变角动量的方向，而不改变角动量的大小，即转轮的轴向改变而转速并不发生变化。

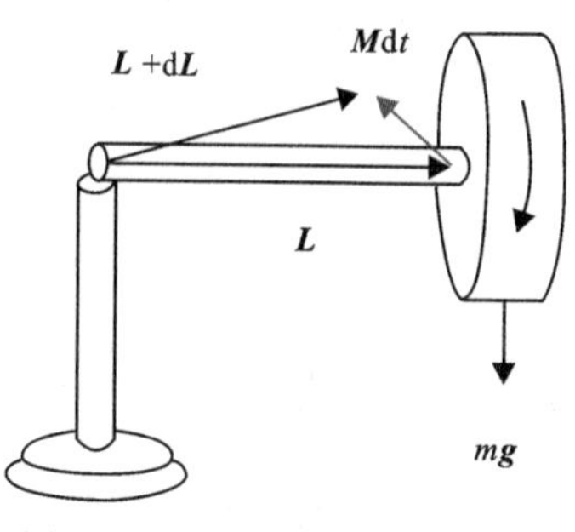

图 1.18.2 进动的理论解释

【实验操作及演示现象】

(1)首先使陀螺仪的自转轮快速转动，然后将陀螺仪的自转轴斜立或水平放置在支架圆槽上，可以看到，陀螺不跌落，并且作进动。若用手指压一下自转轮，还可以看到章、动现象(自转轴稍微摇晃)。

(2)通过旋转，将陀螺仪自转轴一端的小球取下，陀螺仪的自转轴上有一根荧光绿的绳子，拉起绳子将陀螺仪竖直悬空，转动陀螺仪的自转轮，让陀螺仪快速转动起来，转动起来后将其水平放置，可以看到陀螺仪绕竖直绳子作进动。

【注意事项】

(1)对陀螺式进动仪，先将转轮高速转动，然后放在支架上，注意自转轴与水平面夹角应稍大些；

(2)在陀螺式进动仪转速变小，将要跌落的时候应用手将其接住，以免掉落在地上而损坏仪器。

【思考题】

(1)试举出陀螺仪在实际工程应用中的一个实例。

(2)试分析地球自转轴进动的原因。

(3)骑自行车的人在行驶时是靠车把的微小转动来调节平衡的。譬如车子有向右倒的趋势，只需将车把向右方略微转动一下，即可使车子恢复平衡。骑车人想拐弯时，无需有意识地转动车把，只需将自己的重心侧倾，龙头自然会拐向一边。试说明其中的道理。

实验 1.19　陀螺仪

【演示目的】

观察陀螺仪的定轴性。

【实验装置】

图 1.19.1 所示为陀螺仪装置。

图 1.19.1　陀螺仪装置

【演示原理】

角动量守恒定律是物理学的基本定律，反映质点和质点系围绕一点或一轴运动时不受外力作用或所受诸外力对该定点(或定轴)的合力矩始终等于零的规律。角动量守恒定律指出：对一固定点，质点所受的合外力矩为零，则此质点的角动量保持不变。

本实验利用高速旋转的陀螺来演示角动量守恒定律。绕旋转对称轴以很大的角速度转动的陀螺，如果没有外力矩的作用，由于转动的惯性，物体转动轴的方向保持不变。高速转动的陀螺受外力矩(如重力力矩)作用时，它并不是立即倾倒，而是自转轴绕着某固定轴缓缓转动，即进动。由于摩擦等因素，陀螺转动的角速度逐渐变小到一定程度后才慢慢地倾倒。

【实验操作及演示现象】

(1)演示角动量守恒。将带框架的陀螺仪放在加速器上，踩脚踏开关。当陀螺仪高速旋转起来后，将陀螺仪拿起，观察陀螺转轴的角度，然后手拿陀螺仪外框的轴向各个方向转动，这时陀螺自转轴的方向始终不变。

(2)演示刚体的进动。将无框的陀螺仪放在加速器上,踩脚踏开关,当陀螺仪高速旋转起来后,将陀螺仪拿起,放置于底座上,此时,陀螺仪就会绕竖直轴进动。

(3)将旋转的陀螺放在斜板上,它不会倒下,而是沿斜面下滑,一边下滑一边绕竖直轴进动;将旋转的陀螺倒置在转盘上,放的位置不同,现象也不同。

【注意事项】

由于陀螺的转速非常快,若要让陀螺停止转动,可把陀螺压在一摞报纸或一本厚书上,使其减速,千万不要直接用手去触碰,以免受伤。

【思考题】

(1)回转定向仪(三维陀螺)在惯性导航技术中得到了广泛应用,如火箭、导弹、舰艇、飞机的惯性导航装置中的敏感部位就是根据三维陀螺仪的定轴性原理工作的。飞机上的导航仪就是一个高速旋转的三维陀螺,因其角动量守恒,所以陀螺的转轴始终朝着一个方向,飞行员就可以据此判断飞机的姿态和飞行方向。试问在失重状态下,飞机上回转定向仪的定轴性是否还有效?

(2)指南针是中国四大发明,为什么现代交通工具中不使用它导航?

实验 1.20　车轮进动演示

【演示目的】

演示车轮在外力矩作用下的进动现象。

【实验装置】

图 1.20.1 所示为车轮进动演示装置。

(a)杠杆式　　(b)陀螺式

图 1.20.1　车轮进动演示装置

【演示原理】

陀螺式车轮的进动与实验 1.19 陀螺的进动原理完全相同。“杠杆”式车轮进动的原理仍然可以用角动量定理解释。

杠杆式车轮进动仪的主要部件有车轮、杠杆、平衡锤和基座四部分，杠杆可绕光滑支点 O 在水平面内自由转动，也可偏离水平方向而倾斜。当车轮以较大的角速度 ω 转动时，系统对支点 O 的角动量 $\boldsymbol{L}$ 沿转轴方向，如果系统的重心恰好在支点 O 处，则系统所受的合外力矩为零，角动量 $\boldsymbol{L}$ 是恒矢量，转轴(即杠杆)的方向恒定不变，此时系统不发生进动。如果系统的重心不在支点 O，如图 1.20.2 所示，则系统的重力对支点 O 的力矩 $\boldsymbol{M}\neq 0$，图 1.20.2 中 $\boldsymbol{M}$ 的方向朝纸面外，由角动量定理

$$\boldsymbol{M}=\frac{\mathrm{d}\boldsymbol{L}}{\mathrm{d}t} \tag{1.20.1}$$

可知，在 $\mathrm{d}t$ 时间内，重力矩的作用将使系统的角动量增加 $\mathrm{d}\boldsymbol{L}=\boldsymbol{M}\mathrm{d}t$，方向与 $\boldsymbol{M}$ 的方向相同，又因为 $\boldsymbol{M}\perp\boldsymbol{L}$(因为 $\boldsymbol{L}$ 总是沿车轮的轴线方向，$\boldsymbol{M}=\boldsymbol{r}\times m\boldsymbol{g}$，总是垂直于车轮的轴线方向)，所以 $\mathrm{d}\boldsymbol{L}\perp\boldsymbol{L}$。由此可以推出，在重力矩的作用下，系统绕 O 点角动量的大小不变，但方向将在图 1.20.2 杠杆式车轮的进动水平面内绕 O 点(俯视)顺时针旋转，即发生进动。

【实验操作及演示现象】

(1)调节平衡锤的位置,使系统的重心通过支点 O,轮的自转轴(杠杆)处于水平位置,整个系统处于平衡状态。

(2)让车轮快速转动,可以看到不管怎样旋转支架,车轮转轴(即杠杆)的方向始终保持不变,即系统的角动量守恒。

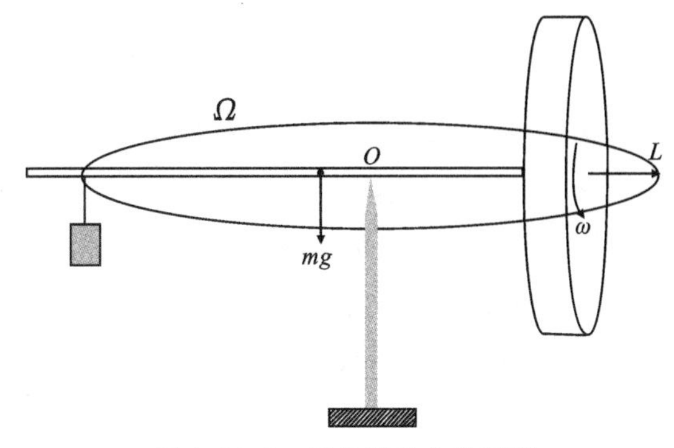

图 1.20.2　车轮进动力学模型

(3)重新调节平衡锤的位置,使系统的重心不通过支点 O,且位于平衡锤的一侧,如图1.20.2所示,则车轮不转动时,系统将向平衡锤一侧倾倒,即系统对 O 点有外力矩作用。

(4)车轮按图 1.20.2 中所示快速转动,可以看到车轮转动的同时,车轮不仅不会倾倒,车轮的自转轴还会绕支点 O 在水平面内沿顺时针方向(俯视)转动,即发生了进动。

(5)再次调节平衡锤的位置,使系统的重心位于支点 O 的另一侧,重复步骤(3)、(4),可观察到进动的方向改变了。

(6)用手快速顺时针方向转动陀螺式车轮进动仪的车轮,将其放在底座支点内,将会看到车轮不倒,还绕着支点在水平面内进动,注意它的进动方向(顺时针);当速度减慢时取下车轮,再逆时针方向转动车轮,将其放在支点内,也会绕着支点进动,方向与刚才的进动相反。

(7)试试在不同方位放上陀螺式车轮进动仪的车轮,如倒立放置、斜向下放置、水平放置等,试用进动的原理分析一下它的进动与方向。

【注意事项】

(1)车轮转速快,请注意安全;

(2)当陀螺式车轮进动仪转速变慢时,应及时把它从支架上取下来,防止因跌落而损坏仪器。

【思考题】

(1)两个车轮进动演示中,随着转速降低,转轴方向发生改变,进动速度也随之改变,请用力学模型说明。

(2)一颗炮弹旋转着飞出炮膛,按理说就像一只定轴转动的陀螺,应该保持旋转轴既定的方向;可为什么炮弹以抛物线落地时,旋转轴方向也会随着抛物线扭转?

D 刚体的平面平行运动与转动定律

牛顿运动定律是就单个自由质点而言的，达朗伯把它推广到受约束质点的运动，拉格朗日进一步研究受约束质点的运动，并把结果总结在他的著作《分析力学》(1788 年初版)中，分析力学从此创立。在此以前，欧拉建立了刚体的动力学方程(1758 年)，至此以质点系和刚体的运动规律为主要研究对象的经典力学臻于完善。

欧拉是继牛顿之后对力学贡献最多的学者，欧拉等一批学者把微积分拓广成“数学分析”。利用新的数学手段，欧拉研究刚体运动，列出运动方程和动力学方程。在研究刚体运动学和刚体动力学中，他得出最基本的结果，其中有：刚体定点有限转动等价于绕过定点某一轴的转动，刚体定点运动可用 3 个角度(称为欧拉角)的变化来描述；刚体定点转动时角速度变化和外力矩的关系；定点刚体在不受外力矩时的运动规律(称为定点运动的欧拉情况，这一成果 1834 年由潘索作出几何解释)，以及自由刚体的运动微分方程等。

实验 1.21 转动惯量演示

【演示目的】

通过质量分布不同的等质量转轮的滚动对比演示，展示转动惯量对平动动能和转动动能分配的影响，使学生加深对质心系、质心定理、转动惯量等概念的理解。

【实验装置】

图 1.21.1 所示为转动惯量演示仪。

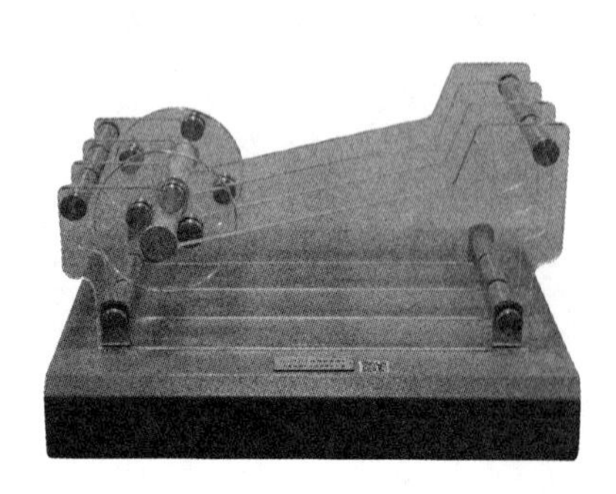

(a)滑轨

(b)质量分布集中在外部的转轮

(c)质量分布集中在内部的转轮

图 1.21.1 转动惯量演示仪

【演示原理】

转动惯量是刚体转动时惯性的量度，其大小取决于刚体的形状、质量分布及转轴的位置。刚体对定轴的转动惯量可用公式 $J=\int r^2\mathrm{d}m$ 计算。显然，当质量相同时，质量分布离转轴越远，转动惯量越大。本实验演示的是两个质量相同但质量分布不同而导致转动惯量不同的转轮在相同导轨上的滚动。

假设转轮的质量为 m，半径为 r，绕中心轴的转动惯量为 J。当转轮在斜面上做纯滚动时，可以看作质心的平动和绕质心的转动的合成运动。物体受到的力有重力 mg、支持力 N 和摩擦力 f，如图 1.21.2 所示。由质心运动定律和转动定理可得

$$mg\sin\theta-f=ma \tag{1.21.1}$$

$$f\cdot r=J\beta \tag{1.21.2}$$

式中，a 是质心的平动加速度；β 是刚体绕质心转动的角加速度。纯滚动情况下，有

$$a=\beta r \tag{1.21.3}$$

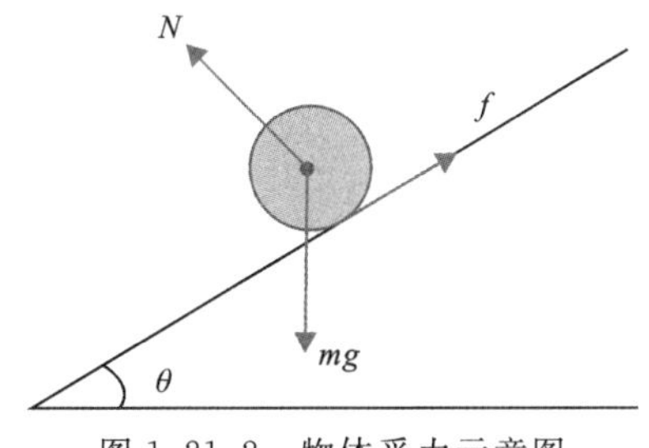

图 1.21.2 物体受力示意图

联立式(1.22.1)～式(1.22.3)可得

$$mg\sin\theta=\left(\frac{J}{r^2}+m\right)a \tag{1.21.4}$$

由此可以得出，在 m、θ、r 相同的条件下，J 越大的刚体的质心加速度 a 越小，下落越慢。此结论也可以从机械能守恒的角度分析得出，请读者自行推导。

【实验操作及演示现象】

将质量相同但质量分布不同的两转轮并行置于弧形轨道的顶端，将转轮同时释放，观察它们运动的快慢。质量分布集中在外部的转轮转动较慢，集中在内部的转动较快。

【注意事项】

(1)实验时，应将两个圆柱体尽量放置于轨道顶端的中间位置。

(2)实验操作时，尽量不要将转轮拿起，以免转轮滑落砸坏轨道，或者掉到地上损坏转轮。

【思考题】

实验中，如果换成质量不同但质量分布相同的两个圆柱体，实验现象是否不同？

实验 1.22　圆哑铃演示刚体滚动

【演示目的】

(1)演示用丝线系着的圆哑铃在有摩擦的平面上运动的多种状态。

(2)加深对刚体质心系等概念的理解。

【实验装置】

图 1.22.1 所示为圆哑铃。

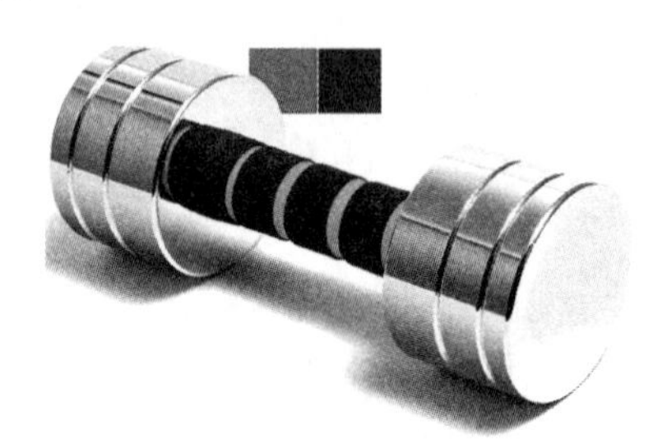

图 1.22.1　圆哑铃

【演示原理】

本实验是典型的可用质心系规律描述的演示实验。刚体(圆哑铃)在粗糙的桌面上受重力、摩擦力、绳的拉力和桌面弹力 4 个作用力。刚体在桌面上做纯滚动,平动与转动可由运动学规律联系起来,进而会有 4 种运动状态。

如图 1.22.2 所示,质量为 m 的线轴状刚体,其内轴半径为 r,外轴半径为 R。将柔软细线绕于内轴上,把线轴状刚体放在水平非光滑平面上,用柔软细线拉它(垂直方向的受力平衡——重力和支持力未画出)。

质心定理

$$F\cos\theta - f = m a_c \tag{1.22.1}$$

绕质心的转动定律

$$fR - Fr = J\beta \tag{1.22.2}$$

式中,J 是刚体的转动惯量;β 是刚体转动的角加速度。由运动学关系

$$a_c = \beta R \tag{1.22.3}$$

可得

$$\begin{cases} \beta = \dfrac{F(R\cos\theta - r)}{J + mR^2} \\ f = \dfrac{F(J\cos\theta + mRr)}{J + mR^2} \end{cases} \tag{1.22.4}$$

分析此结果可知,线轴状刚体有 4 种不同的运动状态:

(1) $\cos\theta = r/R$ 时，此时施加拉力的绳的延长线过刚体与地面的接触点 A，此时 $\beta = 0$，从而 $a_c = 0$，$f = F\cos\theta$，刚体将处于受力平衡状态，初始静止状态不变。由于是纯滚动，A 点速度为 0，如果以 A 点为瞬时轴，拉力 $\boldsymbol{F}$ 的力矩正好为 0，摩擦力作用点也正好在 A 点，刚体静止也是理所应当。

(2)当 $\cos\theta > r/R$，即 $\theta < \arccos(r/R)$ 时，此时绳的延长线与水平面的交点在 A 点的左边，$a_c > 0$，$\beta > 0$，刚体将向右运动。

(3)当 $\cos\theta < r/R$，即 $\theta > \arccos(r/R)$ 时，此时绳的延长线与水平面的交点在 A 点的右侧，$a_c < 0$，$\beta < 0$，刚体将向左运动。

(4)若把绳翻过来，使绳从内轴的上方拉动，则只有向右的运动状态，如图 1.22.3 所示。

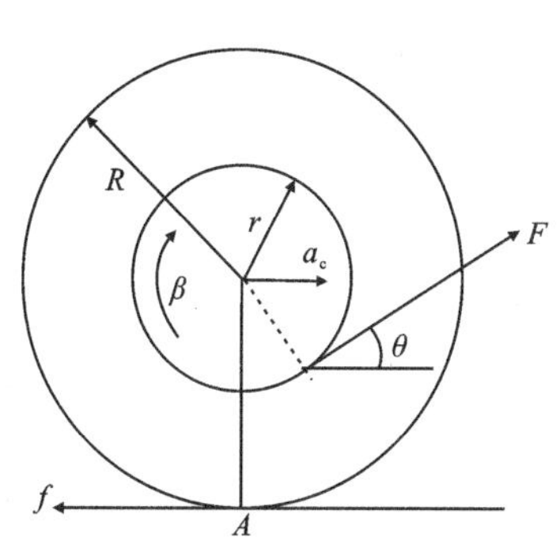

图 1.22.2　刚体滚动力学模型

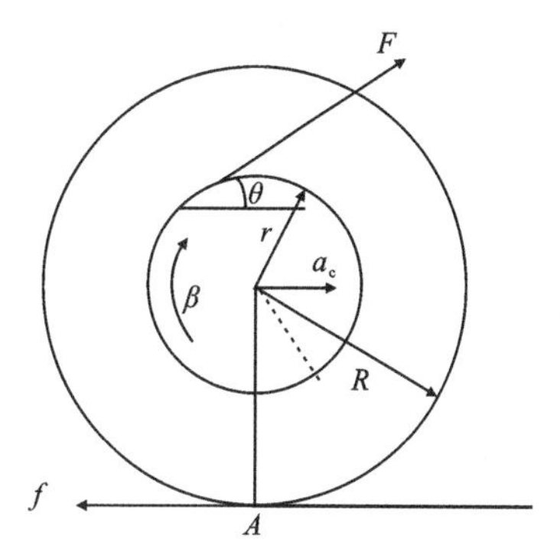

图 1.22.3　绳从上方斜拉刚体

由于 $F\cos\theta - f = ma_c$，$fR + Fr = J\beta$，$a_c = \beta R$ 可得

$$\begin{cases} \beta = \dfrac{F(R\cos\theta + r)}{J + mR^2} \\ f = \dfrac{F(J\cos\theta - mRr)}{J + mR^2} \end{cases} \tag{1.22.5}$$

式(1.22.5)中，$\beta>0$，$a_c > 0$，很显然，不会发生向左运动情况。

【实验操作及演示现象】

(1)将柔软细线从圆哑铃上边绕，沿与哑铃轴线垂直的方向，手拉绳，使绳与水平面成一角度，拉动细线，观察哑铃的运动；改变一下夹角，重复实验。

(2)将绳从圆哑铃下边绕，沿与哑铃轴线垂直的方向，手拉绳，使绳与水平面成一角度，拉动细线，观察哑铃的运动；改变一下夹角，重复实验。

【注意事项】

圆哑铃跌落容易砸伤脚，实验时注意安全。

【思考题】

(1)试用瞬时轴分析圆哑铃运动。

(2)从式(1.22.5)可以看出，圆哑铃确实不会出现 $\beta\leqslant 0$ 的情况，但 f 会出现不同的情况，请分析此现象。

实验 1.23　十字形转动定理演示

【演示目的】

(1)研究刚体的定轴转动;

(2)了解不同转动惯量对刚体定轴转动的影响。

【实验装置】

图 1.23.1 所示为十字形转动定理演示装置。

图 1.23.1　十字形转动定理演示装置

【演示原理】

刚体的转动遵循定轴转动定律。刚体所受的对于某定轴的合外力矩等于刚体对此定轴的转动惯量与刚体在此合外力矩作用下所获得的角加速度的乘积,即

$$M=J\beta \tag{1.23.1}$$

质量连续分布的刚体,其对定轴的转动惯量 $J=\sum r^2\mathrm{d}m$,r 为刚体质元 $\mathrm{d}m$ 到转轴的垂直距离。可见转动惯量的大小与刚体质量和质量的分布都有关。

在本实验中,两根匀质的十字形刚性杆可以绕其水平转轴转动,转轴的摩擦可忽略不计,杆上各套了 2 个小圆柱体,通过调节圆柱体在杆上的位置,即可改变杆的转动惯量 J。轻绳一端缠绕在转轴上,另一端与重物相连,假设重物的质量为 m,轴上线轮的半径为 r。绳中的张力为 T,则由牛顿运动定律和转动定律得

$$mg-T=ma \tag{1.23.2}$$

$$Tr=J\beta \tag{1.23.3}$$

$$a=\beta r \tag{1.23.4}$$

式中，a 是重物的线加速度；β 是刚体的角加速度。解此方程组可以得

$$\begin{cases} \beta = \dfrac{mgr}{J + mr^2} \\ T = mg\dfrac{mr^2}{J + mr^2} \end{cases} \tag{1.23.5}$$

当 $mr^2 \ll J$ 时，$\beta \approx mgr/J$ ，$T \approx mg$ ，刚体受到的外力就约等于悬挂的重物所受的重力。

【实验操作及演示现象】

(1)将质量相同的圆柱固定在十字形刚性杆的四周且远离中心的位置，转动转轴，使砝码升高到适当位置，松手后观察转轴的转动速度。

(2)再将质量相同的圆柱固定在十字形刚性杆的四周且靠近中心的位置，转动转轴，使砝码升高到与上面大致相同高度的位置，松手后观察转轴的转动速度。对比观察刚体转动状态的差别。

(3)换一个砝码，再重复步骤(1)、(2)，对比观察刚体转动状态的差别。

【注意事项】

(1)细线应绕在绕线轮的线槽内。

(2)横杆上的重物应固定牢靠，以免脱落砸物伤人。

【思考题】

(1)本装置在加速转动过程中，系统的机械能是否守恒？如守恒，试写出机械能守恒的数学表达式。

(2)本实验装置中，刚体受到外力矩的大小是否就是 $M \approx mgr$ ？为什么？式中 m 是重物的质量，r 是线轮的半径。

E 流体力学

流体力学是物理学的一个分支,主要研究流体(包括液体和气体)在受力作用下的运动规律、内部结构特性和与固体界壁间的相互作用。流体力学涵盖了许多基本概念、原理和数学模型,是许多工程领域和技术应用的基础,如航空航天、海洋工程、水利工程、能源技术、环境科学、生物医学工程、石油化工等。

实验 1.24 伯努利方程演示仪

【演示目的】

演示气体、液体流速大压强小和流速小压强大的现象,定性验证伯努利方程。

【实验装置】

图 1.24.1 所示为伯努利方程演示仪。

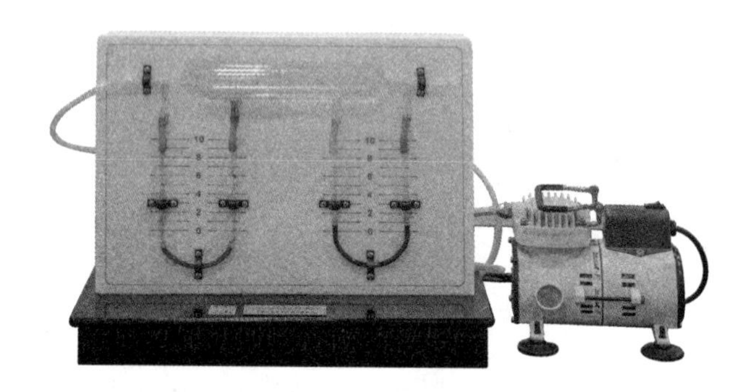

图 1.24.1 伯努利方程演示仪

【演示原理】

流体在忽略黏性损失的流动中,流线上任意两点的压力势能、动能与位势能之和保持不变。

伯努利方程由瑞士数学家伯努利在 1738 年提出,是能量守恒定律在理想流体定常运动中的表现,它是流体力学的基本规律。

理想正压流体在有势体积力作用下作定常运动时,运动方程(即欧拉方程)沿流线积分可以得到表达运动流体机械能守恒的方程。对于重力场中的不可压缩均质流体,方程为

$$p+\rho gh+\frac{1}{2}\rho v^{2}=c(\text{常量}) \tag{1.24.1}$$

式中，p、ρ、v 分别为流体的压强、密度和速度；h 为铅垂高度；g 为重力加速度；c 为常量。上式各项分别表示单位体积流体的压力能 p、重力势能 ρgh 和动能 $\frac{1}{2}\rho v^{2}$，在沿流线运动过程中，总和保持不变，即总能量守恒。但各流线之间总能量（即上式中的常量值）可能不同。

对于气体，可忽略重力势能 ρgh，方程简化为

$$p+\frac{1}{2}\rho v^{2}=\text{常量}(p_{0}) \tag{1.24.2}$$

显然，流动中速度增大，压强就减小；速度减小，压强就增大；速度降为零，压强就达到最大。

伯努利方程在水利、造船、化工、航空等领域有着广泛的应用。在工程上，伯努利方程常写成

$$\frac{p}{\rho g}+\frac{v^{2}}{2g}+h=\text{常量} \tag{1.24.3}$$

【实验操作及演示现象】

（1）将仪器水平放置，打开“水泵电源开关”，可见流管截面大处竖直管中的水柱较高，而截面小处竖直管中的水柱较低，说明在稳定流动的流管内，流速小处压强大，流速大处压强小。

（2）打开气泵电源开关，用气泵向管内吹气，气流经水平管并从右端流出。可见三连通管中的水柱高度不同，中间管中水柱低于两边管中水柱，这表明两边气体压强小，中间处气体压强大。说明在水平流管中，流速大处压强小，流速小处压强大。

【注意事项】

如仪器长时间不用时，请将水箱的水倒掉，冬天注意防冻。

【思考题】

（1）在火车站或地铁站，经常可以看到黄色安全线，并常常会听到广播中传来这样的提示音：“请站在黄色安全线以外等候列车……”广播中提到的黄色安全线，就是画在站台地面上的一条黄色标志线，距站台边缘 1m。为什么要设置安全线，难道仅仅是担心列车撞人吗？

（2）分别将不同质量的硬币平放在桌面上，试试平着从侧面吹，看能不能吹起它？再用围棋的棋子试试，看看你究竟能吹起多重的物体。

（3）如果把两个气球悬挂在同一高度，相距 30 cm 左右，试试用口对着中间吹气，看它是离开还是靠拢。调整它们的距离再试试，分析产生此现象的原因。

（4）用电吹风从下向上吹一只乒乓球，看能不能把它托起来并悬浮在空中。

（5）“奥林匹克”号是当时世界上最大的远洋货轮之一，1912 年秋，正在艳阳高照的滔滔太平洋中劈波斩浪。凑巧的是，离它约 100m，比它小得多的铁甲巡洋舰“哈克”号几乎与它平行

地高速行驶着。忽然,“哈克”号好像中了魔,猛然朝“奥林匹克”号直冲而去,更匪夷所思的是,在这千钧一发之际,舵手无论怎样操纵都没有用,只能眼睁睁地看着它撞向奥林匹克号。无独有偶,在1942年10月,美国的“玛丽皇后”号运兵船,由“寇拉沙阿”号巡洋舰和6艘驱逐舰护航,载着1.5万名士兵从本土出发开往英国。在航途中,与运兵船并列前进的“寇拉沙阿”号突然与“玛丽皇后”号相撞,被劈成两半。当年海事法庭处理“奥林匹克”号与“哈克”号相撞案件时,法庭判处“奥林匹克”号船长没有下令给对方让路。请用流体力学的相关知识,分析这个判决是否公允。

(6)大家可能听说过足球场上的香蕉球(弧线球),旋转的足球也会拐弯,试分析一下这个现象。伯努利原理的魔力无处不在,找找生活中还有哪些现象可用此原理解释。

实验 1.25　球　吸

【演示目的】

通过转动转轮调整气流中两球之间的距离，探索球吸发生的规律，体会伯努利原理的含义。

【实验装置】

图 1.25.1 所示为球吸演示仪。

图 1.25.1　球吸演示仪

【演示原理】

对于气体，伯努利方程为

$$p + \frac{1}{2}\rho v^2 = 常量(p_0) \tag{1.25.1}$$

流体的速度 v 增大，压强 p 减小；速度 v 减小，压强 p 增大。

本展品制作了两个相隔一定距离的小球，悬挂在不锈钢支架上，小球下方设置一出风口，风力大小由控制系统当中的转轮控制，将风力转轮从小往大调节，两球之间的空气速度增加，导致两球之间的压强减小，这时两球外侧的压强大于两球之间的压强，从而可观察到两个小球相互“吸引”，进而两球之间的距离减小。此现象清晰地展示了伯努利效应，可直观地了解伯努利效应的科学原理。

【实验操作及演示现象】

(1)在小球支架的右侧，有个大旋钮，旋转此旋钮，可以改变两球之间的距离。实验开始前，通过调节大旋钮，使两球之间的距离最大。

(2)按住启动开关不动，小球下端的出风口有风出来时，注意观察两球之间距离的变化。一开始，由于两球之间的距离过大，观察不到两球之间的距离有明显的变化。此时可以松开启动开关，通过调节大旋钮，使两球之间的距离减小，再按住启动开关不动，同时注意观察两球之间距离的变化。观察者可以发现，调节大旋钮，使两球之间的距离减小到一定程度后，启动风力开关，两个小球之间出现明显的相互“吸引”现象。

【注意事项】

(1)实验中，尽量保证实验室环境稳定，无外界的风干扰。

(2)注意改变两球之间的距离，大旋钮有最大、最小极限位置，到位后不能再使劲旋转，以免旋钮出现滑丝现象，此时应该改变旋转方向。

【思考题】

(1)撑一把雨伞行走在雨中，一阵大风吹来，伞面可能被“吸”得严重变形，试解释这一现象。

(2)如图 1.25.2 所示，把漏斗的大口方向向下放置，内放一乒乓球，往漏斗里吹气，会看到乒乓球被吸上来了，试解释这一现象。

(3)如何用两张纸产生与吸球类似的现象，从而验证伯努利原理。

(4)试举例说明生活中哪些被“吸”的现象属于伯努利效应。

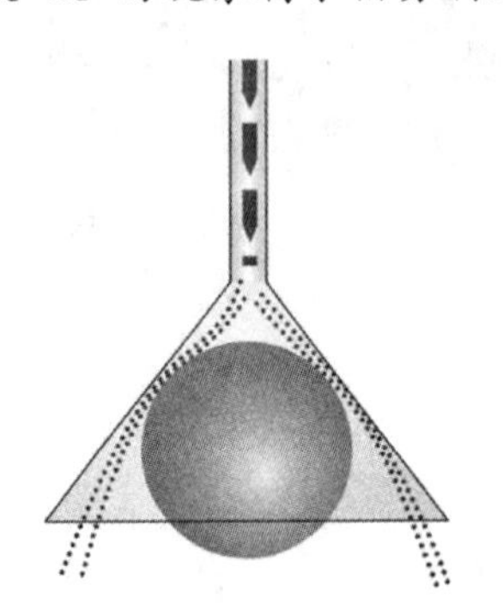

图 1.25.2　漏斗中的乒乓球

实验 1.26　机翼升力

【演示目的】

演示机翼升力的产生。

【实验装置】

图 1.26.1 所示为机翼升力演示仪。

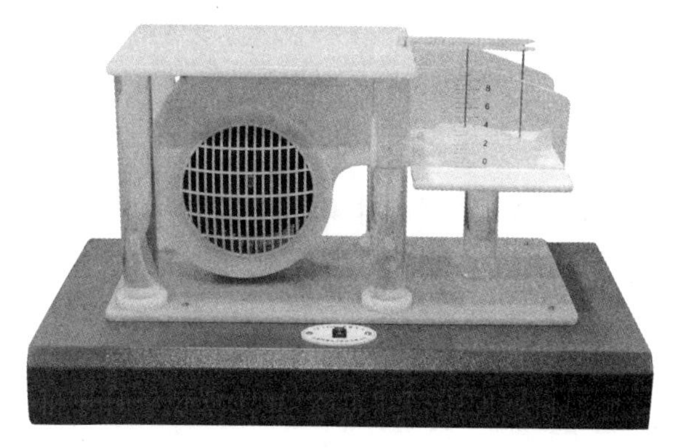

图 1.26.1　机翼升力演示仪

【演示原理】

飞机机翼剖面又叫作翼型，一般翼型的前端圆钝、后端尖锐，上表面拱起、下表面较平，呈鱼侧形。前端点叫作前缘，后端点叫作后缘，两点之间的连线叫作翼弦。当气流迎面流过机翼时，流线分布情况如图 1.26.2 所示，一股气流被机翼分成上、下两股，通过机翼后在后缘又重合成一股。由于机翼上表面拱起，使上方的那股气流的通道变窄，流速加快。根据伯努利原理得知

$$p+\frac{1}{2}\rho v^2=\text{常量}(p_0) \qquad (1.26.1)$$

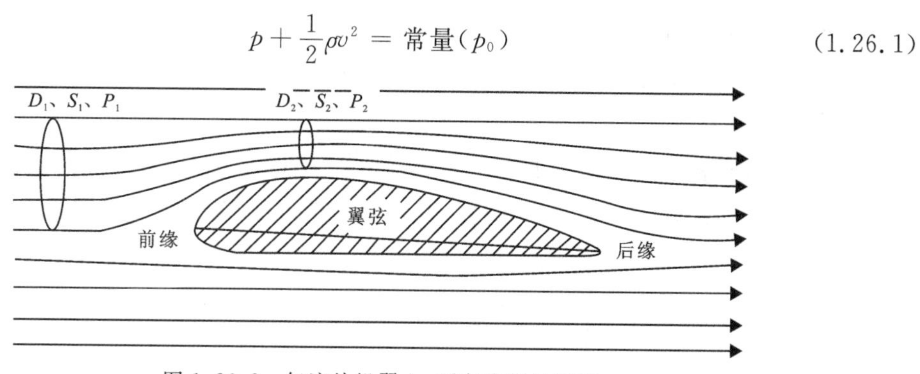

图 1.26.2　气流从机翼上、下方流过的情况

所以，流速大的地方压强小，机翼上方的压强比机翼下方的压强小，也就是说，机翼下表面受到向上的压力比机翼上表面受到向下的压力要大，这个压力差就使机翼产生升力，如图1.26.3所示。实验指出，升力与机翼的形状、气流速度和气流冲向翼面的角度有关。正是升力的作用使飞机机翼向上举起。

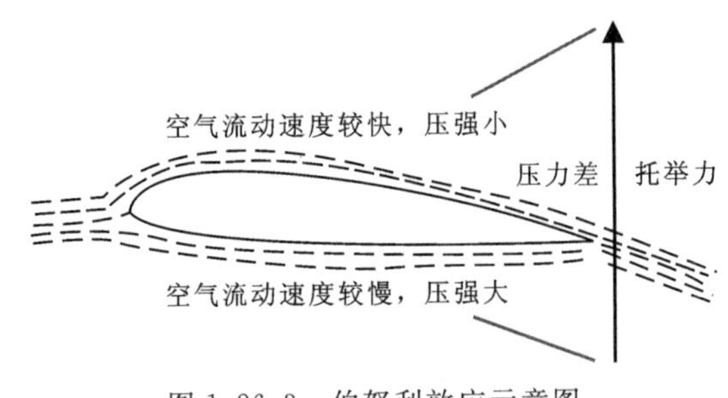

图1.26.3　伯努利效应示意图

【实验操作及演示现象】

(1)先将鼓风机背面调风速的开关逆时针调到最小。

(2)打开电源开关，仪器左侧的鼓风机无风或者有很小的风出来，这时观察不到飞机有明显的升降。

(3)慢慢调节风速开关使风速变大，可看到飞机慢慢升起(飞机罩外面有高度刻度线)，风速越大，飞机飞得越高，风速不变后，飞机飞到一定高度后，由于风向、风力和重力达到平衡，飞机就不动了。

(4)同样，逆时针调节风速开关，使风速变小，可看到飞机慢慢降落。

(5)关闭电源开关，结束实验。

观察飞机模型的运动情况，可以注意到，由于飞机模型被两个铁棒固定，飞机只能向上运动。

【注意事项】

(1)如果飞机不能升起，适当调节机翼的高度，使机翼的上部对准吹风口，使流过机翼上部的气流最大。

(2)请不要长时间通电，以免损坏风机。

【思考题】

(1)飞机的机翼为何做成上凸下平的形状，如果机翼的上下形状相同，飞机能否飞起?

(2)关于飞机升力的来源至今仍有争议，请自行查阅相关资料，谈谈你的看法。

实验 1.27　风洞实验演示

【演示目的】

(1)了解风洞,通过风洞实验理解飞机机翼因上下压差产生升力的原理;

(2)了解流体伯努利方程的应用。

【实验装置】

图 1.27.1 所示是风洞实验演示装置。

图 1.27.1　风洞实验演示装置

【演示原理】

由不可压缩、非黏滞性流体流线组成的流线上的各点,其压强和单位体积的机械能(动能势能)之和为常数,即对于流线上的任意点,均有下式成立:

$$p + \frac{1}{2}\rho v^2 + \rho g h = 常量 \tag{1.27.1}$$

式中,p 为压强;v 为流速;ρ 为流体密度;h 为相对高度;g 为重力加速度。

参考实验 1.26。根据流体的连续性原理,在一个流管中,流体的横截面 S 与流速 v 间有

$$v_1 S_1 = v_2 S_2 = 常量 \tag{1.27.2}$$

所以当高速气流在飞机机翼上下经过时,因机翼上方凸起,气流经过的横截面 S 较小,故气体的相对流速较大;而机翼下部较平坦,气流经过的横截面 S 较大,气体的相对流速较小。根据伯努利方程,流速大的地方气体的压力较小,流速小的地方气体的压力较大,所以这就使飞机的机翼上下产生压差,形成了向上的升力。

1. 风洞

风洞是以人工的方式产生并且控制气流,用来模拟飞行器或实体周围气体的流动情况,它是空气动力学研究最常用、最有效的工具之一。风洞实验是飞行器、汽车、高速列车等设计工作

中一个不可缺少的组成部分。它依据运动的相对性原理，将飞行器的模型或实物固定在地面人工环境中，人为制造气流流过，以此模拟空中各种复杂的飞行状态，获取实验数据。

2. 中国风洞

我国已经拥有低速（马赫数 $M<0.3$）、高速（$0.3<M<1.2$）、超高速（$1.2<M<5$）以及激波、电弧等风洞，马赫数 M 是流场中某点的速度 v 同该点的声速之比。

位于川西山区的中国空气动力发展与研究中心装备有亚洲最大风洞群，已累计完成风洞试验 50 余万次，完成了载人航天、探月工程等一系列重点工程气动试验任务，为新型航空航天器研制提供了可靠的气动数据；还为国产大飞机、风力发电机、动车组等民用产品气动力学和气动声学性能设计提供了技术支撑。

【实验操作及演示现象】

本实验装置上有一个机翼模型，把气源打开对着机翼吹风即可进行飞机机翼压差升力的演示。

【注意事项】

实验时须适当选择气源与机翼的距离和角度，并注意必要时在机翼中间的滑杆上涂一些棕油以减小滑杆与机翼模型的摩擦力。

【思考题】

(1)近年来，国内有几座大型悬索桥的桥面发生明显振动。大型桥梁的风洞模型实验也是必要的，查阅有关资料，了解一下模型试验可以完成哪些测试？

(2)摩天大楼越高，越有可能会导致风向地面聚集，进而导致这栋楼底层附近的风格外的大。现在有人用计算机模拟分析建筑物对空气流动影响。如果做风洞模型实验是否也能为高层建筑群的布局和建设提供一些依据？

实验 1.28　空气黏滞力演示

【演示目的】

通过演示理解空气存在黏滞力。

【实验装置】

图 1.28.1 所示是空气黏滞力演示装置。

图 1.28.1　空气黏滞力演示装置

【演示原理】

当流体层间发生相对运动时，在流体内部两个流体层的接触面上，将产生相互牵制的内摩擦力，流体的这种性质称为黏性。黏性是流体的固有属性。

内摩擦力又称为黏性力，实质上是流体分子作用的宏观表现。黏性产生的物理原因有两个，即分子不规则运动的动量交换和分子间吸引力。

对气体来说，由于分子间距离很大，分子引力很小，而分子不规则运动极为强烈，气体的黏性力主要取决于分子不规则运动的动量交换所形成的力。对液体来说，由于分子不规则运动较微弱，液体的黏性力主要取决于分子间吸引力所形成的力。

1678 年牛顿通过分析实验结果指出，流体运动所产生的内摩擦力与接触面积成比例，与沿接触面的法线方向速度梯度成比例，与流体的物理性质有关，而与接触面上的压强基本无关。牛顿提出的摩擦阻力公式为

$$\tau = \mu \frac{dv}{dy} \tag{1.28.1}$$

式中，dv/dy是速度沿法线方向的变化率或称速度梯度；μ是流体的黏滞系数；τ为单位面积上的摩擦力或切应力。上式适用于做层状运动的流体，黏滞系数μ是流体黏性大小的一种度量，不同流体μ值各不相同，同一流体μ值与温度有关，气体的μ值随温度升高而增大，而液体的μ值随温度升高而减小。空气的μ值随温度变化的关系是

$$\mu = 1.711 \times 10^{-5} + 4.934 \times 10^{-8}\, t_0 \tag{1.28.2}$$

式中，t_0是摄氏温度。在流体力学中常出现动力黏性系数与流体密度ρ的比值，为方便起见，以v表示，即

$$v = \frac{\mu}{\rho} \tag{1.28.3}$$

由于v的单位为m^2/s，v具有运动学的量纲，故称为运动黏性系数。在海平面上，温度为15℃，且气压为一个标准大气压时，空气的黏性系数的数值为

$$\mu = 1.789 \times 10^{-5}\ \mathrm{kg/(m \cdot s)}$$

$$v = 1.467 \times 10^{-5}\ \mathrm{m^2/s}$$

本演示装置有两个靠得很近的转盘，相互并不接触。但当下面的转盘高速旋转时，带动接触的空气层运动，在空气之间黏滞力的作用下，依次带动各层空气运动，使得上面原本静止的转盘也会跟着转动起来。

【实验操作及演示现象】

(1)开启主动盘驱动电机，由小到大调节电机转速，然后固定某一转速，这时主动盘以匀速运动，观察被动盘的状态，开始不动，过了一会，被动盘也开始转动，并由小到大，当主动盘运动足够长一段时间，会带动被动盘以与主动盘几乎相等的转速转动。

(2)这个现象说明，当主动盘运动时，由于黏性的存在，紧贴着主动盘的一层流体便随着主动盘运动，这层紧贴着主动盘的流体层又带动着紧贴着它的一层流体运动，相邻流体层间发生相对运动或相对滑动时，快层对慢层产生一个拖力，使慢层加速。这样一层一层的动量传递即拖动传递，最后被动盘即跟随主动盘一起转动起来，直到最后被动盘与主动盘几乎以相同的速度转动，这就是流体黏性的作用。由于流体性质不同，黏性力大小也不同，所以转盘之间的距离不能太大，如果距离太大，动量传递不到被动盘，被动盘也就无法转动。

【注意事项】

主动盘旋转时转速很快，切不可用手触及，以免造成伤害。

【思考题】

(1)用力学模型分析主动盘与被动盘的转动规律。为什么被动盘开始很慢，后逐渐与主动盘几乎相等的转速转动，试分析被动盘稳定转速是由哪些因素决定的？

(2)考虑温度对黏滞系数的影响，实验中盘的转动会不会受到温度的影响？

第二篇 热 学

热学是物理学的一个重要分支，主要研究物质在热状态下的性质、变化规律以及热与其他能量形式之间的相互转换关系。它的起源和发展与人类对冷热现象的探索密切相关，始于人们对温度、热量、能量传递、热力学过程和热膨胀等现象的观察与理解。它探讨了温度、热量、熵、焓、内能等基本概念，以及这些物理量在各种物理过程中如何变化和相互转化。热学的理论基础包括宏观的热力学和微观的统计物理学两大部分，前者关注能量在宏观系统内的转换和效率问题，后者则深入到微观层面，探讨大量粒子的统计行为如何决定宏观热力学性质。

人类对热现象的认识非常古老，从原始人学会使用火开始，便开始了对冷热现象的直接接触和应用。中国古代的五行学说和古希腊赫拉克利特的元素说中都有对热现象的哲学思考。17 世纪和 18 世纪，随着科学研究方法的成熟，热学逐渐形成为一门独立的学科。法国科学家帕斯卡和伯努利等人的工作奠定了流体静力学和热力学的基础。特别是 17 世纪末，英国科学家波义耳和博伊尔提出了气体定律，后来被称为波义耳-马略特定律，这是热力学早期的重要发现。19 世纪中叶，焦耳、卡诺、汤姆孙(开尔文勋爵)和克劳修斯等人通过对热机的研究，确立了热力学第一定律(能量守恒定律)、第二定律(熵增原理)和第三定律(绝对零度不可达到)，形成了完整的热力学理论体系。19 世纪后期，巴斯德、麦克斯韦、玻尔兹曼等科学家的工作推动了统计物理学的发展，通过对大量分子随机运动的统计平均，解释了热力学定律的微观基础，如麦克斯韦-玻尔兹曼分布、熵的统计定义等。

20 世纪以来，热学研究继续深化，研究范围不断扩大，包括凝聚态物理、统计力学、非平衡热力学、量子热力学、纳米尺度热传导和热辐射等领域。同时，热学原理在工程技术、化学、材料科学、生物学以及环境保护等方面都有着广泛的应用。总之，热学的发展历程伴随着人类对自然界中能量转换和热现象的理解逐步加深，其理论框架和应用领域不断丰富和完善。

实验 2.1　布朗运动

【演示目的】

演示布朗运动的物理图像。

【实验装置】

图 2.1.1 所示为布朗运动模拟装置。

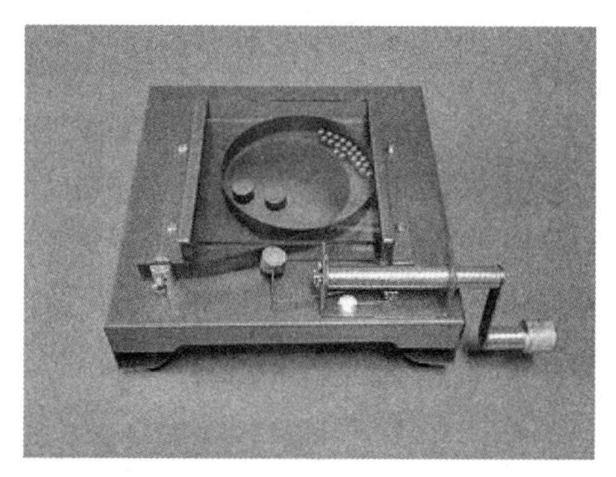

图 2.1.1　布朗运动模拟装置

【演示原理】

被分子撞击的悬浮微粒做无规则运动的现象叫作布朗运动。在显微镜下观察悬浮在水中的藤黄粉、花粉微粒，或在无风情形下观察空气中的烟粒、尘埃时都会看到布朗运动。温度越高，运动越激烈。它是 1827 年植物学家布朗用显微镜观察悬浮在水中花粉的运动时发现的。

做布朗运动的粒子微小，直径 1～10μm，每个液体/气体分子对微粒撞击时，微粒产生一定的瞬时冲力，由于分子运动的无规则性，每一瞬间，每个分子撞击时对微粒的冲力大小、方向都不相同，故合力大小、方向随时改变，因而布朗运动是无规则的。即：在周围液体或气体分子的碰撞下，产生一种涨落不定的净作用力，导致微粒的布朗运动。如果粒子相互碰撞的机会很少，可以看成巨大分子组成的理想气体，则在重力场中达到热平衡后，其数密度按高度的分布应遵循玻耳兹曼分布（麦克斯韦-玻尔兹曼分布）。佩兰的实验证实了这一点，并由此相当精确地测定了阿伏伽德罗常量及一系列与微粒有关的数据。1905 年爱因斯坦根据扩散方程建立了布朗运动的统计理论。布朗运动的发现、实验研究和理论分析间接地证实了分子的无规则热运动，对于气体动理论的建立以及确认物质结构的原子性具有重要意义，并且推动统计物理学特别是涨落理论的发展。

爱因斯坦用经典力学的方法，给出了微粒在任一确定方向其布朗运动分量的均方值 $\overline{x^2}$

与时间 t 成正比：

$$\overline{x^2} = \frac{kT}{3\pi\eta a}t \tag{2.1.1}$$

本实验是在展示台或投影仪上模拟演示布朗运动现象，以众多无序运动的小球撞击一个大球，大球将作布朗运动。通过做本实验以期对布朗运动的物理图像、对物质分子运动论有一个直观和正确的理解和认识。

【实验操作及演示现象】

将本装置放在视频台上或投影仪上，调节投影系统，使钢球在屏上投影清晰，提动小柄簧片弹拨小钢球使其做无规则运动，观察大黑球运动的情况。

【注意事项】

投影系统调节的水平直接影响本实验的演示效果，宜事先调试准确。

【思考题】

(1)本实验用小球撞击模拟二维的布朗运动，你认为与真实的分子热运动撞击有差别吗?

(2)布朗运动是微观运动吗?

实验 2.2　气体压强模拟

【演示目的】

通过演示了解气体压强的形成原因。

【实验装置】

图 2.2.1 所示为气体压强模拟装置。

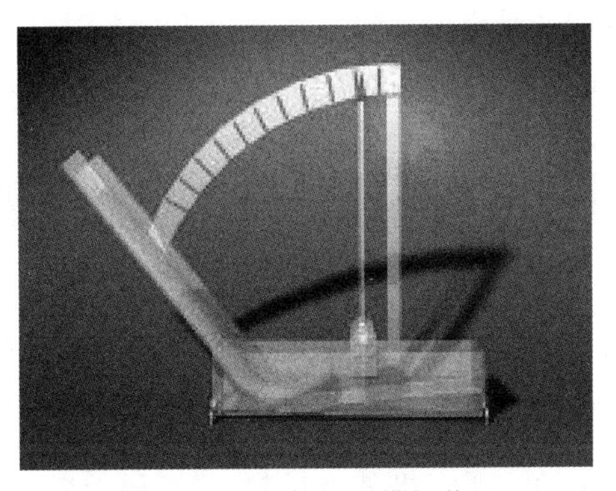

图 2.2.1　气体压强模拟装置

【演示原理】

从微观上看，气体对容器壁的压力是气体分子对容器壁频繁碰撞的总的平均效果。各个气体分子对器壁的碰撞是断续的，它们给予器壁冲量的方式也是断续的，但分子数目极多，碰撞极其频繁，它们对容器壁的碰撞总和就成了连续地给予器壁的冲量，这也就在宏观上表现为气体对容器有持续的压力作用，气体对器壁单位面积上的压力即气体的压强。

气体对容器壁的作用产生了压强，压强是一个宏观的概念，它可以用气体动理论定量地予以微观的解释。

气体动理论关于理想气体模型的基本微观假设如下：

(1)设理想气体分子是一个个极小的彼此之间无相互作用的遵守经典力学规律的弹性质点。

(2)设每个分子运动的速度各不相同，而且分子的运动可通过碰撞不断发生变化和转移。

(3)设分子运动是无规则的。

以上假设只适用于大量分子的集体的统计性情况。在上述假设的基础上，可定量地推导出气体的压强公式

$$p=\frac{2}{3}n\left(\frac{1}{2}m\overline{v^2}\right)=\frac{2}{3}n\overline{\varepsilon_t} \tag{2.2.1}$$

此公式把宏观物理量气体的压强 p 与统计量气体分子的平均数密度值 n 以及气体分子的平均动能值 $\overline{\varepsilon_t}$ 联系起来，典型地显示了宏观量和微观量的关系，它表明气体压强具有统计意义，即对大量气体分子才有明确的意义。

本实验中用小球模拟气体分子，单个小球对转动板的碰撞只是一个力脉冲，但多个小球的共同作用就表现为对转动板的恒定的冲击力。

【实验操作及演示现象】

(1)将一个直径 6.35 mm 的钢珠放在分子压强模型上方的漏斗中，拉开漏斗下方的隔板，可看到钢珠滚出导管，撞击挡板使指针偏转，而后指针又回到原来的位置。重复实验，每次指针偏转的角度略有不同。类比本实验，说明气体分子对器壁的碰撞是断续的，而且每次碰撞的方向可不相同，施于器壁的冲量亦可不同。

(2)把许多直径 5mm 的玻璃珠(或红小豆)倒入模型上方的漏斗中，拉开漏斗隔板，可以看到挡板在大量玻璃珠的冲击下指针偏转较大，并在一定的刻度附近来回摆动，直到玻璃珠全部落完为止。类比本实验，说明气体的压强是大量气体分子碰撞器壁的统计平均结果。单个分子碰撞是短暂的，而且每次碰撞给子器壁的冲量各不相同，大量分子碰撞可产生持续的冲力，但有涨落现象，碰撞的分子数越多，涨落越小。

【注意事项】

本实验为了便于观测，采用透明有机玻璃材料制成，因此较脆弱，实验时操作要小心，防止摔折损坏。

【思考题】

(1)气体运动理论中关于理想气体模型的基本微观假设说明气体分子是一个个弹性质点，若设它们是非完全弹性，即分子碰撞过程中有能耗，将会产生怎样的结果？若它们有一定的体积，压强公式将会产生怎样的变化？

(2)气体运动理论中关于理想气体模型的基本微观假设说明气体分子彼此之间无相互作用，若设它们之间有一定的引力或斥力，气体的压强公式将会产生怎样的变化？

实验 2.3 伽尔顿板

【演示目的】

演示大量偶然事件的统计规律和涨落现象，了解物理学中统计与分布的概念。

【实验装置】

图 2.3.1 所示为伽尔顿板。

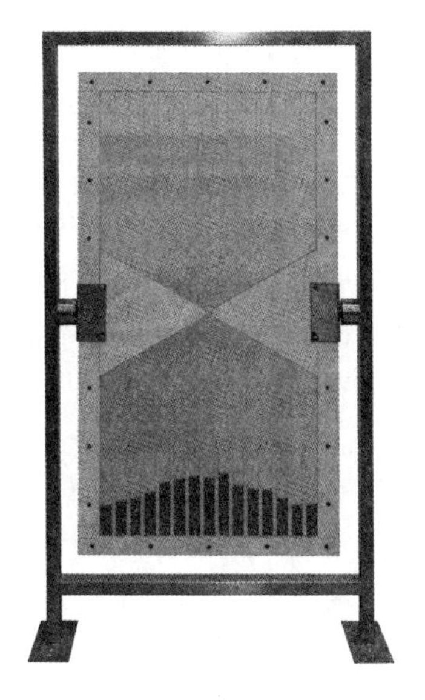

图 2.3.1 伽尔顿板

【演示原理】

大量随机事件整体遵从统计规律，本实验是对统计规律做的一个具体演示。

首先，从入口处使一个粒子落下来，它最终落入某一槽中。每次用一个粒子重复实验几次，可以看到单个粒子落在哪个槽中是偶然的、随机的、不可预知的。

然后，抽动隔板，使全部粒子一起落下来，可以看到大量粒子在各个槽中的分布是对称的，近于正态分布，重复几次实验，可发现每次实验所得到的粒子分布曲线基本相同，曲线之间略有差异。这表明大量随机事件的整体特征有一定的规律性，这就是统计规律，各次实验结果之间的偏差就是统计规律的涨落现象。因此，实验结果表明，一个粒子落入哪个槽中是随机的，少量粒子的分布也有明显的随机性，但大量粒子落入槽中的分布则是基本确定的，即遵从一定的统计规律。正态分布律是自然界最常见的统计规律，也是统计理论研究中最基本的分布规律。研究表明，多种独立的小影响因素的综合效果产生正态分布，多种非正态分布的综合效果(以各分布函数的卷积表示综合分布)随种类个数的增加以正态分布为极限。

本实验装置中,在下落球的通路上以密排方式布置了销钉点阵,共19层。每一个下落球碰到销钉后被散射,受重力的作用而飞向下一层。在下一层上的分布大体如图2.3.2所示,一个下落球从高到低落入最下部的槽中,在最下部的一系列槽中的分布将是19个如图2.3.2所示分布函数的卷积,因此它接近于一个正态分布。

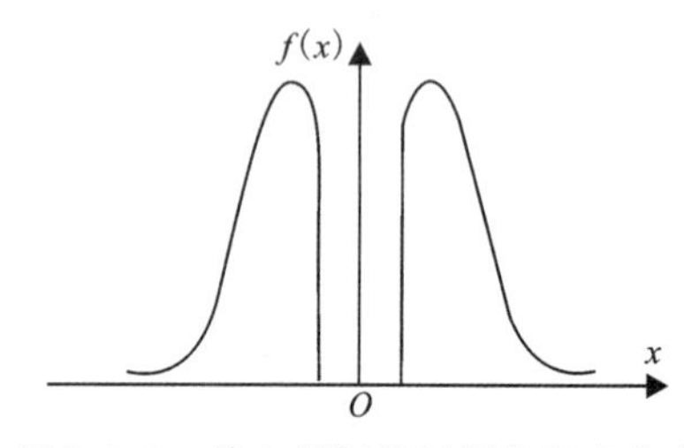

图2.3.2　单个销钉散射概率密度分布

【实验操作及演示现象】

(1)演示单个粒子随机性:轻轻抽动隔板,使一个粒子落下来,可以看到单个粒子落在哪个槽中是随机的、不可预知的;再多试几个粒子,看看是否有某种规律性。

(2)演示大量粒子的统计规律:抽动隔板,使全部粒子落下来,可以看到大量粒子在各槽中的分布大致是对称的正态分布,即在中间的槽中粒子数多,两侧的粒子数少。

【注意事项】

(1)不要翻动仪器的顶部。

(2)正确的翻转方法是一只手扶住底座,另一只手放在仪器侧部,使其缓慢地转动。

【思考题】

(1)实验用粒子的质量和直径是否影响实验结果?

(2)本实验装置中粒子下落的通路上以密排方式布置了销钉点阵,共19层,点阵层数减少是否影响实验结果?

实验 2.4 麦克斯韦分布率演示

【演示目的】

(1)模拟演示气体分子具有一定速率分布的物理图像,了解速率分布的概念;

(2)形象地演示速率分布与温度的关系,并说明速率分布概率密度函数的归一化。

【实验装置】

图 2.4.1 所示为麦克斯韦分布率演示实验装置。

图 2.4.1 麦克斯韦分布率演示实验装置

【演示原理】

麦克斯韦速率分布律给出了热平衡状态下气体分子分布在任一速率间隔 $v \sim v+\mathrm{d}v$ 内的气体分子数占总分子的百分比

$$f(v)=\frac{\mathrm{d}N}{N\mathrm{d}v}=4\pi\left(\frac{m}{2\pi kT}\right)^{\frac{3}{2}}v^{2}\,e^{-\frac{mv^{2}}{2kT}} \tag{2.4.1}$$

式中,N 是气体分子总数;m 是每个气体分子的质量;T 是气体的热力学温度;k 是玻耳兹曼常数。

根据麦克斯韦速率分布函数式(2.4.1)画出 $f(v)$ 与 v 之间的函数关系曲线,叫作速率分布曲线。如图 2.4.2 给出了气体在不同温度下的速率分布函数($T_2>T_1$),可看出温度对速率分布的影响,温度越高,最概然速率 v 越大,$f(v)$越小。因为曲线下的面积恒等于 1,所以温度升高时曲线变得平坦些,并向高速区域扩展,即温度越高,速率较大的分子数越多,分子运动越剧烈。

本实验的装置是在类似伽尔顿板销钉点阵的右侧设置了接受格槽,每一个格槽接受落球的数量与一定的水平速度有关,格槽接受落球的数量的分布反映了落球按水平方向速度的概

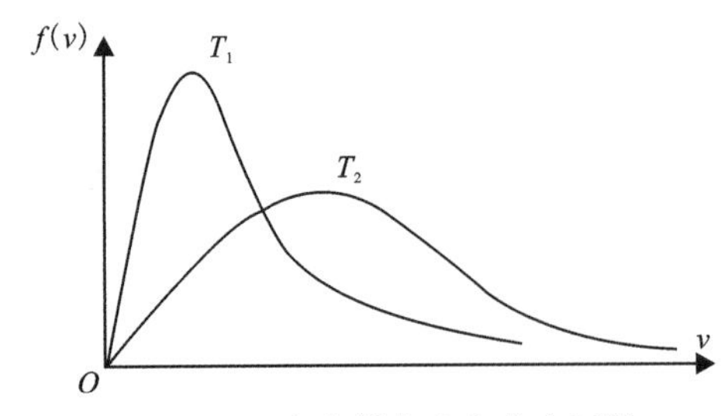

图 2.4.2 麦克斯韦速率分布函数

率密度分布。落球从漏斗下落起始点的位置影响水平方向的速度分布，相当于温度对理想气体速率的影响，因此，调节漏斗下落起始点的位置，称为调温，本实验可以定性地演示水平方向速度分布随温度的变化。

【实验操作及演示现象】

(1)将仪器竖直放置在桌面或地面上，推动调温杆，使活动漏斗的漏口对正温度 T_1 的位置。

(2)仪器底座不动，按转向箭头的方向转动整个边框一周，当听到"喀"的一声即定位销钉响时仪器恰好为竖直位置。

(3)钢珠集中在储存室里，由下方小口漏下，经缓流板慢慢地流到活动漏斗中，再由漏斗口漏下，形成不对称分布地落在下滑曲面上，从喷口水平喷出。位于高处的钢珠滑下后水平速率大，低处的滑下后水平速率小，而速率大的落在远处的隔槽内，速率小的落在近处隔槽内。当钢珠全部落下后，便形成对应 T_1 温度的速率分布曲线，即 $f(v)\sim v$ 曲线。

(4)拉动调温杆，使活动漏斗的漏口对正 T_2(高温)位置。

(5)再次按箭头方向翻转演示板 360°，钢珠重新落下，当全部落完时，形成对应 T_2 的分布。

(6)将两次分布曲线在仪器上绘出标记，比较 T_1 和 T_2 的分布，可以看到温度高时曲线平坦，最概然速率变大。

(7)根据 T_1 和 T_2 两条分布曲线所围面积相等的结果，可以说明速率分布概率归一化。

【注意事项】

注意演示仪器板的方向，要按箭头指示的方向翻转。

【思考题】

实验用钢珠的质量是否影响实验结果?

实验 2.5　真空中的物理现象

【演示目的】

演示真空中有趣的物理现象。

【实验装置】

图 2.5.1 所示为演示真空物理现象装置。

图 2.5.1　演示真空物理现象装置

【演示原理】

真空是指在给定的空间内低于一个大气压力的气体状态，是一种物理现象。在“虚空”中，声音因为没有介质而无法传递，但电磁波的传递却不受真空的影响。事实上，在真空技术里，真空是针对大气而言的，一特定空间内部的部分物质被排出，使其压力小于一个标准大气压(1 atm)，我们就通称此空间为真空或真空状态。真空常用帕斯卡(Pa)或托尔(torr)作为气压单位，1 atm≈1.013×10^5 Pa，1 torr≈1 mm 汞柱≈133.32 Pa，气象学中的 1bar≈10^5 Pa≈0.987 atm，工程中沿用公斤力这个单位，1 公斤力≈9.807 N。

工业和真空科学上的真空是指容器中的压力低于大气压力，把低于大气压力的部分叫作真空，而容器内的压力叫绝对压力；另一种说法是，凡压力比大气压力低的容器里的空间都称作真空。工业真空有程度上的区别：当容器内没有压力即绝对压力等于零时，叫作完全真空，其余叫作不完全真空。而狭义相对论等物理理论中的真空特指不存在任何物质的空间状态，对应于工业里的完全真空。按现代物理量子场论的观点，真空不空，其中包含着极为丰富的物理内容。狭义相对论等理论中的真空只是普朗克常数趋于 0 时的近似情形。

本实验装置通过有趣的实验现象，展示平常在大气层看不到的现象。可以演示粗略真空的两个特点，即“无”介质存在和相对低压力现象。

(1)“丝线和小球在真空中的摆动变化”，风扇设置在真空玻璃罩的中间，风扇上用丝线挂有质量较轻的小球，当玻璃罩内空气未被抽空时，风吹得小球摆动；抽真空后没有空气作为媒质从而使小球停止摆动。

(2)“管内水柱在真空中的变化”，罩内空气被抽空后，罩内压力急剧变化，因而，水柱高度变化明显。

(3)“真空中的气球有何变化”，罩内空气被抽空后，罩内压力急剧变化，因而，气球体积也变化明显。

【实验操作及演示现象】

(1)按下抽真空按钮后，观察玻璃罩中被抽成真空后的现象。

(2)观察原先在空气中摆动的丝线，在真空中是否停止摆动，风扇上挂的小球是否也停止摆动。

(3)观察管内水柱在真空中的变化，罩内压力急剧变化是否使水柱高度变化明显。

(4)观察真空中的气球因为压力减少，气球体积也变化明显。

【注意事项】

玻璃制品，轻拿轻放。

【思考题】

(1)虽然本实验叫“真空中的物理现象”，但大家想一想，这里的真空是指真正完全无介质并且具有极低压力的吗？可以查资料了解压力低于多少时是粗略真空。

(2)用什么方法可以将粗略真空进一步提升为高真空状态呢？

实验 2.6　实验室型外燃式高温热机

【演示目的】

演示热机原理。

【实验装置】

图 2.6.1 所示为实验室型外燃式高温热机装置图。

图 2.6.1　实验室型外燃式高温热机装置图

【演示原理】

热机是指各种利用内能做功的机械，是将燃料的化学能转化成内能再转化成机械能的机器动力机械的一类，如蒸汽机、汽轮机、燃气轮机、内燃机、喷气发动机。热机通常以气体作为工质(传递能量的媒介物质叫工质)，利用气体受热膨胀对外做功。热能的来源主要有燃料燃烧产生的热能、原子能、太阳能和地热等。热机的形式和种类见表 2.6.1。

表 2.6.1　热机的形式和种类

内燃机	往复式	汽油机、柴油机、煤气机等
	旋转式	燃气轮机、转子发动机等
外燃机	往复式	蒸汽机、斯特林发动机等
	旋转式	汽轮机、燃气轮机等

外燃机是利用燃料燃烧加热循环工质(如蒸汽机将锅炉里的水加热产生的高温高压水蒸气输送到机器内部，或该实验以空气作为工作物质)，使热能转化为机械能的一种热机。

内燃机是通过使燃料在机器内部燃烧，并将其放出的热能直接转换为动力的热力发动机。

【实验操作及演示现象】

把演示仪放在水平位置，点燃酒精灯，用手转动飞轮，直至飞轮能自行转动为止。实验结束时，关闭酒精灯，将演示仪妥善存放。

【注意事项】

（1）在仪器运转时，请勿用手触摸热机上的运动部件。当活塞处于静点位置不能启动时，可按箭头方向轻轻拨动飞轮，即可启动。

（2）小心酒精灯。

【思考题】

该热力学循环过程可以用哪些典型热力学过程进行模拟？

实验 2.7 蒸汽机模型

【演示目的】

(1)演示卧式单缸蒸汽机的构造和工作原理;

(2)通过蒸汽机的循环过程,建立清晰的热机循环概念。

【实验装置】

图 2.7.1 所示为蒸汽机模型图。

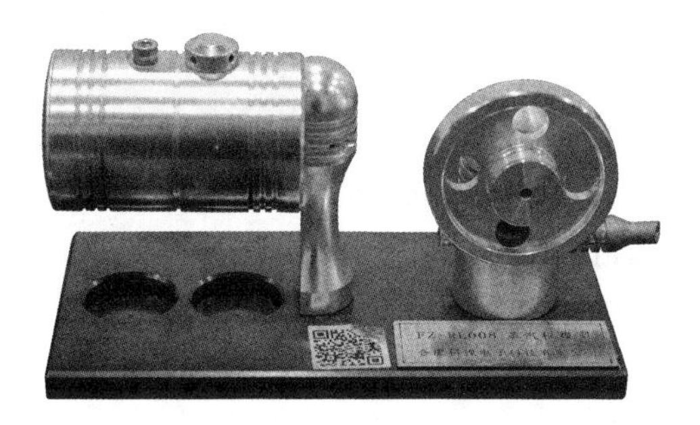

图 2.7.1 蒸汽机模型图

【演示原理】

蒸汽机是一个能够将水蒸气中的动能转换为功的热机,主要由汽缸、底座、活塞、曲柄连杆机构、滑阀配汽机构、调速机构和飞轮等部分组成。

图 2.7.2 所示是仪器正面沿汽缸纵轴剖开的剖面,左侧的圆柱形空腔是汽缸。汽缸里左右移动的是活塞(制成整体形),汽缸边上是曲轴箱,箱内前面一根是曲轴,通过连杆与活塞连接,后面一根是凸轮轴,上有两个位置不同的凸轮,拖动推杆依次上下运动,并通过摇臂控制汽缸顶部的进气阀和排气阀的开闭。仪器左边是飞轮,右边有曲轮、汽缸等。

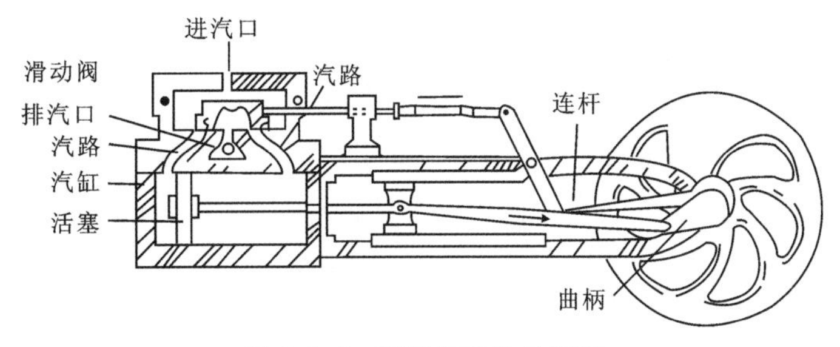

图 2.7.2 蒸汽机结构示意图

卧式单缸蒸汽机演示仪将气压压差作为动力源进行驱动，利用气体压差推动活塞，使活塞作左右往返运动。蒸汽有一定压力，一般为1～1.5个大气压。蒸汽机的压缩比一般是5～8，所以活塞上升到上止点时，汽缸顶部按比例留有一定空隙。在飞轮上装有一个手柄，仅供演示时驱动飞轮旋转之用。实物上是没有的。

图2.7.2中，从汽缸和汽室的纵剖面可以看到汽缸和汽室内活塞和滑动阀的运动情况。从进气口压入压缩空气，推动活塞运动，可使蒸汽机对外做功。当曲柄推动车轮转动时，车轮带动连杆使滑动阀来回移动，从而不断改变汽缸进汽和排气的通道，最终在蒸汽的压力下使活塞不断地来回运动实现热机循环。

【实验操作及演示现象】

观察活塞、连杆、曲轴和飞轮的连结情况，了解活塞的直线往复运动是如何转化成飞轮的旋转运动的。

【注意事项】

(1)蒸汽机模型出厂时已调整好，确保各部件协调动作，使用时一般无须进行调整。蒸汽机上的运动部件在仪器运转时请勿用手触摸。

(2)若活塞处于静点位置不能启动时，可按箭头方向轻轻拨动飞轮，即可启动。

(3)模型使用时，应在运动部位加适量的润滑油。

【思考题】

(1)蒸汽机有哪些优点和缺点？

(2)蒸汽机是怎样把活塞的往返运动转化为圆周运动的？如把圆周运动变成往返运动，这种往返运动会是一个简谐振动吗？简单设计一个转化的方案来实现机械的简谐振动。

实验 2.8 斯特林热机

【演示目的】

了解斯特林热机的工作原理，弄清具体工作过程。

【实验装置】

图 2.8.1 所示为斯特林热机。

(a)装置图

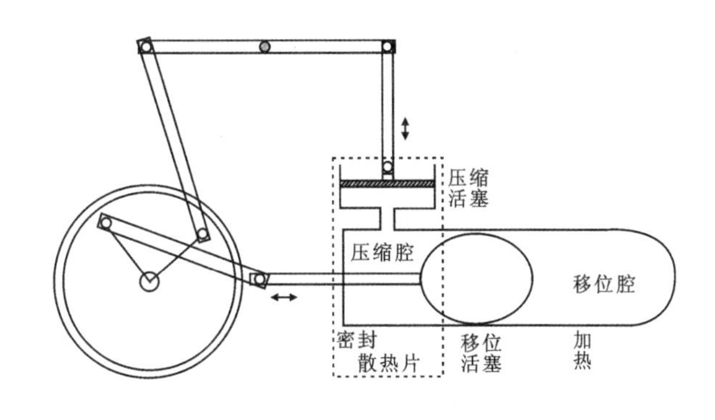

(b)原理示意图

图 2.8.1 斯特林热机

【演示原理】

1816 年，伦敦的斯特林(Stirling)设计了一种活塞式热机——斯特林热机，这是一种由外部供热使气体在不同温度下作周期性压缩和膨胀的封闭往复式发动机。

18 世纪末和 19 世纪初正值工业革命的高潮时期，那时候热机普遍为蒸汽机。热机的重要标志之一是它的效率，即吸收来的热量有多少转化为有用的功。当时，蒸汽机的效率很低，只有 3%～5%。这一方面是因为散热、漏气、摩擦等因素损耗能量，另一方面是因为部分热量在低温热源处放出。为了提高热机的效率，人们开始从理论上研究热机。斯特林热机就是在此时诞生的。

斯特林热机是一种高效率的能量转换装置，相对于内燃机燃料在汽缸内燃烧的特点，斯特林热机仅采用外部热源，工作气体不直接参与燃烧，因此又被称为外燃机。只要外部热源温度足够高，无论是太阳能、废热、核原料，还是生物能等任何热源，都可使斯特林热机运转，既安全又清洁，故相关学者对其在能源工程技术领域的研究兴趣日益增加。

斯特林热机采用封闭气体进行循环，工作气体可以是空气、氮气、氦气等，如图 2.8.1 所示。在热机封闭的汽缸内充有一定容积的工作气体，汽缸一端为热腔(也称移位腔、膨胀腔)，另一端为冷腔(也称压缩腔、工作腔,在图中散热片位置)。移位活塞推动工作气体在两个端之间来回运动,气体在低温冷腔中被压缩,然后流到高温热腔中迅速加热,膨胀做功。如此循环,将热能转化为机械能,对外做功。斯特林热机由两个等温过程和两个等容过程构成,如图 2.8.2 所示。理论上,斯特林热机的热效率很高,其效率接近理论最大效率(称为卡诺循环效率)。

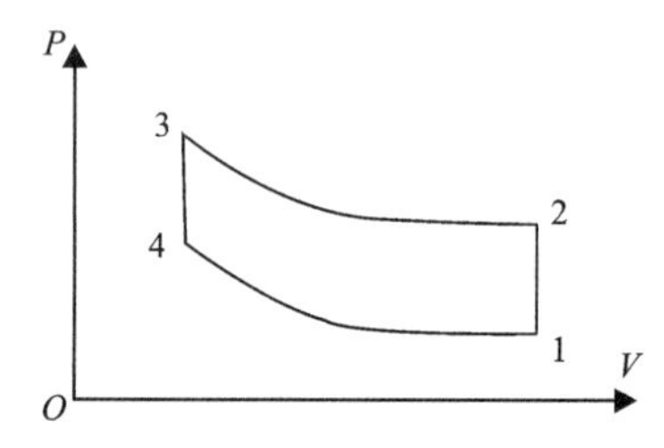

图 2.8.2　斯特林热机热力学原理图

该循环由两个等温过程和两个定容回热过程组成,属于概括性卡诺循环的一种。实现斯特林循环的关键在于实现回热。斯特林构想的热机由两个汽缸、活塞夹、一个蓄热式回热器组成。

斯特林热机效率很高,但是目前的问题是成本较高,尤其是热端换热器。因为热端换热器保持在高温状态,要求换热器耐温、耐压,生产这种换热器成本高。另一个缺点是民用产品输出的功率目前不大,所以不像内燃机那样用于民用汽车。但是斯特林热机用于国防还是很优秀的,自由活塞式斯特林热机可以运行几十年,质量特别轻,可以用于航天;曲柄连杆斯特林热机可以用于 AIP 潜艇系统,因为噪声小。

【实验操作及演示现象】

把演示仪放在水平位置,点燃酒精灯,用手转动飞轮,直至飞轮能自行转动为止。实验结束时,关闭酒精灯,将演示仪妥善存放。

【注意事项】

热机上的运动部件在仪器运转时请勿用手触摸。当活塞处于静点位置不能启动时,可按箭头方向轻轻拨动飞轮,即可启动。

【思考题】

该热力学循环过程可以用哪些典型热力学过程进行模拟?

第三篇　电磁学

电磁学是物理学的一个分支，主要研究电荷、电流、电磁场及其相互作用的规律以及电磁现象的本质。它涵盖了电学和磁学，并探讨了电和磁之间的相互联系和转换机制，以及电磁波的产生、传播和接收等问题。电磁学的研究不仅限于理论探讨，还广泛应用于工程技术、信息技术、能源科技、通信技术以及生物学等诸多领域。

电磁学的历史可以追溯到公元前的自然现象观察，如古希腊哲学家泰勒斯记录了琥珀摩擦后产生静电的现象。但真正科学意义上的电磁学研究始于18世纪末至19世纪初，当时一系列重要的实验和发现奠定了电磁学的基石。18世纪末，库仑提出库仑定律，定量描述了电荷间相互作用力的大小和方向。19世纪初，厄斯特和安培分别在电学和磁学上取得突破，厄斯特发现了电生磁的现象，即电流通过导线会产生磁场；而安培则总结了电流元之间相互作用的规律，即安培环路定律，并提出了分子电流假说。1831年，法拉第发现了电磁感应现象，即变化的磁场可以产生电动势，进而产生电流，这一发现为电力工业的兴起奠定了基础。1864年，麦克斯韦建立了麦克斯韦方程组，这是一个包含了电场、磁场、电荷、电流等所有电磁现象的完备理论体系，预言了电磁波的存在，并成功预言了光本身就是一种电磁波。19世纪末，赫兹通过实验证实了电磁波的存在，证实了麦克斯韦的预言。20世纪，电磁学理论进一步完善，特别是在量子力学框架下发展起来的量子电动力学，它成功地将电磁相互作用纳入到量子力学体系中。

进入现代，电磁学在微波技术、激光技术、光纤通信、粒子加速器、电磁兼容、电磁材料等领域得到广泛应用，电磁场理论也被用于解释和预测天体物理、地球物理、生物物理等多种现象。

本篇主要介绍静电学、直流电路与交变电路、磁力、磁介质、电磁感应等方面的有趣实验。

A　静电学

静电学是电磁学的一个重要分支,专门研究处于静止状态的电荷及其所产生的电场以及相关的物理现象和规律。静电学的基本原理和定律构成了整个电磁学的基础部分,主要关注的是不随时间变化的电场及其对其他电荷的作用力。静电学的应用非常广泛,从简单的静电吸附现象到复杂的工业静电喷涂技术,再到科学研究中的精密仪器,如质谱仪等,都有静电学原理的应用。同时,在天气现象如雷电形成过程中也有静电作用。随着科学技术的发展,静电学原理在半导体制造、电子显微镜、电磁屏蔽设计等领域也发挥着重要作用。

实验 3.1　静电感应起电机

【演示目的】

演示电荷的性质、电力线、火花放电、平行板电容。

【实验装置】

静电感应起电机的结构如图 3.1.1 所示。

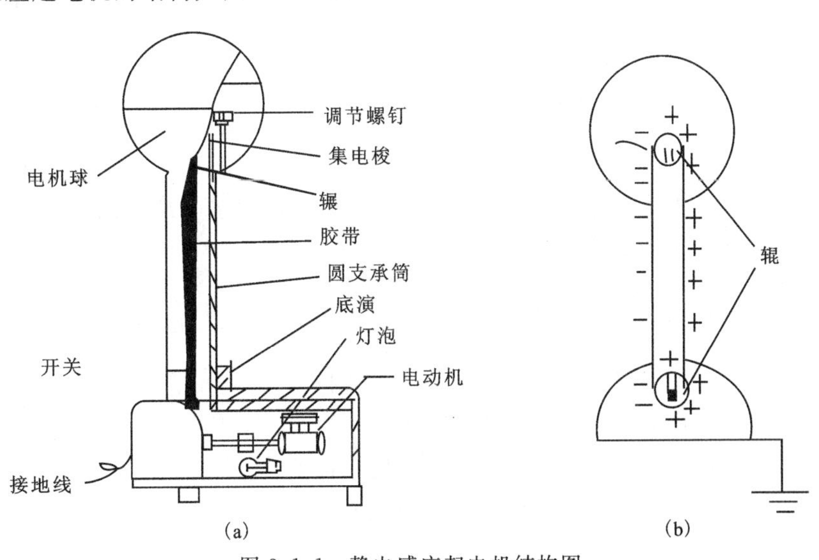

图 3.1.1　静电感应起电机结构图

【演示原理】

电极由有机玻璃圆筒支撑,下辊与电机相连,通过胶带带动上辊运转。工作原理如图

3.1.1(b)。上辊与胶带摩擦而发生的负电荷，被上辊旁的上集电梳收集到电极球上。同时胶带与上辊摩擦而发生的正电荷，由胶带输送到下辊，被下辊旁的下集电梳收集入地；而下辊发生的负电荷，由胶带运送到上辊，被上集电梳收集到电极球上。电机不停地运转，不断重复上述过程，从而产生很高的电位。

范式起电机，即范德格拉夫起电机，又称范德格拉夫加速器，是一种用来产生静电高压的装置，1929 年由荷兰裔美国物理学家范德格拉夫发明。范德格拉夫起电机通过传送带将产生的静电荷传送到中空的金属球表面，它易于获得高电压，现代的范德格拉夫起电机电势可达 500 万 V。

实验室的范式起电机用作高压静电源，用来演示电荷的性质、电力线、火花放电、平行板电容器电场、静电除尘等系列实验。

【实验操作及演示现象】

(1)实验前应预先做好实验准备以及仪器保养，并做好安全防护。

①仪器工作前，底座接好地线。

②取下电极上半球，用干净的布将电极球、放电球、上下辊胶带、有机玻璃圆筒等擦净。

③调整上、下辊距离，使胶带松紧适度，并使上、下两辊保持平行。

④调整上、下电梳，使之与胶带靠近，而又不接触。

⑤在胶带运行无阻的情况下，接通电源，试运转数分钟。如空气潮湿，可同时打开灯泡烘烤，使内部潮气排出。

⑥盖上上半球，即可进行实验。

(2)演示电荷的性质。将一些小纸片靠近电极球，即被感应带电，而飞向电极球，与电极球接触后，就带上与电极球相同的电荷，而被排斥并飞离电极球。

(3)演示电力线的实验。将上电极半球取下，在下电极半球上放上平行板电容器(电力线板)，另一极用支架夹住一块金属板，使两极保持平行，并隔一定距离，使仪器运转，就可观察到电力线的分布情况。

(4)演示尖端放电现象。在上、下电极半球之间夹一些金属尖端物，并露在球外，使仪器运转，在暗室可看到金属的火花放电。

【注意事项】

(1)仪器长期不用，应降低上辊的高度，使胶带放松。

(2)使用时，烘烤时间不宜过长，运转时间也不宜过长，应间断工作。

(3)工作时，不可接触带高压电部件，并保证底座接地。

(4)保管时应将仪器置于干燥通风处，防日晒。

【思考题】

(1)如果起电机没有充分放电，就用手接触，会产生什么严重后果？

(2)起电机电极球的最高电压与哪些因素有关，是不是不停转动手轮，可以进一步提升电压？

(3)能否从小纸屑飞离距离估算电极球的电压？

实验 3.2　辉光球

【演示目的】

演示低气压气体在高频强电场中产生辉光的放电现象。

【实验装置】

图 3.2.1 所示为辉光球放电效果图。

【演示原理】

辉光球发光是低压气体(或稀薄气体)在高频(几万 Hz)强电场中的放电现象。玻璃球内充两种以上的惰性气体,中央有一个黑色球状电极。球的底部有一个高频振荡电路板,通电后,振荡电路产生高频电压电场,球内稀薄气体由于受到高频电场的电离作用而光芒四射。

辉光球工作时,球中央的电极在四周形成类似点电荷的电场,用手(人与大地相连)触及玻璃球体,球周围的电场、电势分布不再均匀对称,手指处可以看作零电势,故辉光在手指接触处变得更明亮。

图 3.2.1　辉光球放电效果图

【实验操作及演示现象】

(1)接通电源,观察稀薄气体放电形成的辉光。

(2)用指尖触及辉光球,可见辉光在指尖处变得更明亮,产生的放电弧线顺着手的触摸点移动而游动扭曲,可随着手指移动起舞。

【注意事项】

不可敲击辉光球体,以免打破玻璃球。

【思考题】

(1)你知道街道上五光十色霓虹灯的工作原理吗?

(2)如果方便找一根日光灯管,靠近辉光球,观察会发生什么,并解释其原理。

实验 3.3　电荷间作用力的演示

【演示目的】

掌握电荷间的作用力大小跟哪些因素有关。

【实验装置】

图 3.3.1 所示为电荷间作用力的演示仪。

图 3.3.1　电荷间作用力的演示仪

本仪器由支架、刻度、大球、小球等组成。

【演示原理】

如果不考虑金属球之间的静电感应，把两个金属球之间的作用力当作点电荷考虑，按照库仑定律：

$$f = \frac{1}{4\pi\varepsilon_0}\frac{q_1 q_2}{r^2}\boldsymbol{r} \tag{3.3.1}$$

式中，r 是两个金属球球心之间的距离；$\boldsymbol{r}$ 为单位位置矢量。

用感应起电机将大球带上正电荷，然后把带正电荷的小球系在绝缘横杆上，小球在不同位置所受的电荷作用力的大小可以通过细线偏离竖直的角度大小显示出来，这样可比较小球所受力的大小。以上实验说明电荷间的作用力大小跟他们之间的距离有关，与电荷量的大小有关。

【实验操作及演示现象】

(1)改变带电小球的距离，判断电荷间作用力与小球和大球距离是否满足平方反比定律。

（2）用相同的另一个小球触碰一下带电小球（电荷减半），判断受力是否与电荷成正比。

【注意事项】

（1）一定要做好安全防护，将仪器的电极封闭。该仪器操作过程中是带有高压的，操作者不可触摸感应机电极和大球、小球。

（2）本仪器使用完毕后应在阴凉干燥处保存。

【思考题】

（1）偏离竖直的角度与小球受力有什么关系？

（2）如何改变大球、小球的电量，从而使得演示具有一定定量化？

实验 3.4　雅格布天梯

【演示目的】

演示弧光放电现象，展示放电弧随天梯逐级向上爬行的有趣现象。

【实验装置】

图 3.4.1 所示为雅格布天梯装置。

图 3.4.1　雅格布天梯装置

【演示原理】

希腊神话中有这样一个故事，雅格布(传说是以色列人的祖先)做梦沿着登天的梯子取得了“圣火”，后人便把神话中的梯子称为雅格布天梯。

静电演示的雅格布天梯模型是一对上宽下窄、顶部呈羊角形的电极。在 2 万～5 万 V 高压下，两电极最近处(底部)的空气首先被击穿，产生大量的正负等离子体，即产生电弧放电，同时产生强光和高热并伴随着“噼啪”声。底部空气由于温度升高，密度降低而上升，其携带的热量将上部的气体加热，使其更容易被电离，电击穿场强就下降，于是上部空气也被击穿放电，结果弧光区逐渐上移，导致弧光会沿“天梯”向上爬。当弧光区上升至一定高度时，由于两电极间距过大，两极间场强太小，不足以击穿空气，电极提供的能量不足以补充声、光、热等能量损耗，弧光因而熄灭。此时高压再次将电极底部的空气击穿，发生第二轮电弧放电，如此周而复始。

【实验操作及演示现象】

(1)按住操作开关，电弧放电马上开始，可以观察到电弧沿羊角形电极向上爬升的现象，同时听到“噼啪”放电声音;弧光上升到顶部后便消失了,又从底部开始向上爬;经历几个往复后停止,说明电容器高压放电完毕。

(2)等仪器充电 1 min 即可再次开始上述实验,重复体验雅格布天梯效果。

【注意事项】

(1)一定做好安全防护,将仪器的电极封闭。演示过程中该仪器带高压电,操作者不可触摸电极。

(2)仪器工作时间不能过长,两次启动的时间间隔最好在 1 min 以上。

【思考题】

(1)如果将天梯倒置,弧光会不会向下降?

(2)弧光放电有哪些应用?

(3)已知干燥空气在常温下的电击穿场强约为 10^6 V/m,试估算一下两极的电势差。

(4)日光灯发光属于哪种放电形式? 雷电又属于哪种放电形式?

(5)如果放电电极间距等宽,不做成羊角状,会发生什么样的实验现象?

【探索题】

(1)电弧产生和消失的原因。

(2)两个电极的夹角对弧光上爬的速度和高度有何影响?

(3)试分析电弧击穿电压和电极距离的关系。

B　直流电路和交变电路

直流电路和交变电路是两种不同类型的电路。直流电路中的电流方向始终保持不变，从正极流向负极，大小可以是恒定的（恒定直流电）或是随着时间变化的（脉动直流电，例如经过整流后的交流电）。交流电路中的电流方向和大小都随时间按照正弦波或其他周期性波形进行周期性变化。它们在电流性质、工作原理和应用场合等方面均有显著区别。

实验 3.5　人体导电

【演示目的】

演示人体导电性。

【实验装置】

图 3.5.1 所示为人体导电演示仪。

图 3.5.1　人体导电演示仪

【演示原理】

水有一定的导电性，而人体内血液、淋巴液、脑脊液，甚至细胞的主要成分都是水，所以当人体连接电路时会有一定的电流流过。对人体安全的电压应低于 36 V，安全电流是 10 mA 以下，高于这个数值的电压和电流对人体有危害。因此，演示人体导电采用图 3.5.2 所示的弱电电路，三极管 1 和三极管 2 构成达林顿管可对基极电流进行高倍放大，若手未触及 B 导电盘，达林顿管基极悬空，基极电流为零，达林顿管截止，灯泡不亮；若左右手同时接触 A、B 导电盘，经过人体会提供微小电流到达林顿管基极，达林顿放大基极电流到足以使灯泡亮，灯泡亮即说明人体导电。

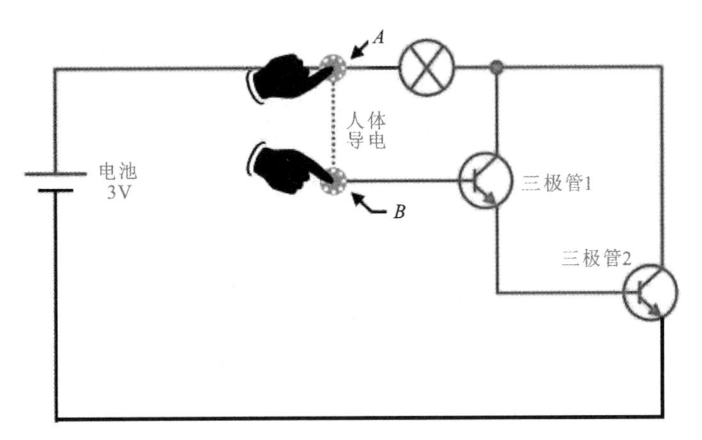

图 3.5.2 人体导电演示原理

【实验操作及演示现象】

(1)演示仪上的两金属把手是断开的,把身体作为一个导体接通电路,双手分别握住两只把手(操作者不用担心,流过的电流为安全电流,对人体无危害),即可看到灯被点亮,放开把手后灯灭;再次握住把手,灯再次点亮。

(2)可以拉来身边的同伴,手拉手,让两边的人分别握住一只把手,一股电流同时流过几个伙伴的身体,可以得到前面同样的效果。

【思考题】

(1)若采用 LED 灯,其正向电压约 2 V,电流约 20 mA,达林顿管放大倍数是 1000 倍,估计一下人体实际流过的电流为多少?

(2)若采用 LED 灯,其正向电压约 2 V,电流约 20 mA,应该对 LED 灯串联多大的限流电阻?

(3)很多个小伙伴手拉手还能使灯点亮吗? 为什么?

实验 3.6 闪光灯演示电容器储能

【演示目的】

演示电容器如何储存能量，并转化为其他能量。

【实验装置】

图 3.6.1 所示为电容器储能演示仪。

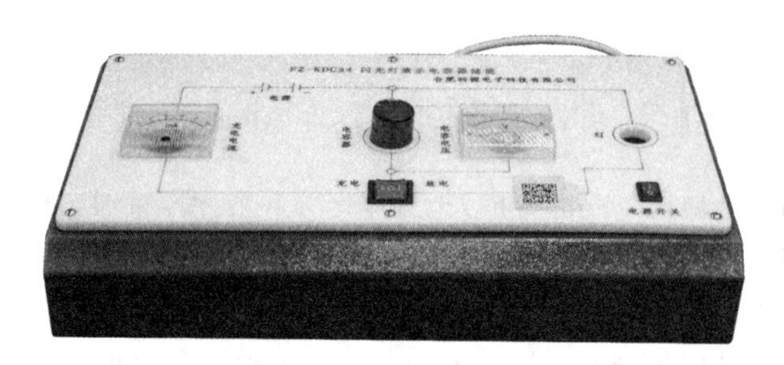

图 3.6.1 电容器储能演示仪

【演示原理】

把开关向充电方向按下时，电源对电容器充电，电源电能转化为电容器的储能；把开关向放电方向按下时，电容器放电，灯闪亮，电容器的储能转化为光能和热能。下面以充电过程为例计算电容器的储能。图 3.6.2 所示为电容器储能原理。

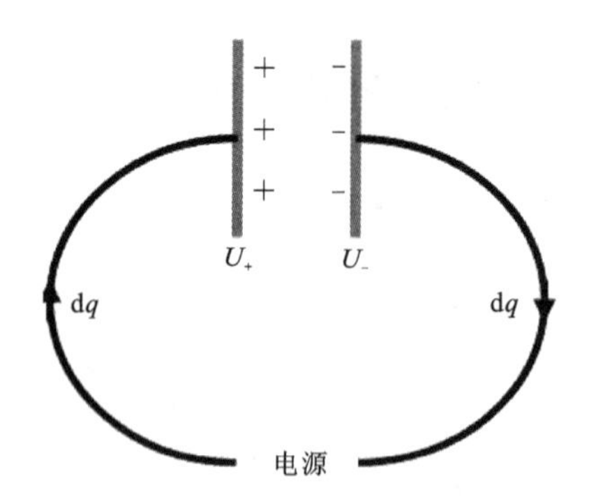

图 3.6.2 电容器储能原理

假设某时刻电容器两板对应电压分别为 U_+ 和 U_-，dq 从负极板到正极板，电源克服电场力做功使电势能增加，即

$$\mathrm{d}W = \mathrm{d}q(U_+ - U_-) = U\mathrm{d}q \tag{3.6.1}$$

极板电量从 0 增加到 Q，电势能总的增量为

$$W = \int \mathrm{d}W = \int_0^Q U\mathrm{d}q = \int_0^Q \frac{q}{C}\mathrm{d}q = \frac{Q^2}{2C} \tag{3.6.2}$$

【实验操作及演示现象】

(1)接通电源,把开关向充电方向按下,这时电源对电容器充电,同时看到左边充电电流表上充电电流逐渐变为零,表示充电完成。

(2)接着把开关向放电方向按下,这时电容器对电路中电灯放电,电容储存的电能转化为光能和热能,灯变亮变热,电容储能消耗完后灯迅速熄灭,同时看到电压表显示的电压由大变小,最后趋于0,表示电容储能释放完。

【思考题】

(1)电容器放电时,两端电压如何变化?注意电容电压数值的变化。

(2)哪些因素影响电容放电持续的时间?

实验 3.7　消失的电力

【演示目的】

演示铁芯插入通有交流电的线圈中心时，对线圈感抗的影响。

【实验装置】

图 3.7.1 所示为消失的电力演示仪。

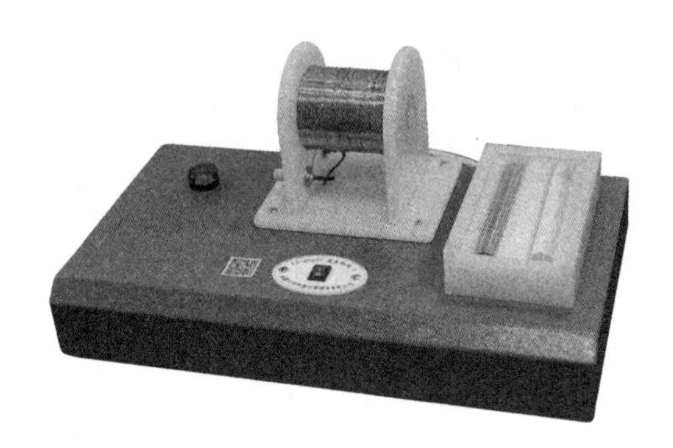

图 3.7.1　消失的电力演示仪

【演示原理】

在具有电阻、电感和电容的交流电路中，电学元件对电路中电流所起的阻碍作用叫作阻抗。阻抗常用 $\widetilde{Z}$ 表示，是一个复数，实部称为电阻，虚部称为电抗，其中电容的电抗称为容抗，电感的电抗称为感抗。阻抗的单位是欧姆。图 3.7.2 所示是演示等效电路（电感和电阻串联）。

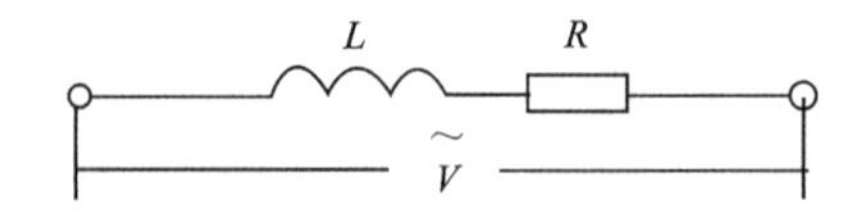

图 3.7.2　演示等效电路（电感和电阻串联）

本实验中把灯泡看作一个电阻元件 $\widetilde{Z}_R = R$，串联的线圈作为电感 $\widetilde{Z}_L = i\omega L$：

$$\widetilde{V}_R = \frac{\widetilde{Z}_R}{\widetilde{Z}_R + \widetilde{Z}_L}\widetilde{V} = \frac{R}{R + i\omega L}\widetilde{V} = \frac{R}{\sqrt{R^2 + (\omega L)^2}}\widetilde{V}e^{i\varphi} = \frac{R}{\sqrt{R^2 + (\omega L)^2}}V_m e^{i(\omega t+\varphi)} \tag{3.7.1}$$

式中，灯泡电压峰值为

$$V_{R,m} = \frac{R}{\sqrt{R^2 + (\omega L)^2}}V_m$$

其中，$\varphi = \arctan(-\frac{\omega L}{R})$ 为相角，灯泡的有效功率为

$$P = \frac{V_{R,m}^2}{2R} = \frac{1}{2}\frac{R}{R^2 + (\omega L)^2}V_m^2 \tag{3.7.2}$$

由此可知，当铁芯插入通电线圈时，线圈的电感增加很多，对交流电的感抗明显增加，线路电流明显减小，因此，如果线圈串联一个灯，则灯会变暗。同理，当铁芯从电感线圈中抽出时，自感系数变小，在交流电频率不变的情况下，感抗变小，电路中电流变大，灯泡变亮。

【实验操作及演示现象】

(1)打开电源开关，指示灯点亮。

(2)向线圈内插入铁棒，观察指示灯变暗(甚至熄灭)；拔出铁棒，指示灯点亮；再次插入，指示灯再次变暗，电力好像是被铁棒带走了。

(3)向线圈内插入塑料棒，观察到灯泡亮度几乎不变，塑料棒带不走电力。

【思考题】

(1)请解释“消失的电力”到哪里去了。

(2)塑料棒对线圈的电感有影响吗？为什么看不到指示灯亮暗的变化？

C 磁力

磁力是物理学中的一种基本力，它是指具有磁性的物体之间相互作用的力。磁力源于物体内部微观粒子(如电子)的运动产生的磁场。在经典电磁学中，磁力由载流导线、永久磁铁以及运动电荷所产生，并遵循安培环路定律、毕奥-萨伐尔定律、法拉第电磁感应定律、高斯磁定律等规律。磁力在现代科技中有广泛的应用，比如电动机、发电机、电磁阀、磁存储设备等。同时，在宇宙天体物理等领域也有重要体现，例如地球的磁场对于导航的作用以及太阳风与地球磁场相互作用导致的极光现象等。

实验 3.8 磁悬浮马达(门多西诺电机)

【演示目的】

演示磁悬浮马达(门多西诺电机)工作原理。

【实验装置】

磁悬浮马达装置结构如图 3.8.1 所示，转子被底部五颗小磁铁构成的碗状磁场托起，在光照下转子不停旋转，源源不断地将太阳能转化为动能。

图 3.8.1 磁悬浮马达演示装置

【演示原理】

由美国发明家斯普林发明的门多西诺电机是一种以太阳能为动力的装置，它将磁悬浮、太阳能、直流电机三者相结合。因其发明地位于美国加利福尼亚州的门多西诺县而得名。

门多西诺电机的内部结构如图 3.8.2 所示，四块太阳能电池板两两相对黏贴在方柱型转子表面，对相互垂直的两个线圈供电。图中 a 板、b 板为一组，对线圈 1 供电，c 板、d 板为一组，对线圈 2 供电，连接方法如图 3.8.3 所示。由图可见，相对的一组太阳能板向线圈提供的电流是反向的。

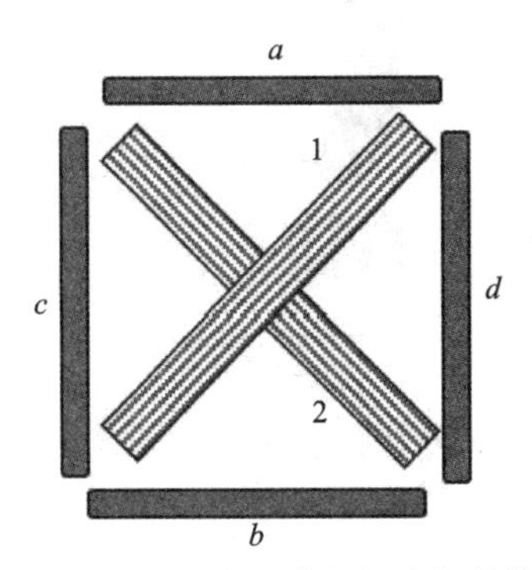

图 3.8.2　门多西诺电机内部结构

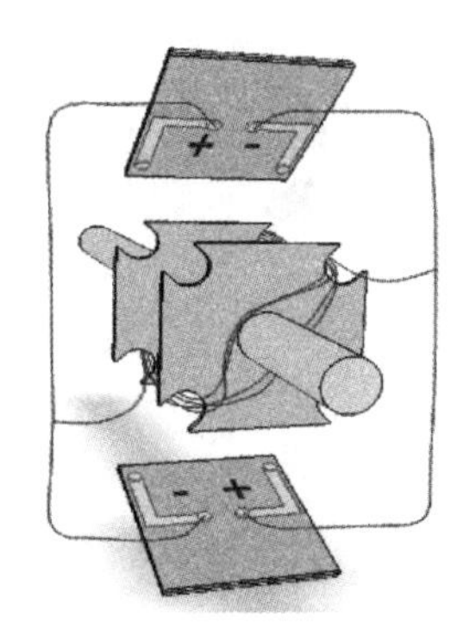

图 3.8.3　太阳能电池与线圈连接电路

假设光源位于左上方，此时 a、c 两板受到光照，分别向线圈 1 和线圈 2 提供电流，此时线圈可等效为图 3.8.4 所示的两个相互垂直的磁铁，线圈 1 等效为磁体 1，线圈 2 等效为磁体 2。在下方永磁铁产生的磁场中，两个等效磁体均受到逆时针方向的力矩，转子将逆时针旋转。旋转过程中，c 板受光面积不断减小，线圈 2 中电流不断减小，直至旋转 45°时，c 板不再受到光照，如图 3.8.5(a)所示。线圈 2 磁性消失，此时仅 a 板受到光照，线圈 1 等效为一个水平方向的磁铁，受逆时针力矩，如图 3.8.5(b)所示。把这个位置看作一个临界位置。转子偏离该临界位置后，a、d 两板将同时受到光照，如图 3.8.6(a)所示，但由于 d 板和 c 板在线圈 2 中产生的电流反向，导致它的等效磁铁的磁极反向，原来的 S 极变成 N 极，如图 3.8.6(b)所示，两个等效磁体均受到逆时针方向的力矩，因此马达会继续逆时针旋转，其效果相当于普通直流电机电刷的换向作用。当每一个线圈转到水平位置，它的等效磁铁转到竖直位置时，都会发生一次换向，所以马达始终有逆时针旋转的动力。而且由于磁悬浮，大大减小了转轴处的摩擦阻力。

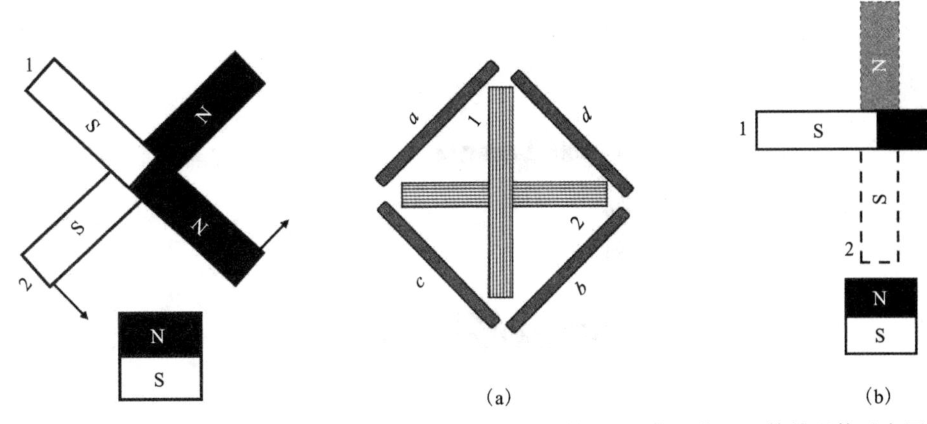

图 3.8.4　线圈等效磁体示意图

图 3.8.5　转 45°后线圈位置及等效磁体示意图

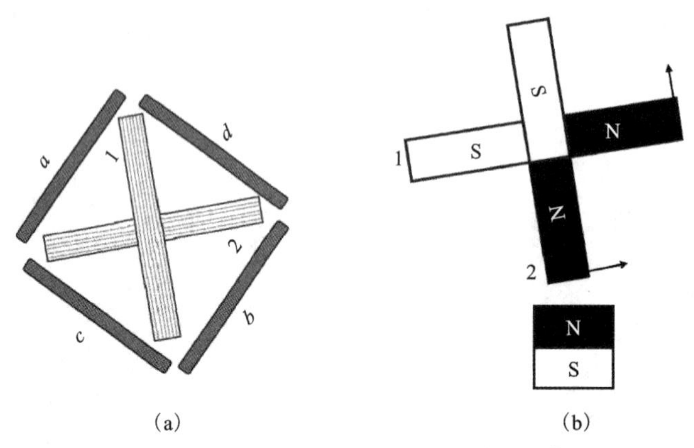

图 3.8.6 偏离临界位置后线圈位置及等效磁体示意图

【实验操作及演示现象】

将门多西诺电机放置在底座四个磁体形成的“磁碗”上方，使其稳定悬浮，且转轴尖端靠在支架一侧。打开光源，转子开始连续转动。

【思考题】

(1)门多西诺电机转轴两端各安装了一块小磁体，其中转轴尖端一侧的小磁体位置上稍微偏离底座的磁体，使其受到底座上磁体的排斥力并非竖直向上，而是斜向上朝向侧板，如图 3.8.7 所示，为什么做这样的设计？

(2)为什么底座用五个磁体来提供悬浮力，而不是只用两个磁体？

(3)为什么相对的一组太阳能板向线圈提供的电流必须反向？

(4)在普通直流电机中，采用换向器和电刷来改变线圈中的电流方向，保证力矩朝同一个方向，你知道它们的工作原理吗？

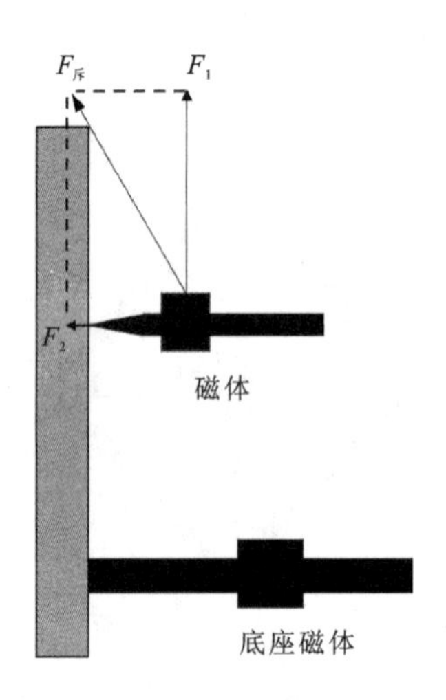

图 3.8.7 转轴尖端磁体受力示意图

实验 3.9　通电线圈相互作用力

【演示目的】

演示通电线圈间的相互作用。

【实验装置】

该仪器主要由一对平行线圈和直流稳压电源构成,如图 3.9.1 所示。

图 3.9.1　通电线圈的相互作用力演示装置

【演示原理】

一个线圈中通有电流后产生磁场,该磁场分布由毕奥-沙伐尔定律确定,磁场方向与电流方向服从右手螺旋法则,计算表明:除线圈轴线上的磁场沿轴线方向外,其他各处的磁场有垂直于轴线方向的分量。另一通电线圈在该磁场中受磁力作用,将线圈看作由许多小段载流导线组成,每小段所受的力亦可由右手螺旋法则判断(电流、磁场、力三者的方向符合右手螺旋定则),各小段所受的磁力有平行轴线方向的分量,由于圆电流的对称性,线圈整体在垂直轴线方向所受的合力为零,但平行于轴线方向的合力不为零。

当线圈中通有同方向的电流时,一线圈所受的沿轴线方向的力指向另一线圈,从而互相吸引;反之,互相排斥。

也可以用右手螺旋定则来判断两个线圈受力:圆形线圈等效于一个磁铁,如果两个线圈电流同向,相当于两个磁铁的 S－N 对 S－N,相互吸引;否则,相互排斥。

【实验操作及演示现象】

(1)将左边线圈的红色接线柱与左边红色插孔相接,黑色接线柱与左边黑色插孔相接;将右边线圈的红色接线柱与右边红色插孔相接,黑色接线柱与右边黑色插孔相接。这种接线方式下可以理解为两个线圈电流同向,接通电源,可见到两线圈相互吸引(如果现象不明显,适当调整两个线圈的距离)。

(2)将上面左右两边线圈之一的红黑接线柱任意颠倒一个,如将左边线圈的红色接线柱与左边黑色插孔相接,黑色接线柱与左边红色插孔相接;另一个线圈两接线柱不改变。这种接线方式下可以理解为两个线圈电流反向,接通电源,可见到两线圈相互排斥(如果现象不明显,适当调整两个线圈的距离)。

【注意事项】

所加电压不能太大,通电时间要短。

【思考题】

(1)若两线圈不同轴,其运动情况如何?

(2)两线圈间作用力的大小与哪些因素有关?

实验 3.10　简单圆盘电动机模型

【演示目的】

演示电动机的原理。

【实验装置】

图 3.10.1 所示为简单圆盘电动机模型。

图 3.10.1　简单圆盘电动机模型

【演示原理】

该仪器能够展示电动机的基本原理。圆盘与接触棒构成了一个完整的闭合电路，当电流通过磁场时，磁场对组成电流的电荷产生作用力，即安培力，在电场力的作用下圆盘转动起来，可直观演示电动机效应。

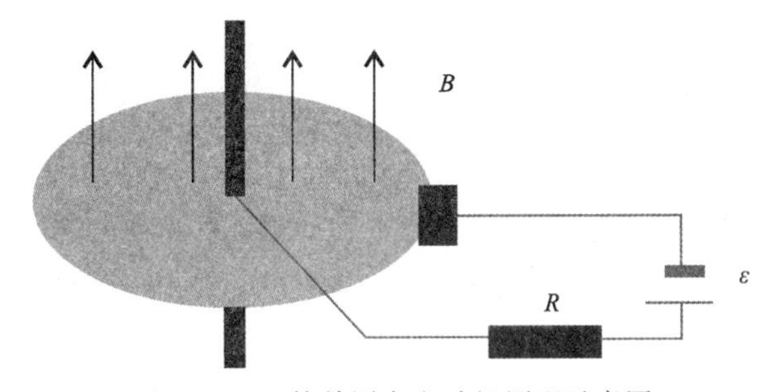

图 3.10.2　简单圆盘电动机原理示意图

图 3.10.2 可诠释简单圆盘电动机的安培力矩。圆盘半径为 R，垂直施加磁场 B，用左手定则可以判断出圆盘沿着半径垂直方向产生顺时针方向的磁力矩(即安培力矩)。

【实验操作及演示现象】

用一个较大的直流电源供电，把接触棒末端放在铜盘上，使电流通过铜盘，铜盘将会转动(若不转动，稍稍用力推动，使其启动)。

【注意事项】

请勿长时间通电演示。

【思考题】

(1)为什么圆盘电机在某些情况下不能转动?

(2)电动机转速由哪些因素控制?

实验 3.11　洛伦兹力演示

【演示目的】

演示从阴极发射出的带电粒子流轨迹及其在磁场中的偏转现象，认识洛伦兹力。

【实验装置】

图 3.11.1 所示为阴极射线管。

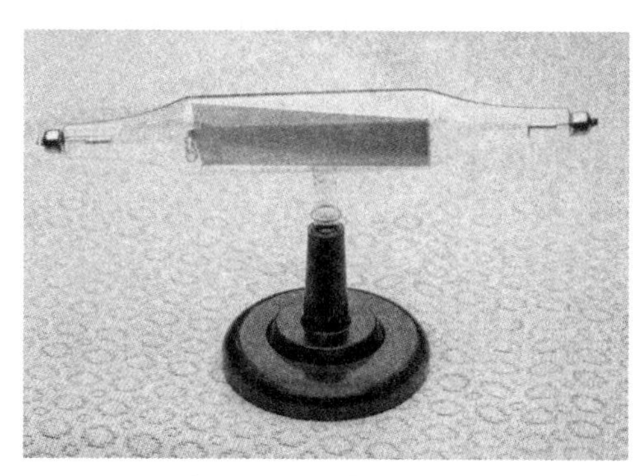

图 3.11.1　阴极射线管

【演示原理】

阴极射线管是设有阴极和阳极的高真空玻璃管，阴、阳极之间加上高电压时，从阴极发射电子，经其中的铝板狭缝而成电子束，我们把这种电子束称为阴极射线。电子束打在斜置于电子束通道的铝板上，铝板上涂了少许荧光粉，可显示出电子束径迹。用磁铁靠近阴极射线管时，阴极射线（运动的电子束）在洛伦兹力 $\boldsymbol{f}=-e\boldsymbol{v}\times\boldsymbol{B}$ 的作用下发生偏转，表现为径迹的偏转，以此来演示磁场对运动电荷的作用。

【实验操作及演示现象】

（1）接通电源，阴极射线管发射阴极射线，在荧光板上显现一束带状径迹，表明阴极射线是沿直线运动的。

（2）在阴极射线管中部用磁铁加一个横向磁场，阴极射线的径迹便发生偏转，因而判定射线是带电微粒流。

（3）改变磁铁接近的极性，观察阴极射线的偏转方向。

（4）换一个磁性更强的磁铁重复上述实验，观察磁场强弱对阴极射线的影响，磁性越强，电子束偏转越大。

【注意事项】

(1)阴极射线管是真空玻璃制品,轻拿轻放,防止碰碎或漏气失效。
(2)连接电极时不要用力过猛,以免损坏。
(3)阴极射线管有高压,不可触及电极。
(4)不宜长时间工作,以免加速荧光粉老化,影响发光能力。

【思考题】

(1)根据磁铁的极性和阴极射线偏转方向判断阴极射线粒子的带电电性。
(2)改变阴极射线管的方位,总结地磁场对射线偏转的影响。

实验 3.12　热磁轮演示仪

【演示目的】

通过热磁轮在磁场中的转动，加深对铁磁质相变的认识。

【实验装置】

如图 3.12.1 所示，热磁轮演示仪由磁铁、镍丝转轮和酒精灯组成。

图 3.12.1　热磁轮演示仪

【演示原理】

本实验是将热能转化为机械能的一种方式。利用低居里点的金属材料做成的圆环，在其边沿附近放一永磁体，在整个圆环处于同一温度时，永磁体对环的静磁力是关于磁场中心和圆环中心的连线而对称的，因此圆环在磁场中受力而不受力矩的作用。若在永磁体旁边放一酒精灯，烧灼圆环的某处，酒精灯灯焰烧灼处的温度若高于圆环材料的居里点，则该处将发生相变，铁磁质变为一般的顺磁质，永磁体对该点的吸引力将大大减弱，此时圆环受到永磁体的吸引力产生了关于圆环中心的力矩，此力矩使圆环转动起来。金属圆环的各部分不断地进入高温热源区，不断地被加热、相变、产生力矩，圆环便持续地转动起来。

由铁、钴、镍等金属及其合金制成的材料统称为铁磁质。铁磁质的主要特点之一就是受到外界磁场的影响被磁化，当外磁场消除之后依然能够保持这种磁性，我们称其具有铁磁性。铁磁理论的奠基者是法国物理学家外斯，他于 1907 年提出了铁磁现象的唯象理论。他假定铁磁体内部存在强大的“分子场”，即使无外磁场，也能使内部自发地磁化；自发磁化的小区域称为磁畴，每个磁畴的磁化均达到磁饱和。实验表明，磁畴磁矩起因于电子的自旋磁矩。

1928年，海森伯首先用量子力学方法计算了铁磁体的自发磁化强度，给予外斯的“分子场”以量子力学解释。1930年，布洛赫提出了自旋波理论。海森伯和布洛赫认为，铁磁性来源于不配对的电子自旋的直接交换作用。

19世纪末，居里（居里夫人的丈夫）在实验室里发现磁石的一个物理特性，就是当磁石加热到一定温度时，原来的磁性就会消失，变为顺磁性，人们把这个相变温度叫“居里点”。不同的磁性材料居里点不一样，铁的居里点约770℃，钴的居里点约1131℃，镍的居里点约358℃。

按照磁畴理论的解释，随着温度的升高，金属点阵热运动的加剧会影响磁畴磁矩的有序排列，当温度达到足以破坏磁畴磁矩的整齐排列时，磁畴被瓦解，平均磁矩变为零，铁磁物质的磁性消失变为顺磁物质，与磁畴相联系的一系列铁磁性质（如高磁导率、磁滞回线、磁致伸缩等）全部消失，相应的铁磁物质的磁导率转化为顺磁物质的磁导率。

【实验操作及演示现象】

（1）点燃酒精灯，放在转轮下面偏离磁极一侧，使靠近磁铁的镍丝部分在磁场中的一侧被加热。当达到居里点时，被加热的镍丝失去铁磁性，转轮在磁场中受力失去了平衡，因而受到一个力矩的作用，转轮将向一个方向转动。

（2）将酒精灯移去，转轮将慢慢地停止转动，待完全停止转动后，将酒精灯放回，但加热部位靠近另一侧，转轮将向另一个方向转动。

（3）换一个铁丝转轮做实验（铁的居里点较高），加热部分应更靠近磁极处。由于居里点较高，转轮转速很慢。通过对比，加深对居里点的认识。

【注意事项】

（1）加热时，酒精灯灯焰要对正转轮边缘。

（2）不要长时间加热。

（3）注意酒精灯用火安全，实验完后，酒精灯要用灯罩盖灭，不能吹灭。

（4）演示时应注意避风。

【思考题】

（1）磁畴是铁磁介质的一种量子效应。一般说来，量子效应给出的结果不同于经典理论简单的“是”或“否”，如粒子穿越有限势垒，即势垒高于粒子能量，也有一定概率穿透势垒，而经典结论是粒子能量低于势垒则肯定不可逾越。热运动是一种统计的概念，有运动能量高的分子可破坏磁畴，也必有运动能量低的分子不能破坏磁畴。总之，磁畴的消失随温度的变化应是渐变的才可被理解。而实验表明，磁畴是随温度变化到居里点而突然消失，你对此作何解释？

（2）铁磁性物质的居里点有何应用的可能？

（3）酒精灯灯焰的烧灼点选在何处效率最高，为什么？

（4）热磁轮能不能看成由单一热源驱动的热机，是否违背热力学第二定律？

D　电磁感应

电磁感应是电磁学中一个基本且重要的原理，由法拉第在19世纪初发现并详细阐述。它描述了电场和磁场之间相互转换的关系，具体指的是当通过一个闭合回路的磁通量发生变化时，在该回路中会产生感应电动势，进而可能形成感应电流。电磁感应的要点包括法拉第电磁感应定律和楞次定律，其中楞次定律描述了感应电流产生的方向，规定了感应电流产生的磁场总是阻碍原磁场变化的趋势，即“增反减同”原则。电磁感应现象在实际应用中非常广泛，如发电机（将机械能转化为电能）、变压器（电能的升压或降压）、电动机（电能转化为机械能）、感应加热、电磁制动等众多电气设备和工艺中都依赖于电磁感应原理。

实验3.13　电磁感应(发光管)

【演示目的】

通过磁铁块运动改变线圈磁通量，使发光管发光演示电磁感应现象。

【实验装置】

图3.13.1所示为电磁感应发光演示仪。

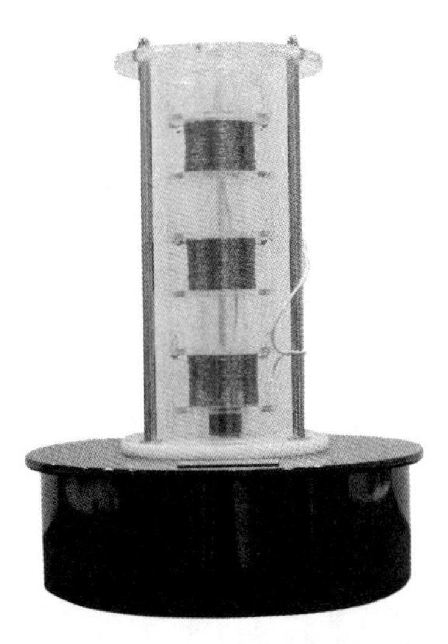

图3.13.1　电磁感应发光演示仪

【演示原理】

由法拉第电磁感应定律，回路中磁通量变化，则回路中的感应电动势相应发生变化。

$$\varepsilon=-\frac{\mathrm{d}\varphi}{\mathrm{d}t}$$

磁铁下落穿过闭合线圈产生电流，可使灯泡发光。

【实验操作及演示现象】

(1)将磁铁块从线圈顶端落下，同时观察发光管的变化。当磁铁下落时，闭合线圈内磁通量发生变化，便产生感应电流，使灯泡发光。

(2)将磁铁块从线圈底部提起，观察发光管也会出现发光现象；再次让它下落，反复体验，提起速度快，发光管更亮，慢慢提上来发光管几乎不发光。

【注意事项】

线圈为有机玻璃骨架，切勿掉地，否则会摔坏。

【思考题】

(1)本实验中产生感应电动势的非静电力是什么？如何判断该非静电力的方向？

(2)磁铁磁性强弱对演示效果有何影响？

实验 3.14　楞次定律演示

【演示目的】

通过不同结构的导体对比演示楞次定律。

【实验装置】

图 3.14.1 所示为楞次定律演示仪。

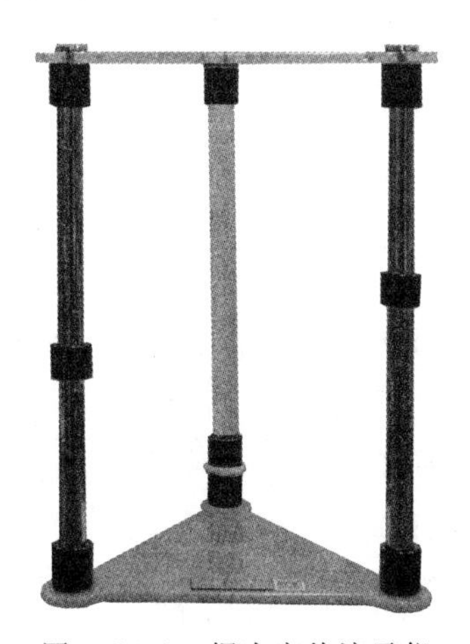

图 3.14.1　楞次定律演示仪

【演示原理】

楞次定律(Lenz's law)是一条电磁学的定律,可以用来判断由电磁感应而产生的电动势的方向。它是由俄国物理学家楞次(Heinrich Friedrich Lenz)在 1834 年发现的。楞次定律是感应电流的磁场总要阻碍引起感应电流的磁通量的变化,感应电流的效果总是反抗引起感应电流的原因。

本实验利用三个不同条件下环状铝材导体穿过金属管和塑料棒向下运动的差异来对比演示楞次定律产生的影响以及所需条件。左边是一根装有永磁体的金属管,穿过它的是一个闭合铝环,右边是一根装有永磁体的金属管,穿过它的是一个开口铝环,当同时从顶端释放铝环时,发现左边的闭合铝环明显受到阻碍,比右边的开口铝环下落速度小,需要更长时间到达管底。这说明在闭合铝环下降过程中,由于切割磁感线运动,发生电磁感应,从而使导体铝环中产生了闭合涡流,闭合涡流又产生磁场,与原来管中的磁体发生相互作用,根据楞次定律,产生感应电流的效果总是反抗引起感应电流的原因,这个时候产生感应电流的原因是铝环向下的运动,于是这种运动受到感应电流的阻碍。而开口铝环中不能形成大的环形涡流(可能在截面中形成小的涡流,与环的截面大小有关),因此这种阻碍非常小或不存在。

另外还有一个对比实验，后面的非磁性塑料管上闭合铝环的运动完全不受电磁感应的影响，不受磁性阻尼，作自由落体运动。

【实验操作及演示现象】

(1)在两根装有永磁体的管上部同时释放闭合铝环与开口铝环，观察两环下落的速度，可以观察到两环下降速度明显不同。

(2)在未装永磁体(塑料管)的管上部和有永磁体的管上部同时释放闭合铝环，观察铝环下落速度，可以看到塑料管的铝环很快就落下。

(3)把塑料管上部的闭合铝环和有永磁体的管上部的开口铝环同时释放，观察它们的下落情况，可以看到塑料管的铝环更快落下，说明铝环虽然开口了，但还是存在一定的阻尼。

【注意事项】

注意轻拿轻放。

【思考题】

(1)什么叫涡电流？它能应用在哪些地方？为什么演示铝环在不同的管外下滑速度不一致？

(2)为什么涡电流对闭合铝环的下落起阻碍作用？

(3)为什么涡电流对开口铝环存在一定阻尼？

实验 3.15　发电锚

【演示目的】

通过发光二极管的发光，显示电磁感应现象。

【实验装置】

图 3.15.1 所示为发电锚演示仪。

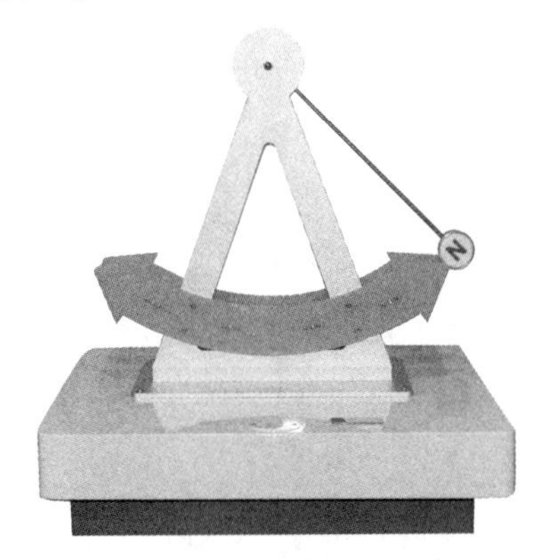

图 3.15.1　发电锚演示仪

【演示原理】

本实验装置，通过强磁铁切割线圈产生感应电流，点亮发光二极管，从而实现磁、电、光的有趣转化。

由法拉第电磁感应定律，回路中磁通量变化，则回路中的感应电动势相应发生变化，进而在闭合回路中产生电流，使得灯泡发光。

$$\varepsilon = -\frac{\mathrm{d}\varphi}{\mathrm{d}t}$$

【实验操作及演示现象】

(1)用手抓住吊杆下端的磁铁，以铅垂线为中心，摆至 30°～45°，松开手，让磁铁自由摆动，可见指示灯放光。

(2)重复几次，可见摆动速度大的地方指示灯更亮，速度小的地方指示灯略暗一些，说明发电与磁铁摆动速度有关系。

【思考题】

(1)磁铁运动到哪个位置灯泡最亮？

(2)判断感应电动势的方向。

实验 3.16 楞次转环

【演示目的】

通过磁铁运动演示楞次定律。

【实验装置】

图 3.16.1 所示为楞次转环。

图 3.16.1 楞次转环

【演示原理】

在本演示实验中，当条形磁铁插入(或抽出)闭合圆环时，圆环中磁通量发生由小到大的变化，于是在闭合圆环中产生感应电流。根据楞次定律，感应电流产生的效果总是反抗引起感应电流的原因，因而圆环的转动方向与磁铁的插入方向一致，试图保持相对运动的速度为零。而缺口圆环中虽然产生感应电动势，但不会产生感应电流，所以圆环横梁始终静止不动。

【实验操作及演示现象】

(1)使用时应选择无风环境，避开磁场，将铝环置于针尖上，并使其静止。

(2)将条形磁铁从封闭环内同一方向多次穿过，能看到铝环缓慢转动，但穿过开口环则几乎没有反应。

【注意事项】

本仪器不使用时，要小心放置，注意防潮，避免铝环氧化。

【思考题】

(1)如何判断感应电动势的方向?

(2)为什么实验中磁铁穿过开口铝环仍然可见较微弱的反应?

实验 3.17 磁阻尼摆

【演示目的】

演示涡电流的阻尼效应。

【实验装置】

图 3.17.1 所示为磁阻尼摆演示仪。

图 3.17.1 磁阻尼摆演示仪

【演示原理】

在磁场中运动的导体，由于电磁感应，在大块导体内将产生涡电流。根据楞次定律，涡电流在磁场中受到的安培力总是阻碍导体的运动，这就是电磁阻力。装在摆上的导体片在磁场中摆动也要受到这种电磁阻力，改变导体片的结构，可使涡电流减少，进而阻力也将减少，本实验演示的就是这种现象。

由金属板做成摆锤的单摆，当摆动过程中摆锤在磁铁磁极附近往复通过时，对摆锤的每一局部范围而言，磁通量发生变化，因而产生感应电动势——感应电流，这就是涡电流。按照楞次定律，涡电流的磁场与原磁场的作用将阻碍摆锤的运动；但若是开口的摆锤，涡电流减小，阻尼作用也减小。

【实验操作及演示现象】

(1)两个摆锤用铝质材料做成，因为铝、铜等金属不会被磁场磁化，不会被误认为摆动是受到磁铁吸引的影响。将完整的铝片摆带和有间隙的梳子状铝片摆与旁边磁铁的距离调整到大致相当。

(2)将两个摆拉开大致相同的角度,让其开始摆动,实验发现,完整的铝片摆很快停止摆动,梳子状铝片摆摆动持续的时间较长。这表明,完整的铝片内出现很强的涡流阻尼。

(3)适当加大摆幅,重复上述实验。

【思考题】

(1)同样是铝制摆,电阻率不变,为什么梳子状铝片摆的涡流阻尼弱得多?

(2)电磁阻尼现象在指针式仪表中有何应用?

实验 3.18　电磁驱动演示

【演示目的】

利用电磁驱动演示仪演示涡流的机械效应，即电磁驱动。观察导体圆板跟随旋转磁场的运动特性。

【实验装置】

图 3.18.1 和图 3.18.2 分别是电磁驱动演示仪和电磁驱动原理图。

图 3.18.1　电磁驱动演示仪

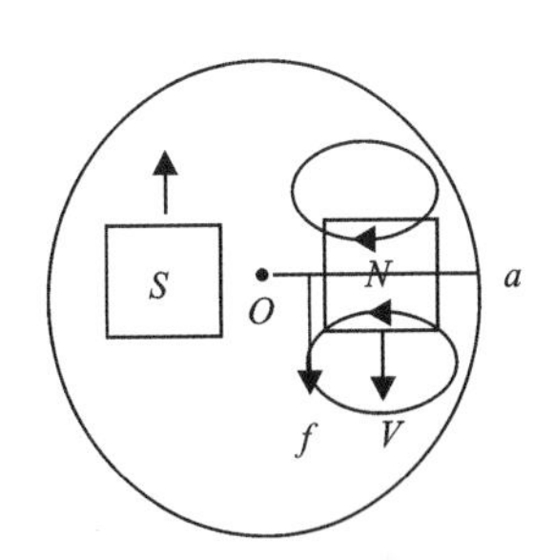

图3.18.2　电磁驱动原理图

【演示原理】

磁铁运动时带动导体一起运动，这种作用称为"电磁驱动"作用。当磁铁转动时，设某时刻磁铁的 N 极处在金属圆盘的半径 Oa 处，根据楞次定律，此时圆盘上将产生图 3.18.2 所示的涡流，结果在该半径处形成由 a 流向 O 处的感应电流。该感应电流处于旋转磁场中，将受到磁场的作用力，此力将产生一个促使金属圆盘按磁场旋转方向发生转动的力矩。此时从磁铁 S 极处产生的感应电流所受的力而产生的力矩，同样促使金属圆盘按磁场旋转的方向发生转动。结果金属圆盘按磁场的转动方向发生旋转。

但是，如果圆盘的转速与磁场的转速一样，则两者的相对速度为零，感应电流便不会产生，这时电磁驱动作用便消失。所以在电磁驱动作用下，金属圆盘的转速总要比磁铁或磁场的转速小，或者说两者的转速总是异步的。感应式电动机（异步电动机）就是根据这个原理制成的。

接通电源，电动机通电开始旋转，电动机带动永磁体绕水平轴旋转（图 3.18.1），继之在竖直平面内产生旋转磁场。由于涡流的机械效应，圆盘也跟着旋转起来。两者转动的方向相同，但铝盘旋转的速度始终小于永磁体（即磁场）的转速。这种现象称为电磁驱动。

【实验操作及演示现象】

接通电源，电动机通电并带动磁铁绕水平轴旋转，同时带动圆盘跟着旋转。这实际上就是异步电动机的工作原理，只不过异步电动机中磁场的转动不是电机转动实现的而是交变电流实现的。

【思考题】

(1)如果电动机不通电，用手拨动圆盘使之转动，它会反过来带动磁铁转动吗？为什么？

(2)圆盘与磁铁的间距如何影响电磁驱动效果？

实验 3.19　电涡流悬浮

【演示目的】

演示电涡流悬浮现象。

【实验装置】

图 3.19.1 所示为电涡流悬浮演示仪。

图 3.19.1　电涡流悬浮演示仪

【演示原理】

电涡流悬浮与实验 3.18 的“电磁驱动演示”有异曲同工之处。实验 3.18 是磁铁运动带动导体圆盘运动，根据楞次定律，导体圆盘“跟随”磁铁转动用来减少涡流产生，直到转速趋于“同步”。而本实验是导体圆盘运动排斥磁体，使上下可以活动的磁体远离运动的导体圆盘，从而减小感应电流的产生，同样符合楞次定律的基本规律。

【实验操作及演示现象】

开启电源，导体圆盘转动，随后可以看到磁体悬浮。

【思考题】

(1)电涡流悬浮能否用于悬浮列车？

(2)能否从磁力角度诠释磁体上浮的原因？

实验 3.20　涡电流热效应演示

【演示目的】

演示涡电流的热效应。

【实验装置】

如图 3.20.1 所示，涡电流热效应演示装置由初级线圈、铁芯、感应环、蜡构成。

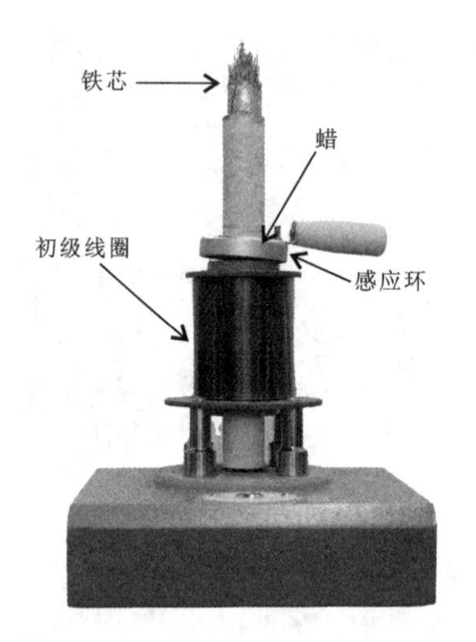

图 3.20.1　涡电流热效应演示装置

【演示原理】

根据法拉第电磁感应定律，处在交变磁场中的金属块，由于受变化磁场产生的感生电动势，将在金属块内引起内涡旋状的感应电流，该电流称为涡旋电流（简称涡流）。由于金属块的电阻很小，涡流会非常大，强大的涡流会产生大量的焦耳热，这就是感应加热的原理。

$$Q = I^2Rt = \frac{\varepsilon^2}{R}t$$

式中，ε 为闭合导体回路中的感应电动势；R 是回路的电阻。上式表明，当回路中的感应电动势一定时，涡电流产生的热量与回路的总电阻成反比，与通电时间成正比。

感应加热广泛用于有色金属和特种合金的冶炼、焊接及真空技术等方面，家用电磁炉加热也是这样工作的。然而在很多情况下，涡流发热却是有害的。由于变压器和电机的铁芯处于交变磁场中，铁芯会因涡流而发热，不仅浪费了电能，而且发热会使铁芯温度升高，引起铁芯柱周围包裹的绝缘导线其绝缘性能下降，甚至造成事故。为此，常用增大铁芯电阻的方法来减小涡电流，如把铁芯做成层状，用薄层的绝缘材料（如绝缘漆）把各层铁芯隔开。

【实验操作及演示现象】

(1)在环槽内放入少量的蜡;

(2)将初级线圈接 220 V 电源并插入铁芯,然后将感应环套入铁芯内,约过 0.5 min,蜡即会因为涡流产生的热而熔化。

【注意事项】

(1)由于初级线圈功耗较大,故不能长时间通电,观察到实验现象后,即关闭电源。

(2)实验结束后,不要触摸感应环,以免烫伤。

【思考题】

(1)试分析家用电磁炉的工作原理。

(2)本实验中的铁芯为什么要用硅钢片叠合而成,而不是用整块硅钢做成?

实验 3.21　通电断电自感演示

【演示目的】

演示通电、断电自感现象，了解产生自感的原因。

【实验装置】

图 3.21.1 所示为自感现象演示仪。

图 3.21.1　自感现象演示仪

【演示原理】

图 3.21.2 所示是自感演示仪原理图，220 V 交流电压经变压器降压、桥式全波整流和电容滤波之后输出直流电压 E。

线圈中电流 i 发生改变时，通过自身回路的磁通量 φ_m 发生变化，从而产生自感电动势 ε_i，理论计算表明

$$\varepsilon_i = -L\frac{di}{dt} \tag{3.21.1}$$

式中，L 为自感系数（电感）。

由式（3.21.1）可知，在通电时，自感作用使电流缓慢增加。在断电瞬间，因为 $\left|\frac{di}{dt}\right|$ 相当大，从而会产生一个相当高的自感电动势。所以，在电感通电和断电的一瞬间电感 L 都会产生一个自感电动势。

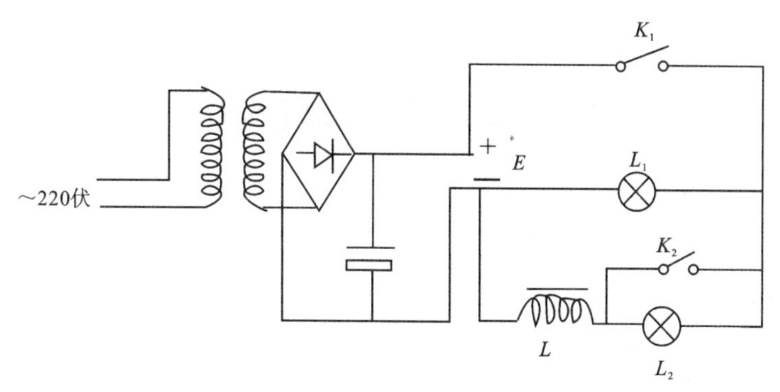

图 3.21.2　自感演示仪电路原理

【实验操作及演示现象】

(1)通电自感现象。首先将 K_1、K_2断开,再接通交流电源,按下 K_1开关,观察灯泡 L_1和 L_2亮的顺序,可以看到当 K_1接通的瞬间,灯泡 L_1即刻点亮,滞后片刻灯泡 L_2才亮。这是因为 K_1接通瞬间,L_1直接并接在电源 E 上,所以接通后,它马上就亮,而 L_2是与电感 L 串联之后才并接在电源上的,电感 L 会产生一个自感电动势,阻碍 L 和 L_2回路电流的上升,使得 L_2点亮滞后于 L_1。这就说明了通电时的自感现象。

(2)断电自感现象。将 K_1、K_2断开,接通交流电源,按下 K_1开关,灯泡 L_1和 L_2全亮后,将 K_2合上,即将 L_2短路,L_2立刻熄灭,再把 K_1断开,即断开直流电源 E,同时注意观察,可以发现在断电的瞬间,L_1突然亮了一下,比正常通电时还亮,这就是断电自感现象。由于断电的瞬间,电感 L 也会产生一个自感电动势,并通过 L_1放电,使得 L_1发光。

(3)为了观察清楚,可以重复以上步骤。

【注意事项】

(1)演示仪背后电源变压器的初级电压为 AC220 V,切勿触摸,防止触电。

(2)演示仪不能承受剧烈震动,防止将灯泡震坏。

【思考题】

(1)定量分析本演示实验。

(2)如何调整滞后时间?

实验 3.22　无线充电

【演示目的】

演示无线充电。

【实验装置】

图 3.22.1 所示为无线充电原理演示仪。

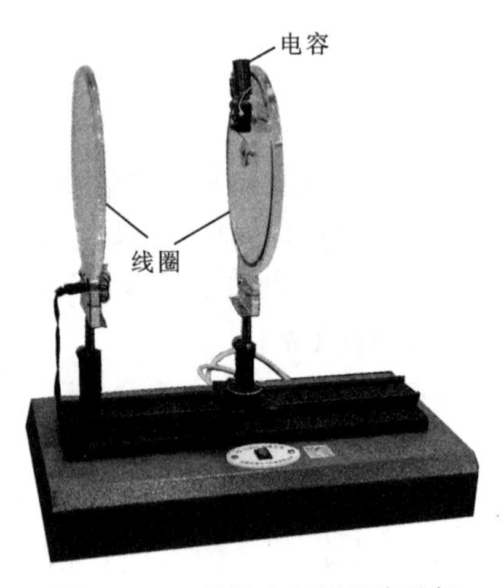

图 3.22.1　无线充电原理演示仪

【演示原理】

无线充电也称远程充电，是一种非接触传送电能的充电方式。目前在手机、电动车、智能家具等领域均出现了支持无线充电的产品，其中在手机行业，以“Qi”标准最为常见，在很多手机和无线充电器的包装介绍上常会用“Qi”标准进行标注。

目前最常见的无线充电方案是采用电磁感应。电磁感应式无线充电是在初级线圈施加一定频率的交流电，通过电磁感应在次级线圈中产生一定的感应电流，从而将能量从传输端转移到接收端。设计匹配受电线圈和送电线圈的电磁振荡特性，可使其共振，这样就可延长供电距离。如图 3.22.1 所示，本演示仪是一对半径 30 cm，彼此距离约 300mm 的 LC 共振器，其中 L 是线圈的电感，C 是线圈匹配电容和分布电容。在接收端配置灯泡，以显示接收到的电能。

【实验操作及演示现象】

(1)开启电源开关，将受电线圈上电路的开关向下接通照明灯泡，缓慢移动导轨上的线圈，观察灯泡的亮度变化，发现靠近送电线圈，灯泡更亮；远离送电线圈，灯泡变暗甚至熄灭。

(2)将受电线圈上电路的开关向上接通电容器充电电路，照明灯泡因为开关切断不亮，受电线圈开始给电容器充电，并看到充电指示灯点亮。

(3)将受电线圈上电路的开关再次向下接通照明灯泡，发现照明灯泡和充电指示灯都被点亮，充电指示灯和灯泡的电来源于通过无线充电给电容器充电过程中电容存储的电能。

【注意事项】

(1)导轨上请定时加润滑油，防止生锈。

(2)请注意安全。

【思考题】

(1)如何提高无线充电的效能？

(2)实现安全的无线充电，你有什么好的想法？

实验 3.23　电磁炮

【演示目的】

演示电磁炮原理。

【实验装置】

图 3.23.1 和图 3.23.2 分别为电磁炮图和电磁炮原理。

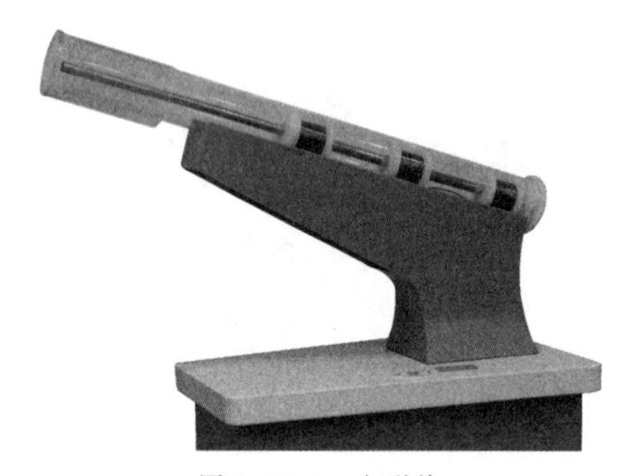
图 3.23.1　电磁炮

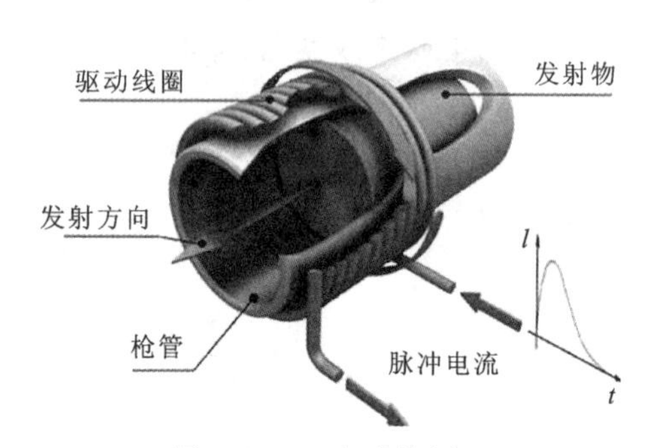

图 3.23.2　电磁炮原理

【演示原理】

电磁炮是利用电磁发射技术制成的一种先进动能杀伤性武器，传统大炮的弹丸动能来源于火药爆燃气压，但电磁炮是利用电磁系统中电磁场产生的洛仑兹力来对金属炮弹进行加速，使其达到打击目标所需的动能，此方式可大大提高弹丸的速度和射程。

如图 3.23.1 所示，本电磁炮装置采用三级线圈加速，用“铁弹”模拟炮弹。如图 3.23.2 所示，线圈通过施加脉冲电流在炮筒内产生感应磁场，而感应磁场又通过对铁质“炮弹”磁化进而施加拉力，当炮弹从线圈穿过时，电容器储电产生的脉冲电流释放，炮弹获得一定速度后靠惯性飞行到下一个线圈加速区域，进行再次加速。

每级线圈通过脉冲电流的时间已进行准确的延时控制，正好形成对“铁弹”的逐级加速，直到飞出最后一级，炮弹靠惯性飞向目标。

【实验操作及演示现象】

(1)将炮弹从炮管尾部放入。

(2)打开电源开关，待充电指示灯亮后，按下启动按钮即可发射。当炮筒中的线圈通入瞬时强电流时，穿过闭合线圈的磁通量发生突变，由于电磁感应，置于线圈中的金属炮弹会产生感应电流，感应电流的磁场将与通电线圈的磁场相互作用，使金属炮弹远离线圈，而飞速射出。

【注意事项】

(1)注意安全,炮口不得对准人。

(2)仪器应可靠接地。

(3)不要长时间频繁通电,防止线圈因发热过度而损坏。

(4)不用时请将总电源插头拔掉,切断电源。

【思考题】

(1)电磁炮还有其他哪些加速机制?

(2)本实验加速机制能把“铁弹”加速到多大速度?是否可以用更多级加速,增加级数会有哪些影响?

实验 3.24　互感概念演示

【演示目的】

了解两个线圈之间的互感及铁芯在线圈互感中的作用。

【实验装置】

如图 3.24.1 所示，互感音频演示仪包括磁带收放音机芯、互感线圈和音频放大器等。

图 3.24.1　互感音频演示仪

【演示原理】

两个靠近的线圈，若在其中一个线圈中通以交变信号，由于互感，会在另一线圈中感应出电流，线圈结构一定时，感应信号的强弱与线圈的相对取向、距离及铁芯磁介质有关。当两个线圈平行取向时，感应出来的信号最强；偏离平行取向时，感应信号由强变弱；当两个线圈相互垂直时，感应信号基本消失。两线圈较近时，漏磁少，感应出来的信号越强；反之，漏磁多，感应出来的信号弱。平行线圈中增加大磁导率的铁芯，可使感应出来的信号明显加强；反之，若铁芯磁导率较小，则感应出来的信号弱。

【实验操作及演示现象】

(1)仪器面板左边的线圈连“信号输入”，右边的线圈连喇叭，用喇叭的声音大小表示感应线圈感应出的信号大小。

(2)打开电源开关和信号输入开关，适当调节音量，这时可听到喇叭有声音，播放一段仪器里预先保存的节奏感很强的音乐。

(3)适当移动感应线圈的距离，可以发现距离越近，喇叭声音越大，说明互感与线圈距离有关。

(4)将铁棒慢慢插入两线圈中间，发现声音变大；当两个线圈靠近，铁棒完全插入两个线圈时，声音达到最大，这是由铁磁质的铁磁极化所致，磁场被增强很多倍；拔出铁杆，声音会明显的减弱。

(5)换上塑料棒，重复上面的实验，感受不到音量改变，原因是塑料棒的磁导率与空气非常接近。

【注意事项】

(1)音量旋钮应从0开始逐渐加大；

(2)移动线圈时应小心，以免其中的铁芯脱落。

【思考题】

(1)若使用铜棒代替铁芯，效果如何？

(2)铁芯的大小是否影响演示效果？

E 其他电磁现象

实验3.25 温差电动势演示

【演示目的】

了解珀尔贴效应和半导体制冷原理，学习半导体制冷特性和应用。

【实验装置】

图 3.25.1、图 3.25.2 所示分别为珀尔贴与塞贝克效应演示仪和赛贝克效应原理。

图 3.25.1 珀尔贴与塞贝克效应演示仪

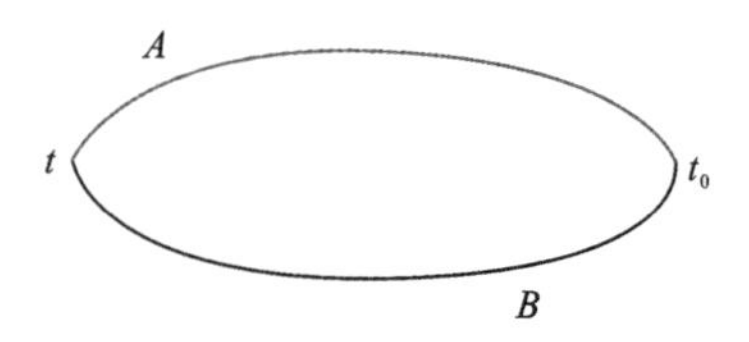

图 3.25.2 塞贝克效应原理

【演示原理】

1. 塞贝克(seebeck)效应

如图 3.25.2 所示，在两种金属或半导体 A 和 B 组成的回路中，如果使两个接触点的温度不同，分别为 t 和 t_0，则在回路中将出现电流，称为热电流，相应的电动势称为热电势，其方向取决于温度梯度的方向。

温差电动势与二接头温度之间的关系比较复杂，但是在较小温差范围内可以近似认为温差电动势 E_t 与温度差($t-t_0$)成正比，即

$$E_t = c(t-t_0) \tag{3.25.1}$$

2. 珀尔贴(peltire)效应

当电流流过两种不同金属或半导体 A、B 的界面时，除了电流流经电路而产生的焦耳热外，还会从外界吸收热量，或向外界放出热量，这就是珀尔贴效应。由珀尔贴效应产生的热流量称作珀尔贴热，用符号 Q 表示。

如果电流从某个方向流经接触点时放热，那么电流反向后就会使其吸热，单位时间内两种金属接触点吸收或者放出的珀尔贴热与流经的电流成正比。由此我们可以利用这种效应实现从低温端吸热，向高温端放热，即所谓“制冷”。

【实验操作及演示现象】

(1)将装有散热片的半导体组件与实验仪主机的直流电源输出端用连接线接通，通电约 20s。

(2)观察温度计的变化，体验温差制冷。

(3)将装有散热片的半导体组件与实验仪主机的“风扇”用连接线接通，演示温差发电驱动风扇转动。

【注意事项】

实验时通电时间不宜太长。

【思考题】

(1)半导体制冷器有何特点？

(2)半导体制冷、制热系统的工作原理是什么？

(3)半导体制冷与输入电压有什么关系？

(4)半导体制冷或制热效果的影响因素有哪些？

实验 3.26　水力发电

【演示目的】

演示水力发电的原理。

【实验装置】

图 3.26.1 所示为水力发电演示仪。

图 3.26.1　水力发电演示仪

【演示原理】

水力发电就是利用水力推动水轮机转动，进而带动发电机发电，即将水的机械能转换为电能。水力发电是水的势能和动能变成电能的转换过程，本装置是水力发电过程的模拟演示。

水力发电的基本原理是利用水位落差，将水势能转变成水流动动能，推动水轮转动，带动发电机线圈在磁场中旋转产生电力。

低位水通过吸收阳光蒸发、云漂移、雨雪降落进行水循环，从而恢复为高位水源，又可以供水力发电。由此可知，水力发电是绿色可再生能源。

除了自然水循环外，还有一种抽水蓄能电站也利用水力发电。它利用电力负荷低谷时多余的电能抽水至上水库，在电力负荷高峰期再放水至下水库发电，这种水发电又称蓄能式水电站。它可将电网负荷低时的多余电能转变为电网高峰时期的高价值电能，还可用于电网调频、调相，稳定电力系统的周波和电压，还可提高系统中火电站和核电站的效率。

我国抽水蓄能电站建设虽然起步比较晚，但由于后发效应，起点较高，近年建设的几座大型抽水蓄能电站技术已处于世界先进水平。例如广州一、二期抽水蓄能电站总装机容量 2400

MW，为世界上最大的抽水蓄能电站；天荒坪与广州抽水蓄能电站机组单机容量300 MW，额定转速 500r/min，额定水头分别为 526 m 和 500 m，已达到单级可逆式水泵水轮机世界先进水平。

【实验操作及演示现象】

按下启动按钮，水泵将泵水至水轮机模型上水库，水位到达一定位置时，将冲动发电机转子转动，带动发电机发电，发电出来的电可点亮 LED 灯。

【思考题】

(1)根据长江上游的水量、三峡大坝的高度估算三峡大坝的年发电量。

(2)为什么采用抽水蓄能电站储存负荷低谷的电能？估计下它的能量转化率。

实验 3.27　吹气发电比赛

【演示目的】

体验风力发电。

【实验装置】

图 3.27.1 所示为吹气发电演示仪。

图 3.27.1　吹气发电演示仪

【演示原理】

风力带动风车叶片转动，进而带动发电机线圈在磁场中旋转发电，从而点亮具有刻度显示的灯带，灯带中点亮的 LED 越多，显示的刻度值越大，说明吹气发电量越大，气量越大。

只要用力吹气，就能亲身体验风力发电。装置配有一对吹气发电装置，可两人参与发电比赛，看谁吹气快、持久、肺活量大。

【实验操作及演示现象】

(1)本实验可以单人做，对着风轮吹气，可看到点亮的灯带对应上升，吹的气量越大、流速越快、越持久会使显示的刻度值越高。

(2)本实验更适合两人一起进行吹气发电比赛。

【思考题】

(1)风能来源于哪里？为什么说它是绿色能源？

(2)简述风力发电机的工作原理。

实验 3.28 磁悬浮列车

【演示目的】

利用超导体对永磁体的排斥和吸引的作用来演示磁悬浮,理解磁悬浮原理。

【实验装置】

图 3.28.1 所示为磁悬浮列车工作原理。

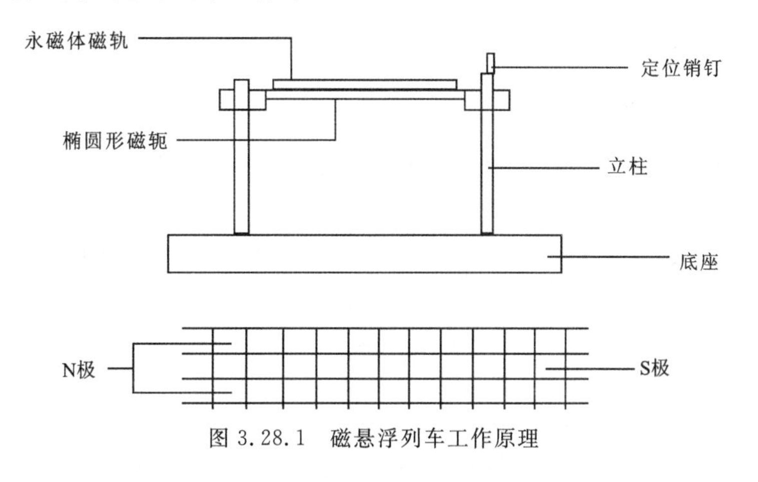

图 3.28.1 磁悬浮列车工作原理

(1)超导磁悬浮列车演示仪由两部分组成:磁导轨支架、磁导轨。其中磁导轨是用550 mm ×240 mm×3 mm 椭圆形低碳钢板作磁轭,铺以 18 mm×10 mm×6 mm 的钕铁硼永磁体,形成磁性导轨,两边轨道仅起保证超导体周期运动的磁约束作用。

(2)高温超导体是用熔融结构生长工艺制备的,含 Ag 的 YBaCuO 系高温超导体。之所以称为高温超导体,是因为它在液氮温度 77K(-196℃)下呈现出超导性,以区别于以往需要在液氦温度 42K(-269℃)以下才呈现超导特性的低温材料。样品形状为圆盘状,直径18 mm 左右,厚度为 6 mm,其临界转变温度为 90K 左右(-183℃)。

(3)液氮。超导磁体在液氮冷却下保持超导状态,以降低电阻,保持高强度磁场。

【演示原理】

当将一个永磁体移近超导体表面时,因为磁力线不能进入超导体内,所以在超导体表面形成很大的磁通密度梯度,感应出高临界电流,从而对永磁体产生排斥。排斥力随着相对距离的减小而逐渐增大,它可以克服超导体的重力,使其悬浮在永磁体上方的一定高度上。当超导体远离永磁体移动时,在超导体中产生一负的磁通密度,感应出反向的临界电流,对永磁体产生吸力,可以克服超导体的重力,使其倒挂在永磁体下方的某一位置上。

磁悬浮列车因轨道的磁力使之悬浮在空中,减少了摩擦力,行驶时不同于其他列车需要接触地面，只受来自空气的阻力。高速磁悬浮列车的速度可达每小时 400 km 以上，甚至每小时 700 km 以上。2019 年 5 月 23 日 10 时 50 分，中国时速 600 km 高速磁浮试验样车在青岛下线，这标志着中国在高速磁浮技术领域取得重大突破。

尽管磁悬浮列车技术有上述许多优点，但仍然存在一些不足。

(1)由于磁悬浮系统是以电磁力完成悬浮、导向和驱动功能的，断电后磁悬浮的安全保障措施，尤其是列车停电后的制动问题仍然是要解决的问题。其高速稳定性和可靠性还需很长时间的运行考验。

(2)常导磁悬浮技术的悬浮高度较低，因此对线路的平整度，路基下沉量及道岔结构方面的要求较超导技术更高。

(3)超导磁悬浮技术由于涡流效应，悬浮能耗较常导更大，冷却系统重，强磁场对人体与环境都有影响。

【实验操作及演示现象】

(1)演示磁悬浮：将超导体样品放入液氮中浸泡 3～5 min，然后将小车下部的透明塑料板抽走，使其悬浮高度为 10 mm，并保持稳定。

(2)再用手沿轨道水平方向轻推样品(导体)，则看到样品将沿磁轨道做周期性水平运动，直到温度高于临界温度(大约 90K)时，样品落到轨道上。

【注意事项】

(1)样品放入液氮中，必须充分冷却，直至液氮中无气泡为止。

(2)演示时，样品一定用竹夹子夹住，千万不要掉在地上，以免样品摔碎。

(3)演示时，沿水平方向轻推样品，速度不能太大，否则样品将沿直线冲出轨道。

(4)若演示时间长，可将样品用绝热好、质量轻的材料(如海绵、泡沫等)包起来。同时，可在导轨上加装驱动装置，以维持样品的圆周运动。

【思考题】

(1)简述磁悬浮列车的工作原理。

(2)磁悬浮技术与高速轮轨技术相比，优势何在？

(3)为什么说磁悬浮铁路系统是有利于环境保护的有轨交通系统？

实验 3.29　压电效应及逆压电效应

【演示目的】

演示压电效应及逆压电效应。

【实验装置】

图 3.29.1 所示是压电效应及逆压电效应演示装置。

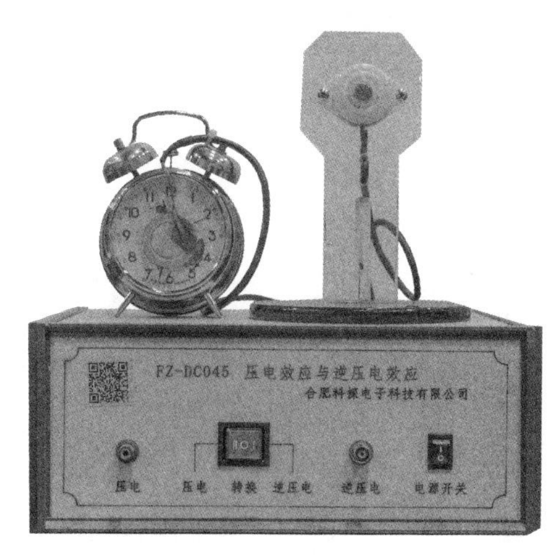

图 3.29.1　压电效应及逆压电效应演示装置

【演示原理】

当对压电材料施以物理压力时，材料体内的电偶极矩会因压缩而变短，此时压电材料为抵抗这一变化会在材料相对的表面上产生等量正负电荷，以保持原状。这种由于形变而产生电极化的现象称为正压电效应。正压电效应实质上是机械能转化为电能的过程。

当在压电材料表面施加电场（电压）时，因电场作用电偶极矩会被拉长，压电材料为抵抗变化，会沿电场方向伸长。这种通过电场作用而产生机械形变的过程称为逆压电效应。逆压电效应实质上是电能转化为机械能的过程。

压电传感器是利用压电介质受力后产生的压电效应制成的传感器。

【实验操作及演示现象】

（1）给闹钟上好发条，闹钟发条带动指针发出“哒哒哒……”的声音，只不过因在喧闹的环境里我们感受不到而已。

（2）打开电源开关，切换相应功能转换开关，开关掷向“压电”一边，可以听到闹钟发条带动指针发出“哒哒哒……”的声音，这种声音由压电片接收，并通过仪器放大播放出来。我们的麦克风很多就是用压电片制作的。

（3）切换相应功能转换开关，开关掷向“逆压电”一边，可以听到“逆压电片”发出如警报的声音，那是仪器自己产生的模拟警报声响的电信号作用在压电片，再通过“逆压电片”播放出来（不是仪器内置的喇叭发出的声音，可以靠近“逆压电片”感受一下），“逆压电片”上还伴随有警灯闪烁。“逆压电片”实际上就是我们生活中经常使用的一种发声元件。

【思考题】

（1）什么是压电效应和逆压电效应？用压电效应传感器能否测量静态和变化缓慢的信号？为什么？生活中哪些器件用到逆压电效应？

（2）常用的压电元件有哪几种？

实验 3.30　电磁波发射接收与趋肤效应

【演示目的】

演示电磁波的发射和接收，了解偶极振子辐射电磁波的特性，并利用电磁波的电场，通过较粗的铜棒做导线演示趋肤效应，使学生更形象地理解此物理现象。

【实验装置】

图 3.30.1(a)为电磁波发射接收与趋肤效应实验装置图。

在环形接收天线[图 3.30.1(b)]上装有 6.3V 小电珠和微调电容器，用绝缘起子微调电容器改变其共振频率，以演示发射天线上的电流振幅与磁场方向。趋肤效应演示仪[图 3.30.1(c)]的两个小电珠分别连在铜棒表层和芯处，在同一频率交流电下，铜棒表层电流密度大，内层电流密度小。因此，把该仪器平行放在发射天线附近时与表层连接的小电珠亮，而与内层连接的小电珠不亮。

(a)电磁波发射接收与趋肤效应实验装置

(b)环形接收天线

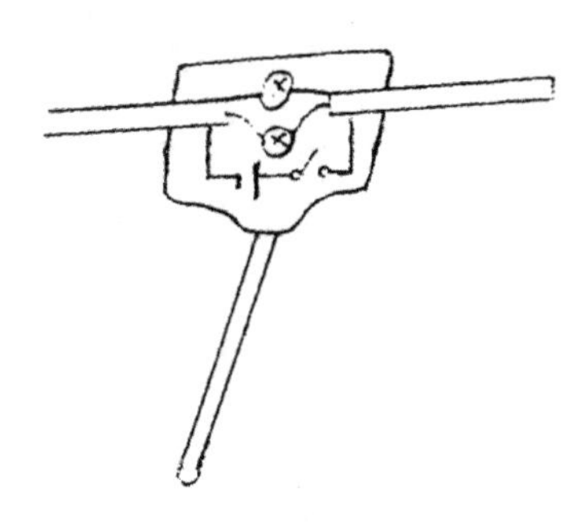

(c)趋肤效应演示仪

图 3.30.1　实验装置

【演示原理】

电磁场理论指出:变化的电场会产生磁场,变化的磁场则会产生电场,变化的电场和变化的磁场构成了一个不可分离的统一的场,这就是电磁场,而变化的电磁场在空间的传播形成了电磁波。电磁波首先由麦克斯韦于 1865 年预见出来,后由德国物理学家赫兹于 1887 年至 1888 年间用实验证实。由于电磁波速度与光速的测量值相等,麦克斯韦进而断言光波也是电磁波。

通常电磁波是由天线辐射出来的,通过在辐射天线上接入高频交变电流,就可以向外辐射电磁波。最常见的辐射天线是电偶极子天线,两根大小相同的金属杆长度相等,通常选为 1/4 波长,所以这种偶极天线还称为半波天线,图 3.30.2 所示是半波天线远场辐射电磁波方向。

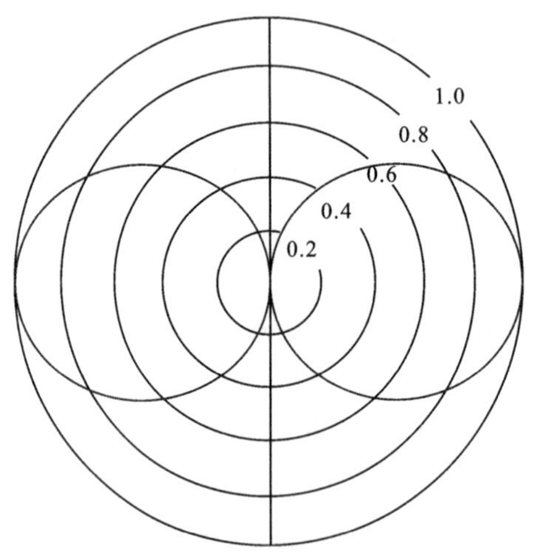

图 3.30.2　半波天线远场辐射

半波天线沿着 z 轴方向,从图 3.30.2 看出在天线两端方向($\theta=0,\pi$)辐射为 0;在侧射方向($\theta=\pi/2$)辐射场最大。

趋肤效应:对工作于直流或低频情况下的导线,在计算其电阻和电感时,假设电流是均匀分布于它的截面上,这一假设仅在导体内的电流变化率($\mathrm{d}I/\mathrm{d}t$)为零时才成立。在高频情况下,电流在导线中产生的磁场在导线的中心区域感应出最大的电动势。如图 3.30.3所示,由于感应的电动势在闭合电路中产生感应电流,导线中心的感应电流最大。感应电流总是在减小原来电流的方向,它迫使电流只限于靠近导线外表面处。

趋肤效应产生的原因主要是变化的电磁场在导体内部产生了涡旋电场,与原来的电流相抵消。当导体中有交流电或者交变电磁场时,导体内部的电流分布不均匀,电流集中在导体的“皮肤”部分,也就是说电流集中在导体外表的薄层,越靠近导体表面,电流密度越大,导体内部实际上电流较小,随着频率增大,趋肤程度增加,趋肤深度 $\delta=\sqrt{\dfrac{2}{\omega\mu\sigma}}$,其中 ω 是角频率,μ 是磁导率,γ 是电导率。这一现象称为趋肤效应。

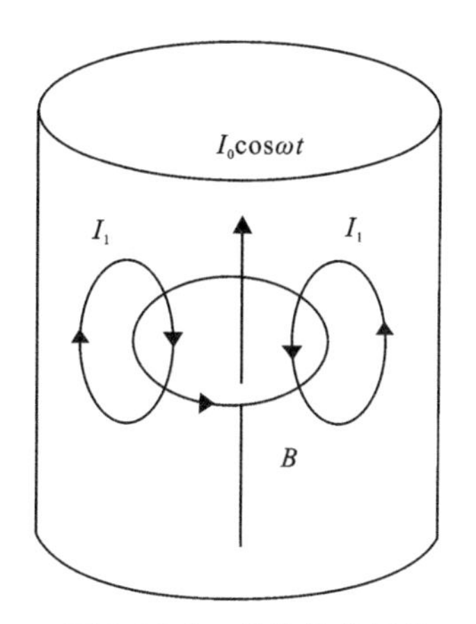

图 3.30.3　趋肤效应原理

【实验操作及演示现象】

1. 电磁波的发射和接收

(1)将发生器与整流器连好,并接通电源。

(2)将带小灯泡的接收天线平行地靠近发射器的发射天线,并调发射器的可变电容器,使得其发射频率等于或接近接收器的固有频率,此时接收器的小灯泡最亮。

(3)将接收天线分别在水平与竖直方向上各扭转 90°,使其在两个平面上分别与发射天线各垂直一次,则灯泡均不亮,说明电磁波是横波。

2. 演示趋肤效应现象

首先将一节电池正负极分别接在铜棒上,当接通开关时,两个电珠亮度相同,证明铜棒的中心部位和表面的直流电阻相等。然后切断开关,再将电磁波发生器接上电源,使之产生电磁波,将电磁波发生器靠近趋肤效应演示仪,即可看到,与铜棒表面相接的电珠很亮,接在铜棒中心部位的电珠很暗,证明超高频的电磁波确有趋肤效应。

【注意事项】

(1)使用此仪器时,要先打开电源开关,后打开高压开关,关闭时,先关闭高压开关,后关闭电源开关。

(2)打开高压前,要将配套的接收天线、氖泡棒等远离发射机,以防打开高压后烧毁小电珠。

【思考题】

(1)如何根据演示判断电磁波的电场与磁场的方向?

(2)高频信号线都是用漆包线编织成辫状代替同样粗细的实心导线,为什么?

(3)高频天线为什么有时要做成空心的?

(4)如何说明灯泡点亮是环行天线接收到天线电磁波,而不是环行回路的互感?

第四篇　振动与波

振动与波动学是物理学的一个分支，主要研究物体或物理场（如机械、声学、电磁等）在平衡位置附近的往复运动（振动）及其在空间中的传播（波动）。振动通常是指单一物体或系统的周期性运动，而波动则是指这种运动状态沿着介质（如固体、液体、气体或空间本身）从一处传至另一处的现象。

振动与波动的概念早在古代就已经被人们注意到，如琴弦振动发出声音、水面波纹等。然而，科学的振动理论起源于17世纪，当时的科学家们开始系统地研究物体振动的规律，如意大利科学家伽利略对单摆的研究。波动理论的初步发展则与声波和光波的研究密不可分，荷兰物理学家惠更斯提出的波动理论是早期里程碑之一，他尝试用波动模型解释光的传播。

17世纪伽利略对单摆的研究开启了振动学的系统研究，之后荷兰物理学家惠更斯提出机械波的概念，他对波动现象进行了详尽的理论分析，并提出了著名的惠更斯原理。18世纪瑞士数学家欧拉和法国科学家达朗贝尔对振动问题进行了严格的数学处理，建立了简谐振动的一般理论。19世纪傅立叶分析的引入使得复杂振动可以分解为简单的正弦或余弦振动，这对波动分析产生了深远影响。同时，麦克斯韦结合电磁学理论预言了电磁波的存在，并推导出了麦克斯韦方程组，奠定了现代电磁波理论的基础。20世纪量子力学的创立拓展了波动理论的适用范围，波粒二象性成为现代物理学的一大支柱，波动力学在原子物理学、量子力学等领域发挥了关键作用。

至今，振动与波动学仍在不断发展，新的技术和理论如非线性振动、混沌振动、超音速波动、光纤通信中的光波理论、声学工程、地震学以及量子波动等都在不断地丰富这个领域的内涵和应用。

A　振动

振动学研究内容包括简谐振动、阻尼振动、强迫振动、自由振动、共振等，分析物体在受力作用下的运动状态和响应特性，以及多个振动系统之间的相互作用和合成效应。

实验4.1　鱼　洗

【演示目的】

演示金属盆中水驻波现象，激发学生的学习兴趣并使其探求自然界的奥秘。

【实验装置】

鱼洗装置见图4.1.1。

图4.1.1　鱼洗装置

【实验原理】

鱼洗（又称铜盆洗）是由青铜铸造、具有一对提把（又称洗耳）的盆，是我国古代供帝王祭天神、祭祖先的洗手用具，这种器物在先秦时期已被普遍使用，能喷水的铜质鱼洗大约出现在唐代。目前博物馆珍藏的有宋代的“龙洗”和明代的“鱼洗”。洗的底部和内部铸有各种花纹，“鱼洗”底部铸有四条栩栩如生的鱼，而在“龙洗”的底部则铸有四条翻江倒海的龙。

在鱼洗内盛半盆清水，用手心摩擦两洗耳时，盆就会振动起来，发出“嗡嗡”声，同时鱼洗的水面水波荡漾，随着声音增大，盆中的水可以从与盆壁相交的水面上喷射出来，喷射点有4个（或6个，或8个），水珠喷射高度最高可达60 cm。

1. 简单解释

当我们用双手有规律地摩擦洗耳时，洗耳将作受迫振动。洗耳的振动在铜盆内壁形成入射波和反射波，两者叠加，产生干涉，形成驻波，只要双手摩擦洗耳产生的振动频率与鱼洗的某个振动模式的固有频率相同或相近，鱼洗就会发生驻波共振。对圆盘状物体来说，其驻波形式为 $2n$ 个波节和 $2n$ 个波腹（n 为自然数），它们等距离地沿圆周分布，盆壁上振幅最大的地方（即波腹处）就会形成辐条状棱波，如果振动较大，随着鱼洗发出的“嗡嗡”之声，会有成串的水珠从 4 个（或 6 个）波腹区域喷射出来。传说鱼洗曾在古代作为退兵之器，因共振波发出轰鸣声，众多鱼洗汇成千军万马之势，传数十里，敌兵闻声却步。

表现中国古代人聪明才智的还有：鱼洗中 4 条鱼的口须（又称喷水沟）总是刻在鱼洗基频振动（4 节线）的波腹位置。这证明，古代工艺师了解圆柱形壳体的基频振动。它的效果是能引起鱼跳跃的错觉。这样，一个小小的器皿就把科学技术、艺术欣赏和思辨推测三者结合在一起。这种深邃的智慧和精湛的技艺，不能不令人惊叹！

2. 进一步解释

鱼洗弯曲振动的分析可以简化为自由边界的圆板问题，这里不作冗长的推导，只作定性的探讨。鱼洗的固有频率主要由盆壁的振动惯性和弹性决定，系统的固有频率为

$$v=\frac{1}{2\pi}\sqrt{\frac{K}{M}} \tag{4.1.1}$$

式中，K 和 M 分别代表等效弹性系数和等效质量。鱼洗的振动也带动盆中的水振动，使盆壁振动惯性中多了一部分水的附加质量 ΔM；水没有切变弹性，且在本实验中，水中声波波长（约 3 m）与鱼洗壁弯曲振动的波长（约 0.3 m）不是一个数量级，水的体积压缩性无助于盆壁振动的弹性机制，总体上可认为水的振动对 K 无影响，从而盆和水的复合系统固有频率修正为

$$v=\frac{1}{2\pi}\sqrt{\frac{K}{M+\Delta M}} \tag{4.1.2}$$

由于水深对系统惯性的影响相对较小，可认为 $\Delta M \ll M$，若考虑 ΔM 与水深成正比，$\Delta M=\alpha H$，α 为常量，通过泰勒展开，则式(4.1.2)可改写为

$$v\approx\frac{1}{2\pi}\sqrt{\frac{K}{M}}\left(1-\frac{\alpha H}{2M}\right) \tag{4.1.3}$$

由式(4.1.3)可以看出水深与共振频率的关系。下面用驻波法估算鱼洗的固有频率。

鱼洗振动喷水区域分布在 4 个对称位置，可知盆壁中的弯曲波沿着盆边缘传播形成驻波，且产生 4 个波腹，根据驻波条件，盆的周长应等于波长的 2 倍，$2\pi a=2\lambda$，其中 a 为盆壁半径，由此可算出波长为

$$\lambda=\pi a \tag{4.1.4}$$

薄板中弯曲波的波速为

$$u=k\sqrt{\frac{Eh^2}{3\rho(1-\sigma^2)}} \tag{4.1.5}$$

式中，$k=2\pi/\lambda$，波速与波长有关，是所谓的色散波；ρ 和 E 分别为薄板材料的质量密度和杨氏

模量,h 为薄板厚度,σ 为泊松比,通常取 $\sigma=0.3$,上式近似为

$$u=\frac{2\pi h}{\lambda}\sqrt{\frac{E}{3\rho}} \tag{4.1.6}$$

由式(4.1.4)、式(4.1.6)可得到鱼洗在固有模式下的频率为

$$v=\frac{u}{\lambda}\approx\frac{2h}{\pi a^2}\sqrt{\frac{E}{3\rho}} \tag{4.1.7}$$

代入铜的密度 $\rho=8.97\times10^3\ \mathrm{kg/m^3}$,杨氏模量 $E=1.24\times10^{11}\ \mathrm{N/m^2}$,喷水处盆半径 $a=0.15\ \mathrm{m}$,盆壁厚度 $h=0.002\ 2\ \mathrm{m}$,测量的是盆边缘,盆壁上还有花纹,所以估计 h 测量值的相对误差为 10%;运用上述量值估算鱼洗的频率 $v\approx133\ \mathrm{Hz}$。

【实验操作与现象】

(1)把鱼洗盆放到软垫上,向盆内注入半盆清水。

(2)操作者首先用洗手液洗去手上的油渍,然后用水将手掌打湿,将两手掌平放在鱼洗的两个洗耳上,使手掌在洗耳上来回搓动。此时操作者会感到洗耳在手下振动,有“嗡嗡”之声发出(图 4.1.2)。

图 4.1.2　鱼洗激振

(3)适当调整摩擦力,当振动的强度达到一定数值时,便有水花从水面上喷射出来。

(4)实验时,可以一边观看水花的喷射,一边观看水面上振动的波纹分布。

(5)实验完毕,把鱼洗中的水倒掉。

【注意事项】

做本实验一定要有耐心,因水花喷射的高度基本上与人手摩擦洗耳的频率(速度)无关,所以人手摩擦时不能着急。

【思考题】

(1)为什么水花喷射的高度与人手摩擦洗耳的频率(速度)无关?

(2)铜盆中水花的喷射点是靠近波腹处,还是靠近波节处?为什么?水面被撕裂成水珠时,是在速度最大还是加速度最大的时刻?

(3)一般搓动的方式采用单人双手反向搓动,如果改变一下搓动的方式,如单人双手反向搓动、两人双手搓动(可不同向)、两人单手搓动,是否有水花喷射?

【探索题】

(1)驻波到底是水平运动还是竖直运动?如果是水平运动,又如何能在波腹处向上溅出水花呢?这个力量从何而来?

(2)在不同水位时,要搓出同样的花纹,比如4节线花纹,手搓动的频率有没有差异?

(3)温度对鱼洗的操作到底有何影响?原因是什么?

(4)鱼洗下的物体对水花形成有无影响?比如橡胶垫子、桌面、光滑的地面,甚至用沙加固?

(5)鱼洗中包含的科学原理在生活中有哪些应用?在开发、利用共振为我们造福的同时,如何避免共振共能带来的危害?

实验 4.2　简谐振动与圆周运动等效

【演示目的】

通过简谐振动和圆周运动在水平方向的投影之间的类比，说明简谐振动表达式中各量的含义。

【实验装置】

图 4.2.1 所示为简谐振动与圆周运动等效演示仪。

图 4.2.1　简谐振动与圆周运动等效演示仪

【演示原理】

x 方向简谐振动的质点，其运动方程为

$$x = A\cos(\omega t + \varphi_0) \tag{4.2.1}$$

式中，A 为振动的振幅；ω 为振动的圆频率；φ_0 为振动的初位相。若这 3 个描述简谐振动的特征量已知，则能够完全确定任意时刻简谐振动的运动状况。

简谐振动与匀速圆周运动有简单的对应关系。如图 4.2.2 所示，坐标轴是 Ox，设矢量 OM 的长度等于振幅 A，矢量 OM 以匀角速度 ω 在图平面绕 O 作逆时针转动，初始时刻 OM 与 x 轴的夹角为 φ_0（即初始角位置），则时刻 t、矢量 OM 与 x 轴的夹角为 $\omega t + \varphi_0$，此时矢量 OM 在 x 轴上的投影为

$$x = A\cos(\omega t + \varphi_0)$$

这正是简谐振动的表达式。可以看出，一个作匀速圆周运动的质点在某一直径上（取 x 轴）的投影运动即为简谐振动。这种描述简谐振动的方法称为旋转矢量法。

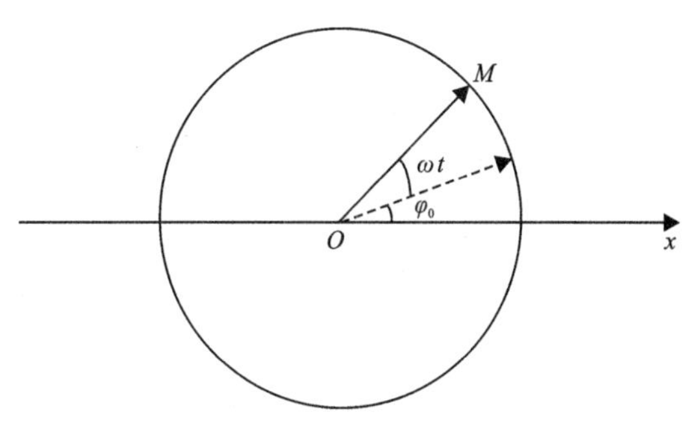

图 4.2.2　圆周运动轨迹图

【实验操作及演示现象】

(1)将电源插座插入交流 220 V 电源插座上。

(2)接通电源开关。

(3)演示仪的电动机缓慢转动后,注意观察演示仪的运动情况,可见通过主轴带动演示仪正面的圆盘以一定角速度沿竖直平面匀速转动。固定在圆盘上的带帽圆柱棒以匀角速度绕轴心做圆周运动,该带帽的圆柱棒带动竖直的环形导轨运动,并带动沿水平轴(设为 x 轴)位移的直杆做周期性往复运动。

(4)在上述运动过程中,可以看出做圆周运动的质点沿水平轴(x 轴)的投影做简谐振动。其简谐振动的表达式见式(4.2.1)。式(4.2.1)中,振幅 A 与做圆周运动的质点的半径对应,圆频率 ω 与圆周运动的角速度对应,而初位相 φ_0 与开始计时圆周运动的幅角(半径与水平轴 x 的夹角)对应。

【注意事项】

水平轴 x 即沿水平方向位移的直杆运动时,长度伸缩变化较大,操作者要小心,不要被碰到。

【思考题】

(1)除旋转矢量法可描述简谐振动外,还有什么方法?

(2)旋转矢量法描述简谐振动有何优点?

实验4.3　变音钟

【演示目的】

(1)演示物质的相变,理解变音钟加热前后固有频率发生变化的根本原因;

(2)了解温度、压力等外界因素对物体固有频率的影响;

(3)了解物质的抗磁性和顺磁性。

【实验装置】

图4.3.1所示为变音钟。

图4.3.1　变音钟

【实验原理】

变音钟取古代编钟之形,用现代特殊功能的锰铜合金铸成。常温下敲击变音钟,声似木鱼;给钟添油加热,待钟体温度升高后敲击,钟声清脆悦耳,余音袅绕。因寓意“心诚则灵”,因而得名“诚则灵”变音钟。

一般的乐音编钟用响铜铸成,响铜中加入较多的锡,主要是铜、锡合金;而变音编钟用的是锰铜合金,锰元素的加入使锰铜合金具有特殊的磁性质,会在冷凝时局部形成抗磁质材料,锰铜合金在抗磁状态下杨氏模量小,因而钟的共振频率低,而且常温下的锰铜合金还是一种高阻尼的材料,能量内耗大,振动阻尼因子大,导致振动很快衰减,更谈不上激发高阶振动了,自然敲上去形如木鱼;在顺磁状态下杨氏模量大,固有频率高,阻尼因子小,因而振动频率高,其声学效果与抗磁质完全不同。变音钟的锰铜合金材料在加热前、后分别处于奈耳点(Néel

Point)之下和之上，在常温下主要处于抗磁质状态，因而钟声低沉；加热后由抗磁质转变为顺磁质的相变，使铜锰合金恢复一般金属性质，又重新发出清脆的金属钟声，这就是变音钟的变音机理。

其实变音钟并不是中国古代创造，是1974年上海交通大学盛宗毅团队研发的。之所以把它列入"中国古代科技"篇章，一是因为变音钟融现代科学技术、青铜文化、佛教哲理于一体，构思完美；二是出于对盛宗毅先生弘扬中国古代青铜文化所做努力的深深敬意。

锰铜合金对温度非常敏感，当温度为奈耳点温度时发生相变。提到相变，很多人第一时间想到的是"固液气"三相的转化，其实我们把这种有体积的变化，同时有热量的吸收或释放的相变称为"一级相变"；还有一类体积不变化，也不伴随热量的吸收和释放，只是热容量、热膨胀系数、弹性系数和等温压缩系数等物理量发生变化，这一类相变称为二级相变。锰铜合金在奈耳点发生的马氏体相变正是二级相变，奈耳点之上的44.8Mn53.1Cu2.1Al(wt%)合金杨氏模量比常温下升高15%，而内耗降低21%。由于钟的共振频率满足$\nu \propto \sqrt{E/\rho}$，敲击钟声频率提升，音调增高；又因内耗降低，振动声音悠扬，尾音延绵。锰铜合金的马氏体相变与其抗磁转变密切相关，有实验表明，正是在奈耳点发生的抗磁性转变造成马氏体相变，引发弹性模量和阻尼系数异常。

1974年，上海交通大学的盛宗毅团队注意到锰铜合金这一独特性质，用6年时间研制成具有特异功能的变音钟：不供香油、不灵不鸣、声如木鱼；进香化油，清音缭绕，音似银铃，为人间独一无二会变音的钟。1989年，盛宗毅团队精铸成高2.5 m的大型"诚则灵"变音钟一座，立于上海玉佛寺，为寺中一宝。

【实验操作及演示现象】

(1)常温下用木槌敲击变音钟，听其声音，声似木鱼；

(2)加热3 min后再敲击钟，声似敲击铃铛发出的声音，对比加热前后声音的不同。

【注意事项】

利用蜡油对变音钟进行加热时要注意防止引起火灾。

【思考题】

(1)自然界中物质有多少物相？举例说明其特殊的物相。

(2)你了解永乐大钟吗？你知道中国古代在声学上有哪些杰出贡献吗？

(3)通过敲击物体发出的声音不同，判断材料的物理特性，是人们经常选择物体的方式，你知道其中的物理原理吗？

(4)你敲击过水杯吗？水杯里盛水的水量不同发出的音调也不同，适当校音还可以让它发出悦耳的音乐，试分析其中的物理原理。

实验4.4　声与波

【演示目的】

用示波器显示由电子琴和麦克风送入的音频信号波形。

【实验装置】

图4.4.1所示为声与波演示仪。

【演示原理】

波动是一种常见的物理现象。我们将某一物理量的扰动或振动在空间逐点传递时形成的运动形式称为波动。频率在20～20000 Hz之间的机械波，能引起人的听觉，称为可闻声波，简称声波。声波是机械纵波。纵波形成时，介质各点的密度发生改变，有疏有密。介质各点疏密程度随位置变化的关系曲线叫波形曲线。

图4.4.1　声与波演示仪

单一频率的简谐波声音并不好听，也不能充分表达人们的情感。实际声波，特别是悦耳的音乐，如钢琴音是许多简谐声波的合成，其中频率最低、强度最大的是基波，频率为基波整数倍的是谐波，一般谐波丰富，声音也显得优美动听。用麦克风将声音转换成电信号，送入示波器可观察到基波与高次谐波的合成结果。用傅立叶频谱分析可以获取钢琴等声音中所包含频率成分，从而实现电子合成各种乐器所发出的声音，电子音乐合成就是利用这一原理。

【实验操作及演示现象】

接通电子琴电源，用连接线将电子琴电信号输出（在后侧），并与示波器输入连接，打开电源开关，直接弹奏琴键或播放音乐，在示波器上就可以看到音乐信号的波形。

【注意事项】

操作电子琴时不要用力敲击键盘。

【思考题】

（1）可以用示波器观察到超声波和次声波的波形吗？

（2）用钢琴和吉他演奏同一首曲子，观察它们的波形是否相同。

实验 4.5　声波可见

【演示目的】

用巧妙的方法来展示声波在振动时产生的波形。

【实验装置】

图 4.5.1 所示为声波可见演示仪。

图 4.5.1　声波可见演示仪

【演示原理】

通过直接将乐器弦的振动转化为可视的波来揭示声音的性质。不同长度、不同张力的弦振动后形成的驻波基频、谐频各不相同，即合成的波形各不相同。而吉他的弦通常振动很快，不容易被人眼所看到，可借助旋转滚轮中黑白相间的条纹和人眼的视觉暂留作用将其显示出来。

【实验操作及演示现象】

先转动转轮，然后拨动琴弦，观察声波的形状。

【注意事项】

滚轮的转动速度不能过小。

【思考题】

转轮的速度会影响看到的声波的形状吗？

实验4.6　共振环驻波实验

【演示目的】

演示一种共振环形驻波现象。

【实验装置】

图4.6.1所示为共振环装置。

图4.6.1　共振环装置

【演示原理】

本实验采用金属环演示共振驻波现象，3个圆环材质相同，直径不同，装于同一振源中，由驱动膜的振动，进而驱动环形软性圆环。振动沿金属环传播产生两列逆时针和顺时针方向的波，当圆环长度和波长之间满足特定关系时，两列波在环上叠加形成稳定的驻波。这时环上有的地方抖动明显(即波腹)，有的地方几乎不动(即波节)，呈现典型的驻波现象。

本实验可以测定共振频率，进而测定材料的钢性及杨氏模量。

【实验操作及演示现象】

(1)调小振幅输出电位器，打开电源，适当调大输出，从小到大缓慢调节振动频率，观察圆环的振动。

(2)精细调节振动频率，可见某圆环出现振幅最大且稳定的驻波，如果波腹的振动幅度较小，可适当调高输出。继续缓慢调节振动频率，观察不同环上的驻波现象，以及同一环上出现的驻波波节的个数。将各环出现 3 个和 5 个波节的频率记录在表 4.6.1 中。

(3)实验中应随时调整输出,使振幅适中。振幅太小现象不明显,需要适当加大输出;振幅过大,会出现异响,甚至损坏仪器,应立即调小振幅输出;若出现部件松脱应关闭电源,固定妥当后再做实验。

(4)用黑色或灰色作为背景,以提高观察效果。

表 4.6.1　共振环共振频率记录

频率 f/Hz	3 个波节	5 个波节
大环		
中环		
小环		

【注意事项】

(1)振动的破坏性较强,需注意人身和仪器安全。

(2)注意随时调整振幅。振幅过小,演示现象不明显,应调大振幅;振幅过大,会引起失真、不稳定和噪声,应调小振幅;听到部件松脱导致异响,应立即关闭电源,固定妥当后再实验。

【思考题】

(1)为什么频率调节要缓慢?

(2)圆环的支撑固定点是否是节点?为什么?

(3)环形驻波与弦上的驻波有什么异同?

实验 4.7　蛇形摆

【演示目的】

理解单摆摆动的周期；了解蛇形摆的形成原理。

【实验装置】

图 4.7.1 所示为蛇形摆。

图 4.7.1　蛇形摆

【演示原理】

简谐振动的振幅、频率和初相是确定振动特点的 3 个参量。单摆的小角度摆动近似是简谐振动，其摆动周期 T 与摆长 l 有如下关系

$$T = 2\pi\sqrt{\frac{l}{g}} \tag{4.7.1}$$

式中，l 为单摆的摆长；g 为当地的重力加速度。

蛇形摆由多个单摆组合而成。若干个摆球等间距悬挂在水平横杆上，摆长依次减小，因此所有单摆的周期也规律性变小。用平板将这些摆球沿摆动方向托到同一摆角释放，观察每个单摆摆球的运动，经过一定时间后，可发现其位置呈现一定规律变化，像一条舞动的蛇；再经过一段时间，差异性逐渐增加，看起来似乎是杂乱的；继续摆动一段时间之后，就可以观察到形成两排对摆，即刚好奇数摆与偶数摆相位相反；最终经过一定的时间后，所有的摆又回到最初的摆动状态。

【实验操作及演示现象】

用挡板紧贴所有的摆球，沿摆动方向托起摆球至同一摆角，然后迅速移开挡板，让其自由摆动即可。各个单摆的摆球相对位置不断变化，有时像一条舞动的蛇，有时形成两排整齐的阵列对摆，有时又像相互交错的两条蛇。如果观察时间足够长，会发现经过若干摆动周期后，所有的摆又回到初始的状态。

【注意事项】

(1)摆角不要超过 10°。

(2)注意不要让细线互相缠绕。

【思考题】

(1)小球托起至不同摆角，与形成蛇形摆的时间有关吗?

(2)各种状态出现的时间与哪些因素有关?

实验 4.8　共振耦合摆

【演示目的】

演示受迫振动和共振现象。

【实验装置】

图 4.8.1 所示为共振耦合摆装置。

【演示原理】

系在一根水平轴上的一系列单摆，由于摆长不同而具有不同的固有振动频率。拉起策动摆(图 4.8.1 左侧是配有重锤的金属杆)使其振动时，其他摆通过共同的水平轴受到策动力，其频率就是策动摆的摆动频率，细线悬挂的各摆就要在策动力的作用下作受迫振动。当某一单摆的固有频率与策动力的频率相近时，它将能最有效地从策动摆获取能量，摆动幅度最大，即发生共振。实验中，与策动单摆具有相同摆长的摆，其振动的振幅越来越大，而其他与不相同摆长的摆的振动振幅则不大，对比极明显。改变策动摆配重锤的位置可改变策动摆的摆长，重新做实验也有同样的结果。可见，只有在策动力的频率等于振动系统的固有频率时才发生共振，出现共振现象。

图 4.8.1　共振耦合摆装置

【实验操作及演示现象】

调节策动摆的摆长与某一单摆的长度相同，把策动摆的摆杆移开平衡位置，松手，让其做自由摆动，观察其他单摆的振动情况。

【注意事项】

策动摆的摆幅不宜过大。

【思考题】

试定量分析摆球的共振过程。

B　波动与声学

波动学研究内容主要包括机械波(如声波、地震波)、电磁波(如光波、无线电波)、水波、波动方程、波的叠加原理、波的反射与折射、干涉与衍射等现象,以及波动的速度、频率、波长、相位等基本参数。本章主要介绍几个有趣的声波实验。

实验4.9　大型纵波横波展示

【演示目的】

(1)探究机械波的产生与传播过程。

(2)探究纵波与横波的区别。

【实验装置】

图4.9.1所示为大型纵波、横波演示仪。

图4.9.1　大型纵波、横波演示仪

【演示原理】

横波与纵波是波动的两种形式(图4.9.2)。

横波,也称“凹凸波”,是质点的振动方向与波的传播方向垂直的波动。横波的传播,在外

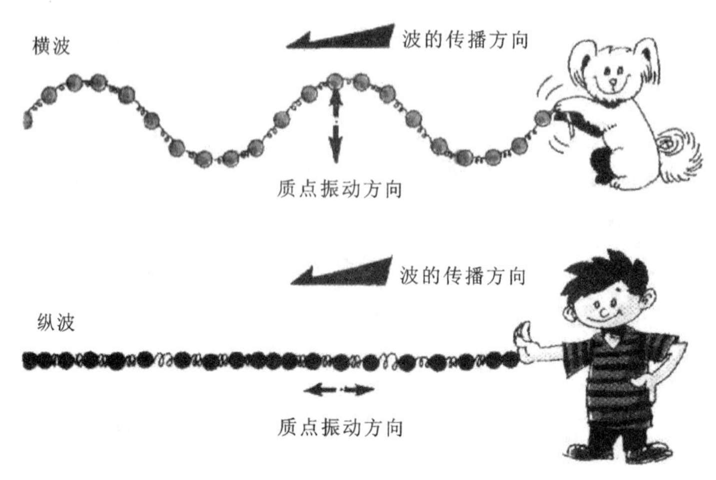

图 4.9.2 横波纵波示意图

表上形成一种"波浪起伏",即形成波峰和波谷。实质上,横波的传播是因为媒质内部发生剪切变形(即媒质各层之间发生平行于这些层的相对移动)并产生使体元恢复原状的剪切弹性力。

纵波是质点的振动方向与传播方向相同的波,声波是典型的纵波。纵波亦称"疏密波",纵波的传播过程是沿着波前进的方向出现介质疏密状态向前传播。

【实验操作及演示现象】

(1)沿弹簧方向,左右轻轻摆动右端金属棒,观察弹簧上纵波的传播特点。在弹簧某一位置观察到该处的疏密度不断变化。

(2)待弹簧停止振动后,沿与弹簧垂直的方向,前后轻轻摆动右端金属棒,观察弹簧上横波的传播特点。在弹簧某一位置观察到该处的起伏度不断变化。

【注意事项】

(1)使演示仪尽量水平,搬动时轻拿轻放。不要用手乱拨弹簧,避免弹簧缠绕。

(2)波源振动的振幅不要过大,以避免使它变形。

(3)使用后,将弹簧托起避免疲劳变形。

【思考题】

(1)纵波与横波是如何产生的?波源振动方向与波的传播方向有什么关系?纵波与横波有哪些相同点和不同点?

(2)日常生活中有哪些波是纵波,哪些波是横波?

(3)波沿着弹簧传播,到达末端发生反射,入射波和反射波发生干涉。试分析怎样的条件会产生驻波。

(4)手摆动弹簧的快慢对实验结果有什么影响?

实验 4.10　弦驻波演示仪

【演示目的】

演示在弦线上形成的典型的横波驻波。

【实验装置】

图 4.10.1 所示为弦驻波演示仪。

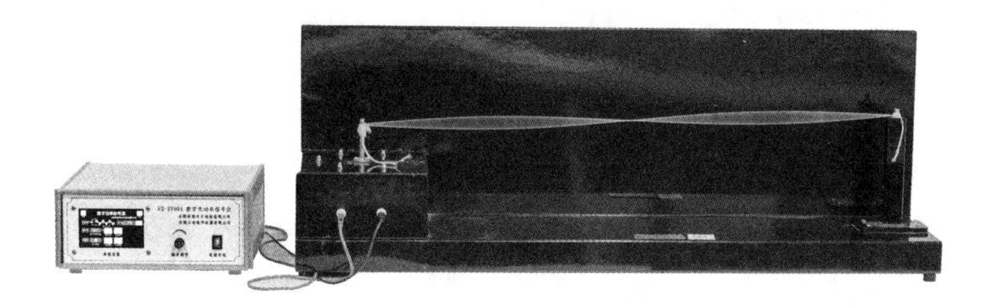

图 4.10.1　弦驻波演示仪

【演示原理】

当振动频率、振幅和振动方向相同的两列简谐波在同一直线沿着相反的方向传播时，产生特殊的干涉现象，即驻波。在波的传播过程中，当波由波密媒质进入波疏媒质时，在分界面处，反射波与入射波同相位，没有半波损失；当波由波疏媒质进入波密媒质时，在分界面处，反射波与入射波有 π 的相位突变，有半波损失。所以驻波在两固定端形成的是波节。相邻波节和波腹的距离为 $\frac{\lambda}{2}$ 。因此，波长和弦线的长度 L 应满足如下条件时才能形成稳定的驻波：

$$L = n\frac{\lambda}{2}, n = 1, 2, 3\cdots \tag{4.10.1}$$

由此可得沿弦线传播的横波波长为

$$\lambda = \frac{2L}{n} \tag{4.10.2}$$

根据波动理论，弦线中横波的传播速度为

$$v = \sqrt{\frac{T}{\rho}} \tag{4.10.3}$$

式中，T 为弦线中的张力；ρ 为弦线的质量线密度。

又根据关系式 $v = f\lambda$ ，可得

$$f = \frac{n}{2L}\sqrt{\frac{T}{\rho}} \tag{4.10.4}$$

因此，对于给定 T、ρ、L 的弦线，频率 f 只有满足式(4.10.4)的关系才能在弦线上形成驻波。在本实验中，调节信号发生器，改变驱动弦振动的频率，当达到以上条件的频率时，会在弦线上观察到稳定的驻波现象。

【实验操作及演示现象】

(1)将信号源输出调至最低，打开信号源，适当调低输出；

(2)调节信号源的频率，使弦上依次出现 1 个、2 个、3 个、4 个……波腹，记录对应的频率。若现象不明显，可适当调大输出。

【注意事项】

弦线的张力要适度。

【思考题】

(1)形成驻波时，波的能量是如何传播的？

(2)一根弦上，当有传播方向相反的两列波时，一定能形成驻波吗？

实验 4.11　昆特管

【演示目的】

演示空气中声音的驻波现象。

【实验装置】

图 4.11.1 所示为昆特管。

图 4.11.1　昆特管

【演示原理】

昆特管是 1866 年德国科学家昆特用来测量气体和固体杆中声速的仪器。本实验演示仪的昆特管采用有空气的有机玻璃圆管，一端封闭，一端安装着一个扬声器，管内有一些轻质泡沫小球。由功率信号发生器驱动扬声器，扬声器发出一定频率的声波，在透明有机玻璃圆管中的空气中传播，到达封闭端，发生反射。反射波与入射波叠加干涉，形成驻波。波腹处的空气分子振动最激烈，振幅最大，但空气密度变化最小，声压最小；而波节处空气分子最平静，振幅最小，但空气密度变化最大，声压最大。由于沿管轴声压周期变化，故泡沫小球沿管轴周期分布，形成浪花，在整个管道中展示出多个峰谷分布图样。

与弦线上的驻波一样，昆特管形成驻波时，对波长也是有限制条件的。昆特管中是一端固定一端自由的驻波模式，玻璃管长度和波长的关系，即

$$l=\frac{(2n+1)}{4}\lambda \qquad (n=1,2,3\cdots) \qquad (4.11.1)$$

因此，我们也很容易直接在实验中根据管长 l 估算出波长，从而推算出声波传播的速度。

【实验操作及演示现象】

(1)将信号源输出调至最低，打开信号源，适当调大信号输出。

(2)信号频率调至某一参考值附近，缓慢调节频率至管内形成驻波，此时能看到泡沫小球被激起明显的片状浪花。若现象不明显可适当增大电压值。

(3)依次观察在各参考频率下管内出现驻波的情况，以及相邻两浪花的间距。

【注意事项】

改变频率之前先减小输出，调好频率后再增大输出，以免声音太大。

【思考题】

(1)生活中你看到过驻波现象吗？

(2)透明圆管内形成空气驻波的同时，在透明圆管管壁内也会形成驻波吗？

(3)尝试用昆特管测量声速。

(4)形成稳定驻波时，昆特管中的泡沫小球主要分布在波节还是波腹？

实验 4.12　克拉尼图形

【演示目的】

观察薄钢板上的二维驻波形成的克拉尼图形，了解它的特点。

【实验装置】

图 4.12.1 所示是克拉尼图形演示仪。

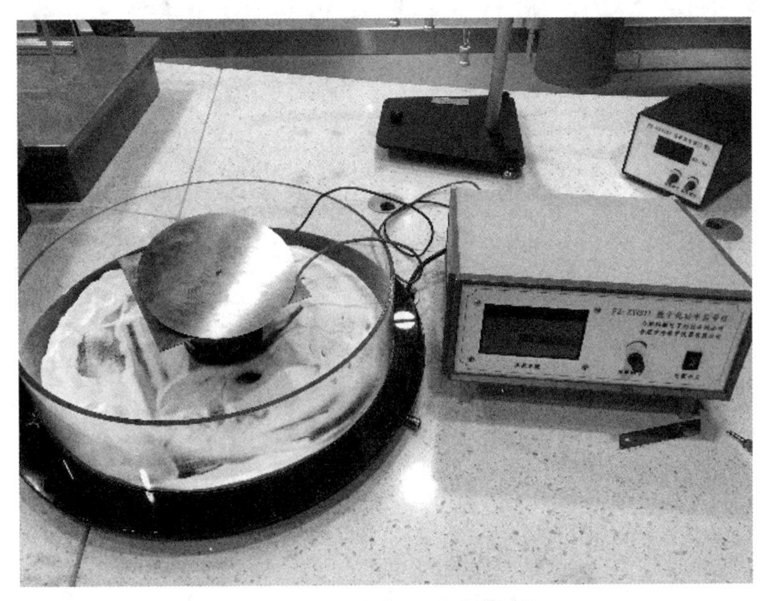

图 4.12.1　克拉尼图形演示仪

【演示原理】

当弦线上的前进波遇到障碍物反射后，反射波与前进波叠加就形成了驻波，驻波的特点是从波形上看不出波在前进，在弦线上的某些点始终不动，这些不动点就称为波节。在相邻两个波节中间的点只作上下振动，振动最大处称为波腹。弦线上产生的驻波是一维驻波。

话筒的膜片、被敲击的鼓面等振动可以形成二维驻波，这些驻波分布在平面或曲面上。一块四周固定的矩形板的振动是最简单的二维驻波。膜也有一系列本征频率，但与弦线的情况不同，它们不一定等于一个基频的整数倍。膜的本征频率与边界条件等许多因素有关，情况很复杂。

18 世纪，德国物理学家克拉德尼(Ernst Chladni)做过一个实验，他在一块较宽的金属薄片上面均匀地撒上沙子，然后拉动弓弦摩擦金属片边沿，使金属片振动起来，结果金属片上的细沙自动排列成不同的几何图案，随着弓弦摩擦、振动频率增大，图案也不断变幻和越趋复杂——这就是著名的克拉尼图形(图 4.12.2),它是沙子停留在二维驻波的波节处的结果。克拉尼图形就是二维驻波的可视化。

图 4.12.2　克拉尼图形

【实验操作及演示现象】

将盐粒均匀撒在薄钢板上,调整信号源的输出频率,金属板在特定频率的激励下,会形成稳定的驻波振动模式,波节处的盐粒不动,波腹处的盐粒也被振至波节处,形成克拉尼图形。改变频率,观察不同的克拉尼图形。

【注意事项】

盐吸潮有腐蚀性,实验完毕,注意把盐粒装入盒子中。

【思考题】

(1)为什么振动频率越高,克拉尼图形的图案越复杂?

(2)如何在家中自制克拉尼图形演示实验?

实验 4.13　声悬浮

【演示目的】

演示声悬浮现象。

【实验装置】

图 4.13.1 所示为声悬浮演示仪。

图 4.13.1　声悬浮演示仪

【演示原理】

声悬浮是高声强条件下的一种非线性效应，其基本原理是利用声驻波与物体的相互作用产生竖直方向的悬浮力以克服物体的重量，同时产生水平方向的定位力将物体固定在声压波节处。声悬浮技术分为三轴式和单轴式两种，前者是在空间 3 个正交方向分别激发一列驻波以控制物体的位置，后者只在竖直方向产生一列驻波，其悬浮定位力是由圆柱形谐振腔所激发的一定模式的声场来提供。1866 年德国科学家昆特首先发现了谐振管中的声波能够悬浮起灰尘颗粒的实验现象。人们可以通过声悬浮方法，实现各种金属材料、无机非金属和有机材料的无容器处理，开展液滴动力学、材料科学、分析化学和生物化学等方面的研究。

本实验采用单轴数字悬浮控制单一频率的声波在谐振腔内传播，其入射、反射两列波相干形成驻波，驻波振幅在谐振腔内相对空间位置呈周期性的极大值、零，再到极大值的分布，且相邻极大值或零之间的距离均为该声波的半波长，当声波谐振腔的长度恰好是该声波波长的整数倍时产生谐振;在波源强度不变、频率不变的条件下,谐振腔内产生稳定的驻波现象,在谐振腔内某一位置放置一小球,当其受到上下两面压力之差足以克服其自身重力时,该小球就会悬浮起来。

【实验操作及演示现象】

(1)将幅度调节电位器左旋到底后,接通电源。

(2)调节频率旋钮,调节输出幅度,将谐振管内小球悬浮于管中一定位置,并不停飘动。频率须作适当修正,小球才会稳定下来。

【注意事项】

仔细调节信号频率和幅度。

【思考题】

(1)谐振管的粗细会影响悬浮的效果吗?

(2)相对于磁悬浮、静电悬浮、光悬浮技术,声悬浮技术有什么特点?

实验 4.14　声聚焦

【演示目的】

演示声音的反射和聚焦。

【实验装置】

图 4.14.1 所示为声聚焦演示仪。

图 4.14.1　声聚焦演示仪

【演示原理】

声音和光线一样，也能够反射和聚焦，类似凹面镜对光线的聚焦，凹面镜对声波也形成集中反射，使反射声波聚焦于某个区域，造成声音在该区域特别响。如图 4.14.2 所示，F 为抛物面的焦点，MN 为抛物反射面的准线。A_1P_1 和 A_2P_2 为任意传来的两列声波，它们的延长线和准线交于 Q_1 和 Q_2 点。根据抛物面的性质可知：$P_1F = P_1Q_1$ ，$P_2F = P_2Q_2$ ，即 $A_1P_1F = A_2P_2F$ ，所以平行于轴的各声线到达焦点 F 的声程相等。平行于轴的声波都会聚于焦点 F 处。

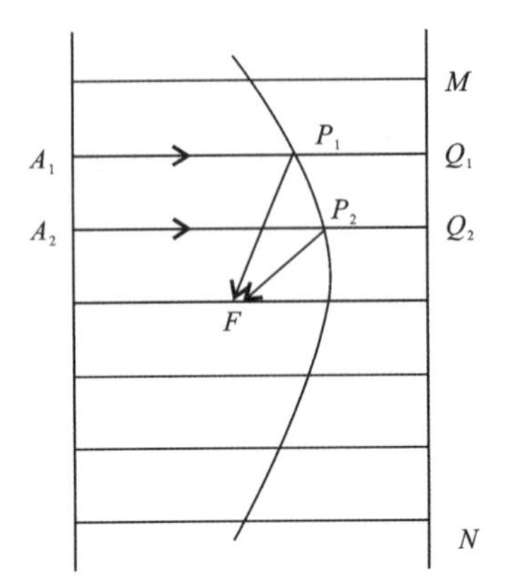

图4.14.2　抛物面对声音的反射与聚焦

如图4.14.3所示，将两个抛物面装置面对面放置，相隔十几米远，将声源置于左抛物面的焦点F_1处，声波将被抛物面以平行于轴向右反射出去，此平行波射到右抛物面时，被抛物面反射的声波聚焦于右边的焦点F_2处。

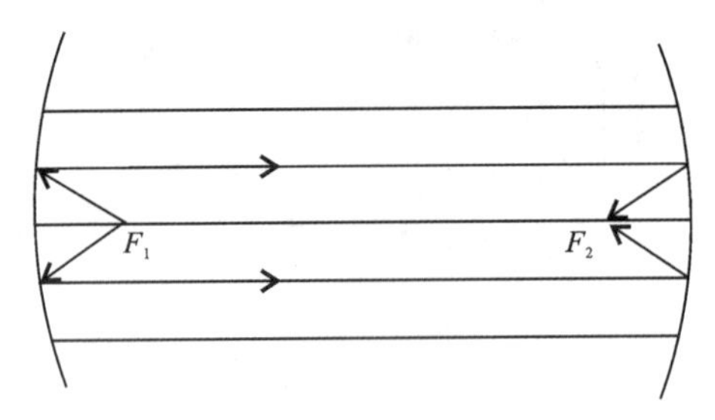

图4.14.3　两凹面间声波的传播路线图

在生活中，声聚焦现象也随处可见，如果声能过分集中，则会严重影响听众的听音条件，如候车厅、售票处等。但如果声聚焦运用得当，就能使各个区域播放的声音互不干扰，如应用在博物馆、展览馆、主题公园等场合。

【实验操作及演示现象】

两个面对面放置的声聚焦抛物面，相隔十几米远，两个人分别站在两面抛物面的焦点处，一人说悄悄话，另一个人可以清晰地听到对方的说话声。

【注意事项】

两抛物面尽可能正对，两个声聚焦抛物面间不应有障碍物。

【思考题】

(1)人站在穹顶下方经常能听到“怪声”，试解释原因。

(2)在装修音乐厅时要避免尺寸较大的凹状墙面，为什么？

第五篇　光　学

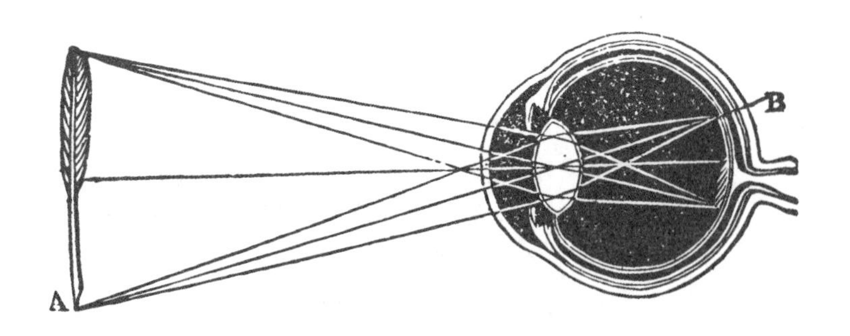

光学是一门自然科学，是物理学的重要分支，主要研究光的本质、传播规律、光与物质相互作用及其产生的各种现象和效应，以及基于这些原理的技术应用。光学不仅研究可见光，还包括从微波、红外线、紫外线直至X射线和γ射线等更广泛的电磁波谱范围内的光现象。

光学的起源可以追溯到古代文明对光和视觉现象的初步认识。在中国，早在商周时期，人们就开始利用静止水面的反射和针孔成像原理观察事物，这一时期的《墨经》记载了一系列关于光的直线传播、反射、折射和成像等方面的观察和理论。而在西方，古希腊哲学家如欧几里得对光的反射进行了研究，并记录在他的著作《反射光学》中。

古代光学理论在东西方文明中均有所发展，尽管那时尚未形成完善的理论体系，但对光的直觉认识和实践应用已经萌芽。中世纪至文艺复兴时期，欧洲出现了更多对光的实验研究，尤其是阿拉伯学者对光学知识的整理和传播，对后世影响深远。17世纪牛顿对光的粒子性进行了深入研究，并提出了光的色彩理论和光的反射与折射定律。19世纪托马斯·杨和菲涅尔等科学家通过双缝干涉实验等证明了光的波动性，随后斐索和麦克斯韦等人进一步发展了波动光学理论。20世纪初爱因斯坦提出了光电效应，揭示了光的粒子性（光子），从而确立了光的波粒二象性理论。

随着量子力学的发展，光学进入了全新的时代，激光的发明、光纤通信的实现、光学遥感、光学信息处理、量子光学等领域取得了重大进展，光学已经成为现代科技和日常生活中不可或缺的一部分。

与其他物理分支学科不同，光学为我们展现一个色彩斑斓的美丽世界，作为形象化教学的演示物理实验，更为神奇多彩，吸引人眼球。本篇将分为光魔幻与几何光学、光的干涉、光的衍射、光的偏振4个部分，为大家展现光学的知识脉络和风采。

A　光魔幻与几何光学类

"光魔幻"并非标准的物理学学术术语，但在流行文化或创意领域中，它主要用来形容那些利用光学原理创造出的奇幻视觉效果或艺术作品。这类作品通常融合了光学知识与创新思维，利用光的折射、反射、衍射、干涉、全息投影等特性，创造出如梦似幻、极具视觉冲击力的效果

几何光学研究光的直线传播、反射、折射、透镜成像、光学系统设计等。几何光学常用于设计和分析各种光学系统，如透镜、反射镜、光纤、棱镜等，以及解决物体如何通过这些系统成像的问题。通过追踪光线路径，可以计算出像的位置、大小、形状及性质(如是否倒立)。在实际应用中，几何光学方法广泛应用于眼镜设计、显微镜、望远镜、照相机和其他光学设备的设计和优化中。

实验 5.1　无源之水

【演示目的】

演示“无源之水”，了解折射率对视觉的影响。

【实验装置】

图 5.1.1 所示为无源之水演示仪。

图 5.1.1　无源之水演示仪

【实验原理】

水柱中间有一根无色透明管,透明管的一端与水龙头相连,另一端则插入位于碗状容器底部的水泵的出口处,容器内的水在水泵的作用下,以一定的速度沿着管内上升,并在龙头内溢出后沿着管外壁向下流淌进入容器,容器内的水再由水泵加压后通过管上升,从而形成一个液体的循环。若透明管的折射率与水的折射率接近,则在管外流淌的水几乎遮挡透明管,形成了你所看到的奇妙现象。

【实验操作及演示现象】

连接电源,就会见水源源不断地从悬空的水龙头中流出。

【注意事项】

接通电源时注意安全,防止触电,也不要用手或其他物体撞击水柱。

【思考题】

(1)知道“无源之水”是哪里来的吗?

(2)你认为该演示装置中的无色透明管用玻璃管好,还是用有机玻璃管好?

(3)2019 年春晚的魔术表演中有一个壶中倒出 6 种饮料的情节,你能解释这一现象吗?

实验 5.2　海市蜃楼

【演示目的】

(1)用人工的方法模拟“上蜃”形成的自然条件；

(2)演示光通过折射率渐变的介质的传输路径，加深对“海市蜃楼”物理原理的理解。

【实验装置】

海市蜃楼演示装置如图 5.2.1 所示。

图 5.2.1　海市蜃楼演示装置图

【演示原理】

海市蜃楼又称“蜃景”，常在海上、沙漠中产生，其现象是在“空中”或“地下”出现高大楼台、城廓、树木等幻景。其本质是一种光学现象，由于地面上物体反射的光在沿直线方向密度不同的气层中，经过折射而形成幻景。在空中呈现的幻景称为“上蜃”，一般在海上出现；地下呈现的幻景称为“下蜃”，一般在沙漠中出现。

海市蜃楼现象可以作如下解释。当一束光线从一种透明介质到达另一种透明介质时会发生折射，如图 5.2.2(a)所示。图 5.2.2 中，ML 为透明介质 A、B 的分界面，N 为法线，θ_1 为入射角，θ_2 为折射角，n_1 为介质 A 的折射率，n_2 为介质 B 的折射率。由折射定律可得

$$\frac{\sin\theta_1}{\sin\theta_2}=\frac{n_2}{n_1} \tag{5.2.1}$$

通常把折射率小的介质叫光疏介质，把折射率大的介质叫光密介质。由式(5.2.1)可知，光线从光密介质进入光疏介质时，入射角小于折射角，光线偏离法线；反之，光线从光疏介质

进入光密介质时，入射角大于折射角，光线折向法线。那么，当光线从光密介质进入光疏介质时，存在一个小于90°的入射角，在这个入射角的作用下，折射角等于90°，折射线掠过分界面，如图5.2.2(b)所示，此时的入射角称为临界角。当入射角大于临界角时，入射线全部被反射，这种现象称为全反射，如图5.2.2(c)所示。

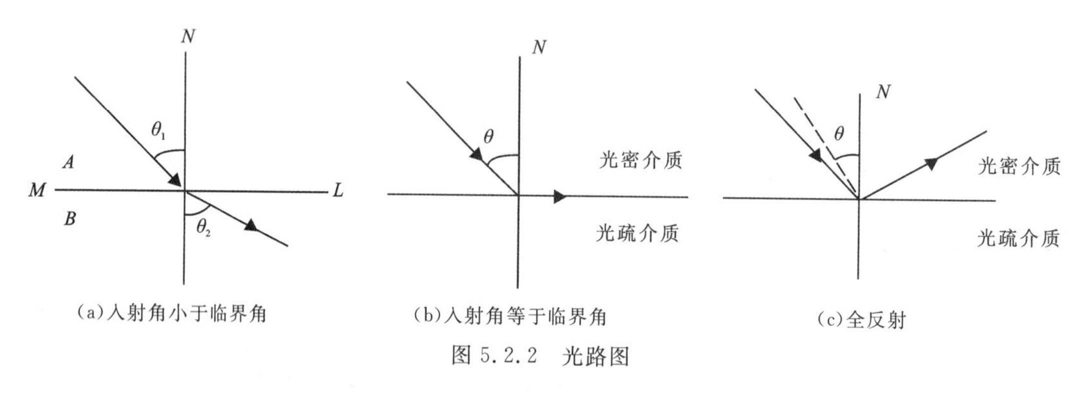

(a)入射角小于临界角　(b)入射角等于临界角　(c)全反射

图5.2.2　光路图

在自然条件下，如烈日当空的夏季沙漠，沙土被晒得灼热，因沙土的比热小，温度上升极快，沙土附近的下层空气温度上升得很高，相比而言上层空气的温度则较低，由于热胀冷缩，接近沙土的下层热空气密度小而上层冷空气的密度大，这样空气的折射率是下层小而上层大。由于空气的流通交会，最后形成很多密度和折射率连续变化的空气层，每一层都是光密介质在上，光疏介质在下。若此时地面上高大物体上反射出的光线从上往下入射到这样的空气层中，则从上层较密空气进入下层较疏空气时被不断折射，其入射角逐渐增大，增大到等于临界角时发生全反射，反射光线向上偏折。而人眼认为光是直线传输的，逆着反射光线看去，就会看到一个与原物倒立的“虚物”，这就是下蜃，如图5.2.3(a)所示。

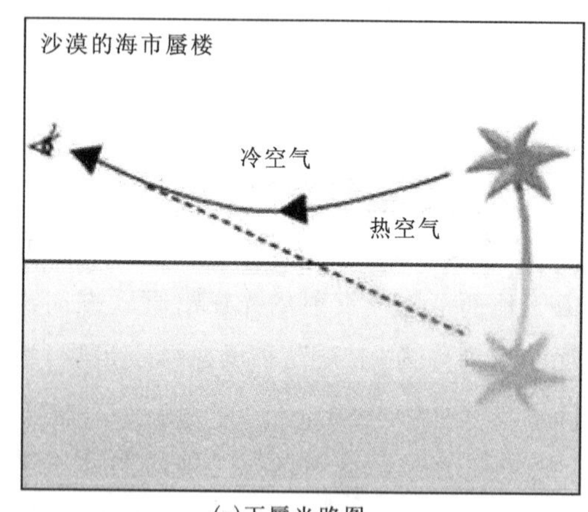

(a)下蜃光路图

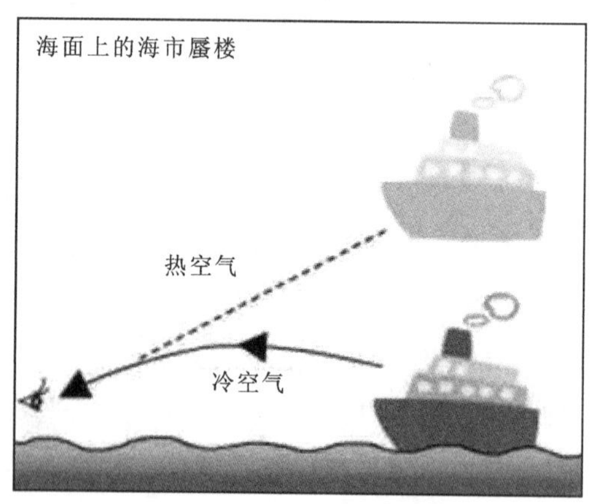

(b)上蜃光路图

图5.2.3　海市蜃楼光路图

而海面上看到的则一般是“上蜃”，因为水的比热大，温度上升慢，靠近海面的空气由于海水温度较低，因而密度大，折射率较大，而上方的空气因受日照影响温度较高，密度低且折射率较小。这样形成的密度和折射率连续变化的空气层，每一层都是光密介质在下，光疏介质在上。此时，地面上物体上反射出的光线如果由下向上入射到这样的空气层中，则从下层较密空气进入上层较疏空气时被不断折射，其入射角逐渐增大，增大到等于临界角时发生全反射，反射光线向下偏折。同样，人眼逆着反射光线看去，就会看到一个位于“空中”的“虚物”，这就是上蜃，如图 5.2.3(b)所示。

【实验操作及演示现象】

1. 液体的配制

在图 5.2.1 所示的装置中，将门打开，水管插入口内固定好，向水槽内注入清水，深为槽深的一半。将约 3kg 食盐放入清水中，用玻璃棒搅，使其溶解成近饱和状态，再在其液面上放一薄塑料膜盖住下面的盐溶液，向膜上慢慢注入清水，直到水槽接近装满为止。稍后，将薄膜轻轻从槽一侧抽出，此时，清水和食盐水界面分明，大约静置 6h 以后，由于扩散，界面消失，在交界处形成了扩散层，液体的折射率由下向上递减，产生一个密度梯度，此时液体配制完成。

2. 现象演示

(1)打开激光笔，从水槽侧面窗口观察光束在非均匀食盐水中弯曲的路径。

(2)打开射灯，照亮实景物，在景物另一侧窗口处观察模拟的海市蜃楼景观。

【思考题】

(1)图 5.2.1 中看到的现象是“上蜃”还是“下蜃”？

(2)搅动配制的食盐溶液，“海市蜃楼”会出现吗？

(3)为什么沙漠容易出现“下蜃”，而海面容易出现“上蜃”？

实验 5.3 神奇的普氏摆

【演示目的】

演示由光衰减镜引起的视差而产生的立体感现象，了解人眼视觉的奥秘。

【实验装置】

普氏摆演示仪见图 5.3.1。

图 5.3.1 普氏摆演示仪

【演示原理】

1922 年，德国物理学家普尔弗里希发现了人眼的一个有趣的实验现象。在静止的地标系统(作为参照物)上方做等幅单摆，当在左眼前面遮挡光衰减片而右眼不遮时，单摆运动变成了明显的顺时针旋转的圆锥摆运动；当左眼不遮而右眼遮挡光衰减片时，则变成了逆时针旋转的圆锥摆运动；柔性摆在由开关电路产生的电磁力的作用下，做往复的单摆运动(即摆球在一平面内做往复的摆动)；双眼同时遮挡光衰减镜，看到的又是单摆运动了。后人称之为普氏摆现象。

我们之所以能够看到立体的景物，是因为双眼可以各自独立看东西，两眼有间距，造成左眼与右眼图像的差异，这种差异称为视差，人类的大脑很巧妙地将两眼的图像融合，产生有空间感的视觉效果。人眼对于不同光强的响应速度不同，对亮度大的反应快，对亮度小的反应慢。光强相差一半时，延迟 2～3ms。普氏摆现象成因就是双眼的延时视差。光衰减片的功效是延迟了被遮挡眼的成像时刻，当观察者在左眼前面遮挡光衰减片而右眼不遮时观看摆球，由于光衰减片延迟知觉，单摆自左向右摆动时看起来是向后（远离）摆动，自右向左摆动时似乎向前（靠近）摆动，从而形成了普氏摆的神奇现象。

【实验操作及演示现象】

（1）拿起悬挂的小球，使小球左右摆动；

（2）站在普氏摆正前方位置观察摆球摆动的轨迹；

（3）站在与摆球轨迹相垂直位置上，拿起光衰减镜遮挡左眼，双目通过镜片观察摆球，发现摆球作顺时针椭圆轨迹转动；

（4）将光衰减镜遮挡右眼，再观察，发现摆球改变了旋转的方向。

【注意事项】

（1）摆球的摆动平面尽量在两排金属杆的中间，避免与金属杆相碰；

（2）观察时双眼均要睁开。

【思考题】

（1）设想一款按普氏效应工作的立体电视系统，应如何设计？

（2）尝试将一只眼完全闭上或用不透明物完全遮挡，效果如何？

实验5.4 同自己握手

【演示目的】

观察凹面镜成像。

【实验装置】

图5.4.1所示为同自己握手演示仪。

图5.4.1 同自己握手演示仪

【演示原理】

本仪器内装有一个凹面反光镜，凹面镜成像如图5.4.2所示。

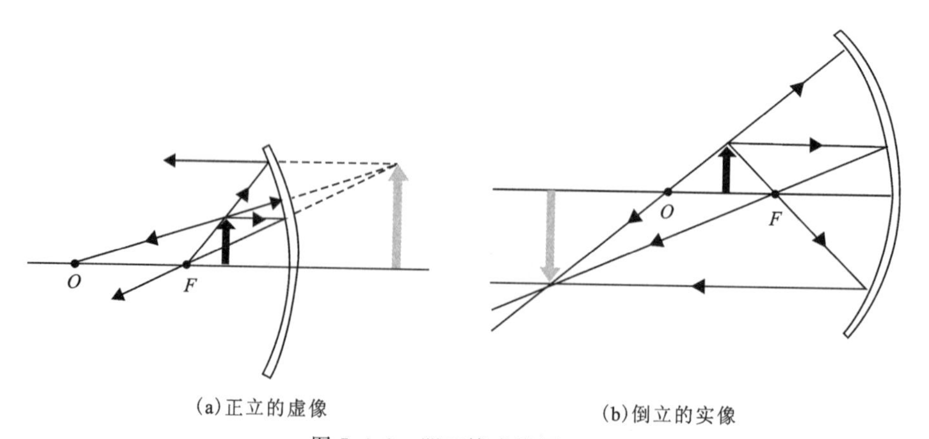

(a)正立的虚像

(b)倒立的实像

图5.4.2 凹面镜成像原理图

当观众站在镜前远近不同的位置时，可看到在不同光轴位置时的成像效果。当物距小于焦距时[图 5.4.2(a)]，成正立的虚像；当物距大于焦距时[图 5.4.2(b)]，成倒立的实像。当观众的手放在凹面镜球心 O 附近时（二倍焦距处），凹面镜成等大倒立的实像，手掌向上伸出你的右手，其影像却是手掌向下、大拇指向左，好似对面的人同样伸出的右手，两手相合，似与自己握手，十分直观和形象。

【实验操作及演示现象】

(1)观众站在装置前不同位置，观看远近成像的变化。

(2)当走近装置，把手向上伸向反光镜到一定位置时，影像将与自己的手重合而且反向，仿佛同自己握手一样。

【注意事项】

凹面镜的镀膜层很薄，易损，请不要用硬物触碰；镜面需保持清洁，请不要用手触摸！

【思考题】

我们生活中还有哪些地方用到凹面镜，为什么用凹面镜？

实验 5.5　幻影合成

【演示目的】

理解凹面镜成像规律，解密魔术表演的奥秘。

【实验装置】

图 5.5.1 为幻影成像演示仪。

（正视观察窗整体机箱照片一幅 4 cm×4 cm，无背景，无底座）

图 5.5.1　幻影成像演示仪

【演示原理】

凹面镜成像如图 5.4.2 所示，凹面镜成像满足

$$\frac{1}{u}+\frac{1}{v}=\frac{1}{f} \tag{5.5.1}$$

式中，u 为物距；v 为像距；f 为焦距。凹面镜 $f=R/2$，其中 R 是凹面镜的曲率半径，凹面镜的成像规律总结如表 5.5.1 所示。

本实验的设计如图 5.5.2 所示。隐藏在机箱下部的地方摆放着一朵转动的花朵，此花朵（用光照亮）被凹面镜反射回来，在观察窗前会呈现出逼真的花朵立体像，当你用手去触摸花时，会发现什么也摸不到，真是“看得见、摸不着”。

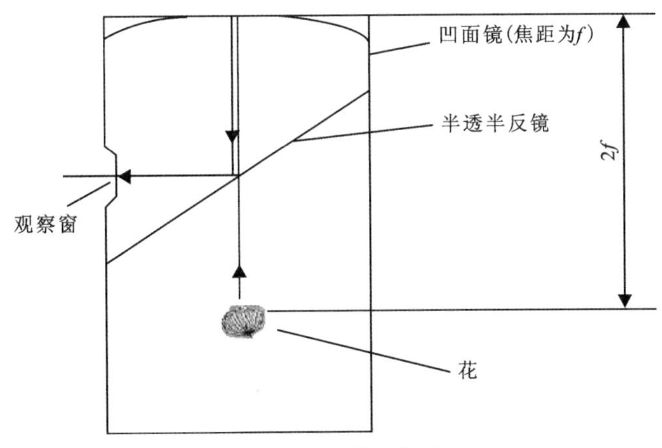

图 5.5.2　幻影成像原理

表 5.5.1　凹面镜成像规律

物距(u)	像距(v)	成像特点
$u=\infty$	$v=f$	平行光聚焦一点
$u>2f$	$f<v<2f$	倒立缩小的实像
$u=2f$(凹面镜曲率圆心)	$v=2f$	倒立等大的实像
$f<u<2f$	$u>2f$	倒立放大的实像
$u=f$	$v=\infty$	不成像
$u<f$	$v<0$	正立放大的虚像

【实验操作及演示现象】

(1)打开电源,可观察到一朵悬在空中转动着的美丽花朵;

(2)伸手触摸花朵,发现并没有实物;

【注意事项】

(1)不要将手伸入,以免损坏光学部件和花朵表面的高反膜层;

(2)观察完毕,注意关掉电源。

【思考题】

(1)凹面镜成像与凸透镜成像有哪些相似之处?

(2)通过实验,你可以解释“分身”魔术(用刀分割“真人”)了吗?

(3)机箱为什么做成这么大的尺寸?

(4)如果不是用花,而是用一个其他模型物放在里面,会产生什么样的失真效果?

实验 5.6 电影动画原理演示

【演示目的】

(1)了解人眼的视觉暂留现象;

(2)演示电影的制作原理。

【实验装置】

电影动画演示装置见图 5.6.1。

图 5.6.1 电影动画演示装置

【演示原理】

视觉是靠眼睛的晶状体成像,感光细胞感光,并且将光信号转换为神经电流并传回大脑。感光细胞的感光依靠一些感光色素,感光色素的形成或消失是需要一定时间的,这就形成视觉暂留的现象。人眼在所见物体消失后,仍会保留其图像 0.1~0.4s,即人眼具有一定的图像缓存功能。

圆筒静止时,只能看到一系列马静止的图像,各图像有着细微的变化,是马奔跑过程中不同时刻不同姿势的图像;圆筒转动时,从狭长孔往里看,图像依次不断闪现,产生马奔跑的连续动态效果。

视觉暂留现象首先被中国人发现,走马灯便是历史记载中最早的视觉暂留运用,宋时已有走马灯(图 5.6.2),当时称“马骑灯”。在一个或方或圆的纸灯笼中,插一立轴,轴上方装一叶轮,其轴中央装两根交叉杆,在杆每一端黏上人、马之类的剪纸。当灯笼内灯烛点燃后,热气上升,形成气流,从而推动叶轮旋转,于是剪纸随轮轴转动。它们的影子投射到灯笼纸罩上。从外面看,便成为清末《燕京岁时记》一书中所述“车驰马骤、团团不休”之景况。

图 5.6.2 走马灯

爱迪生时代的电影拍摄帧数有时只有 15 帧/s,低帧率的动作会带来明显的卡顿感,帧率越高,画面就越流畅,但高帧率意味着需要高技术和高成本。在那个手摇式摄影机时代,没有机械装置来固定底片输送的速度,因此,采用一个固定的速率来拍摄影片基本不可能,甚至同一部电影中,都会出现好几个不同的帧率。卓别林的《摩登时代》的拍摄帧率为 18 帧/s,在 24 帧/s 的播放速度下,演员动作显得微微加快,反而有一种滑稽的喜剧效果。无声电影时代的播放帧率为 22～26 帧/s。1932 年,24 fps 和 35 mm 胶卷一同成为国际通行的电影行业标准。因为当时胶卷的感光能力都比较弱,拍摄更高帧频意味着单张图像的曝光时间更短,画面的质感会因为曝光不充分而下降。如果把 48 帧/s 拍摄的电影按照 24 帧/s 播放那就是慢镜头。现在有些电影采用 48 帧/s(或 60 帧/s)拍摄和放映,是为了追求更顺畅的画面流畅度和动作清晰度。

【实验操作及演示现象】

(1)当圆筒静止的时候,从圆筒往里看,看到马奔跑时不同跑姿的静止图像;

(2)双手转动圆筒,透过圆筒的狭长孔观察图像,就能看到一系列连续动画构成的原始电影。

【思考题】

(1)能否在本子上画出不同的连续的静止图像,通过快速翻动本子达到动画的效果呢?

(2)走马灯的叶轮为什么转动,跟现代燃气涡轮机有哪些相同之处?

实验 5.7　笼中鸟——视觉暂留演示

【演示目的】

演示视觉暂留。

【实验装置】

图 5.7.1 所示为笼中鸟演示装置。

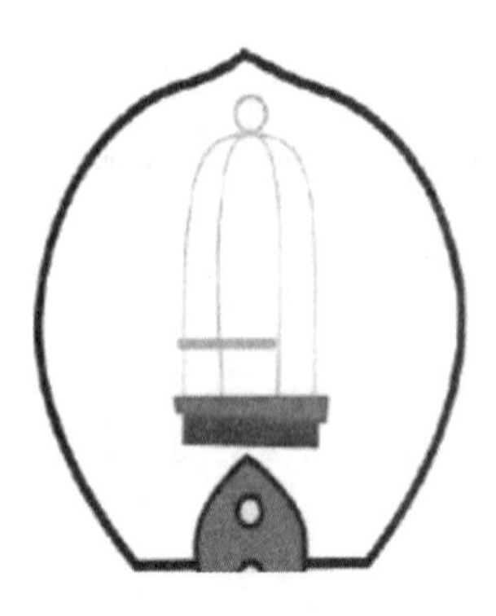

(a)正面“笼”图

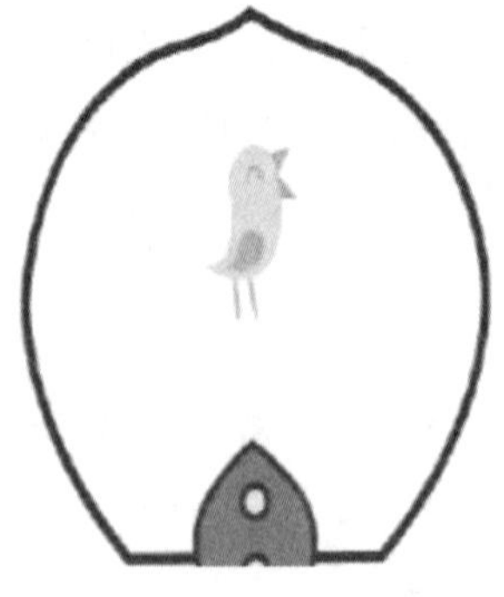

(b)反面“鸟”图

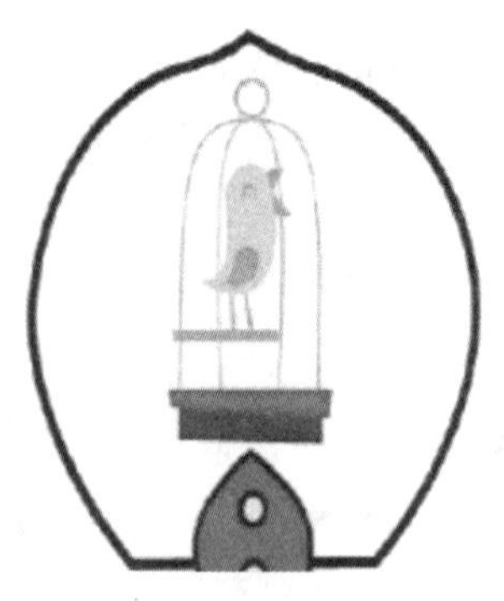

(c)转动效果图

图 5.7.1　笼中鸟演示装置

【演示原理】

“笼中鸟”最初是法国人罗盖在1828年发明的留影盘，它是一个圆盘，盘的一个面画了一只鸟，另一面画了一个空笼子。当圆盘旋转时，人眼快速循环地看到空笼和鸟，若两幅图切换足够快，则会看到鸟在笼子里出现。

笼中鸟利用的是视觉暂留原理，视觉暂留又称“余晖效应”。人眼观看物体时，成像于视网膜上，并由视神经输入人脑，感觉到物体的像。物体在快速运动时，当人眼所看到的影像消失后，视觉形象不会立即消失，而是在大脑中持续留存0.1～0.4 s。当盘的正面“笼”与反面“鸟”的图片依次快速闪现，利用人眼的视觉暂留，欺骗大脑形成连续动作，达到动画效果，仿佛鸟关在笼内。

【实验操作及演示现象】

(1)电源打开前，注意观察仪器卡片两面的画面，一面是只有鸟，一面是只有空着的鸟笼；

(2)打开电源开关，圆盘开始旋转，即可看到鸟在笼子里。

【思考题】

视觉暂留还在哪些实验中有应用？

实验 5.8　菲涅尔透镜

【演示目的】

了解菲涅尔透镜。

【实验装置】

图 5.8.1 所示为菲涅尔透镜装置图。

图 5.8.1　菲涅尔透镜装置图

【演示原理】

菲涅尔透镜是由法国物理学家菲涅尔发明的。其工作原理十分简单，如图 5.8.2 所示，正入射平行平板不会改变光线的传播方向，因为透镜表面多出的部分光线产生了弯折，完全拿掉尽可能多的光学材料的平行平板部分，而保留表面弯曲的部分，同样可以实现光线的弯折现象。

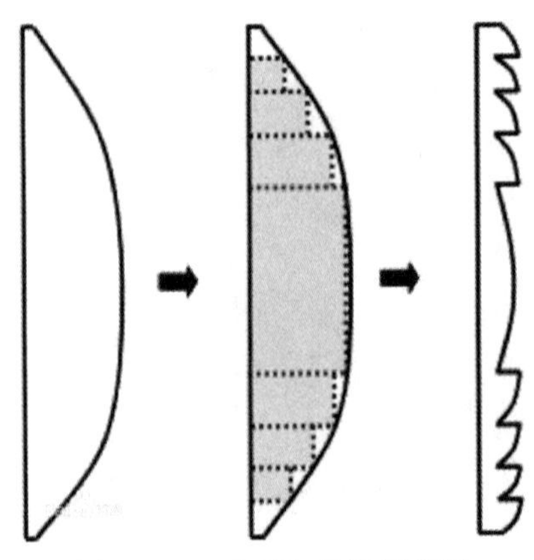

图 5.8.2　菲涅尔透镜原理图

菲涅尔透镜多是由聚烯烃材料注压而成的薄片，也有用玻璃制作的，镜片表面一面为光面，另一面刻录了由小到大的同心圆。传统的打磨光学器材造价昂贵，菲涅尔透镜可以极大地降低成本。菲涅尔透镜透过的光线不仅比普通透镜的亮度高，还可以使透过它的整束光线在各个部位的亮度都相对一致。

菲涅尔透镜广泛用于投影显示、太阳能光伏、摄影聚光灯、放大镜、航海灯塔、激光检测系统、红外探测、汽车与交通照明、安防系统等。

现在市场上销售的手机屏幕放大器其实就是方形的菲涅尔透镜，可以将画面放大，不仅看得更清楚了，也少了传统透镜的部分像差，而且看 3D 手机电影效果更逼真。但由于螺纹效应所产生的光圈效应，手机屏幕放大器会产生图像色彩失真。

【实验操作及演示现象】

（1）拿起菲涅尔透镜看近处的物体，发现可以将它当成放大镜使用。不要忘了感受一下它的重量，想想要是一个同样大小的传统透镜，得用双手托着了。

（2）如果赶上晴朗的天气，把菲涅尔透镜拿到户外，地上放一张纸，通过透镜将阳光聚焦在纸上，迅速点燃纸张（纸的点燃温度约 130℃），要是放一根火柴（火柴中使用的红磷，燃点260℃左右）在地上，火柴几秒就点燃了。

【注意事项】

（1）菲涅尔透镜放在远离可燃物的地方，预防室内照明引起火灾。

（2）不要用手或者其他物件擦拭菲涅尔透镜表面，造成光的散射（可以用水沿沟槽方向冲洗，再用脱脂棉擦干）。

（3）菲涅尔透镜是塑料制品，禁止用酒精和其他任何有机溶剂清洗。

【思考题】

（1）怎么修正菲涅尔透镜的色散？

（2）菲涅尔透镜和菲涅尔波带片的区别是什么？

（3）菲涅尔透镜为什么对光强的汇聚效率要高于传统透镜？

（4）牛顿做过色散实验，色散是用一个三棱镜来完成的，不同波长的光沿着不同的方向发生偏折。那能不能也像菲涅尔透镜一样，把多余的传统光学材料去掉，做一个“平板”“三棱镜”？

实验 5.9　显微镜下的世界

【演示目的】

(1)看到显微镜下的神奇世界;

(2)了解显微镜的原理。

【实验装置】

图 5.9.1 所示是数码显微镜。

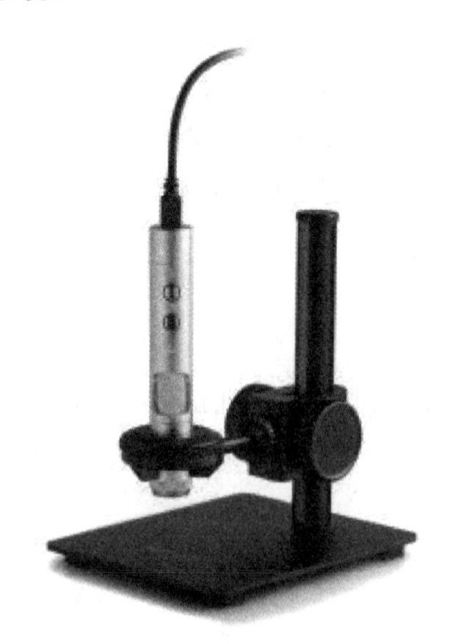

图 5.9.1　数码显微镜

【演示原理】

最早的显微镜是 1590 年荷兰眼镜工匠扎卡莱亚斯·詹森和他的父亲汉斯·詹森用两片透镜制作的简易的显微镜。1610 年前后,意大利的伽利略和德国的开普勒在研究望远镜的同时,改变物镜和目镜之间的距离,得出合理的显微镜光路结构,当时的光学工匠纷纷从事显微镜的制造、推广和改进工作。1673—1677 年,虎克制成单组元放大镜式的高倍显微镜,在动、植物机体微观结构的研究方面取得了杰出的成就。1931 年,鲁斯卡成功研制出了电子显微镜,使生物学发生了一场革命,使得科学家能观察到 1×10^{-6} 毫米那样小的物体,1986 年,他被授予诺贝尔奖。

显微镜的基本原理是由待分析样品入射的光被至少两个光学系统(物镜和目镜)放大。首先,物镜产生一个被放大的实像,然后,人眼相当于放大镜的目镜去观察这个已经被放大了的实像,从而实现第二次放大。一般的光学显微镜有多个可以替换的物镜,这样观察者可以根据需求更换放大倍数，也就是改变系统放大倍率，系统放大倍率是由目镜倍率乘以物镜倍率所得。

本演示实验的显微镜型号为 SunTime T240C，是数码测量显微镜，其放大倍率在 40～266 倍之间。

之所以选用数码测量显微镜，主要是考虑它采用高清数字传输模式，速度快，并带有拍照功能，方便检测报告留底，并带有精确的测量功能，CMOS 图像传感器采用消影功能，成像更清晰、画质细腻、色彩均匀，使用方便。它可以让我们对微观领域的观察和研究从传统的普通双眼观察转变到通过显示器上再现，从而提高了工作效率，减少眼睛疲劳。

显微镜下万花筒般的色彩，或许只有外太空星系能够与之相媲美，显微镜最妙不可言的地方在于，它所展示的世界绝大多数的人都不曾见过，放大的神奇世界总是带给我们很多的惊喜！

图 5.9.2 所示是实验室一些标本的显微照片。图 5.9.3 所示是神奇的自然界显微照片。

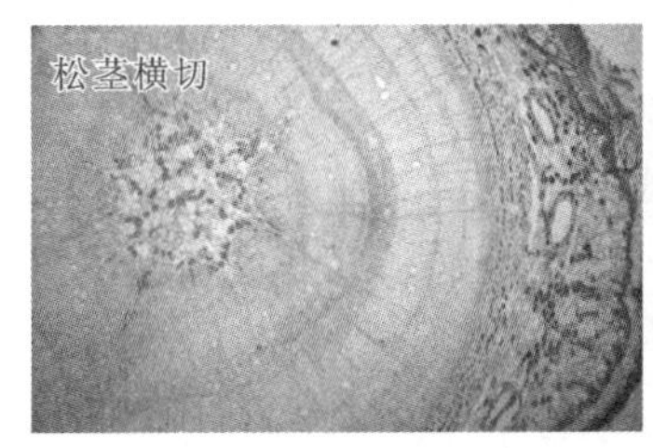

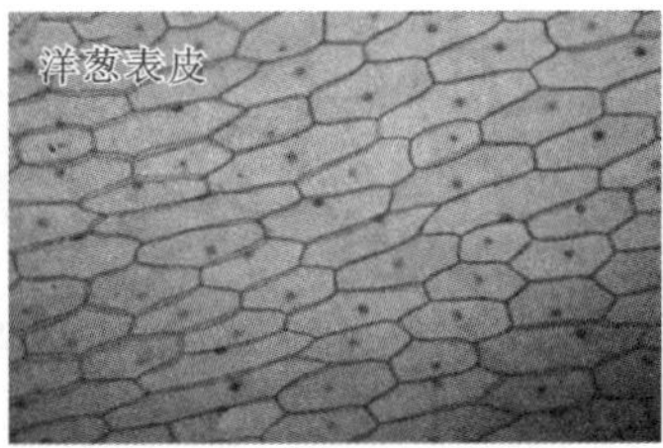

图 5.9.2 显微镜下的神奇世界(标本照片一)

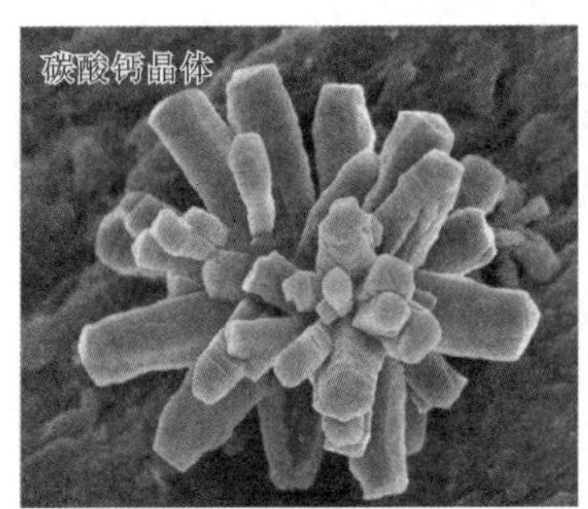

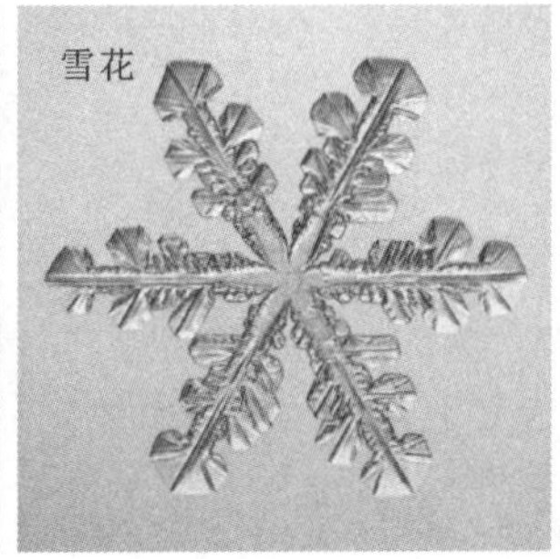

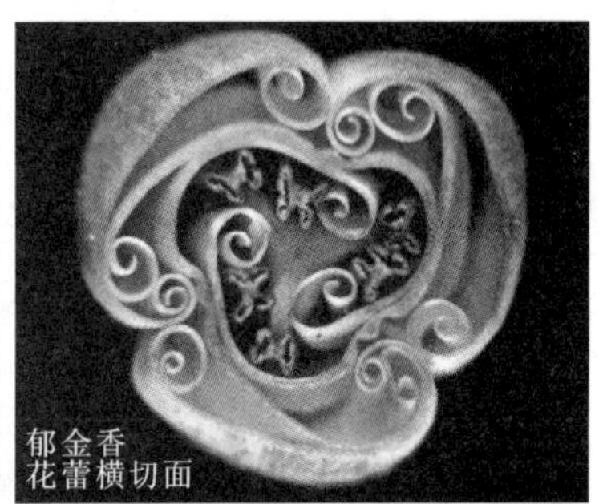

图 5.9.3 显微镜下的神奇世界(标本照片二)

【实验操作及演示现象】

(1)笔记本电脑安装好驱动软件，与数码显微镜相连。

(2)双击启动驱动程序，在菜单界面可配置色差、分辨率、对比度、亮度等参数，一般采用默认配置即可。

(3)放上标本，正对通光孔，上下微调调焦旋钮，可以清晰地观察到标本的显微照片。

(4)在菜单界面先选择“拍照”按键拍照，再选择“保存”按键保存照片。

(5)随心选择你想看的物品(如一根头发等)，放在载玻片上，看看它的显微照片，操作同(3)、(4)。

【注意事项】

(1)使用数码显微镜进行观察的时候,一定要注意不能把聚光镜或者视场光栏调节得过大或者过小,或者把位置调整得过高或者过低,都不会得到更好的分辨率和锐利度佳的视场图像。

(2)数码显微镜40倍或者100倍镜头的工作距离通常情况下都是非常短的,如果操作不当很有可能会损伤高倍镜。为此,不仅使用的时候需要按照正确的方式,还需要养成良好的使用习惯加以保护,才能够不影响测量效果。

(3)潮湿和灰尘对数码显微镜的影响是非常大的,所以对其放置的方式以及地方的选择一定要有足够的重视,只有这样才能够大限度地延长其使用寿命。

【思考题】

(1)当观察的时候,在低倍镜下物像清晰,一旦转为高倍镜,为什么不能观察到物像?

(2)通过参观实验室的显微照片和亲眼目睹显微画面,你对这个神奇的世界有什么感受?

B　光的干涉类

光的干涉是物理学中一个核心概念，尤其在光学领域中，它是基于光的波动性原理，描述两束或多束光波在空间中相遇时，由于它们的振动叠加而形成的新光场分布现象。当这些光波的频率相同或相近、振动方向一致，并且相位上有一定的相关性时，就会出现明暗相间的干涉条纹或模式，这是因为光波在重叠区域增强了某些地方的强度（形成明亮区域，即相长干涉），同时在其他地方相互抵消或减弱（形成暗区，即相消干涉）。1801年，托马斯·杨在著名双缝实验中首次验证了光的干涉现象，这一实验表明光确实具有波动性，而非当时普遍认为的微粒说。通过光的干涉实验和技术，我们可以精确测量光的波长，测定物质的折射率，构建高分辨率的干涉仪，以及实现很多精密光学测量和应用，例如在光纤通信、激光技术、光学薄膜、计量学等领域都有着广泛的应用。

实验 5.10　显微镜观察牛顿环与劈尖的干涉

【演示目的】

(1)观察光波的两种等厚干涉现象——牛顿环、劈尖干涉；

(2)通过实验加深对等厚干涉原理的理解。

【实验装置】

图 5.10.1 所示是读数显微镜装置，图 5.10.2 所示是牛顿环与劈尖装置。

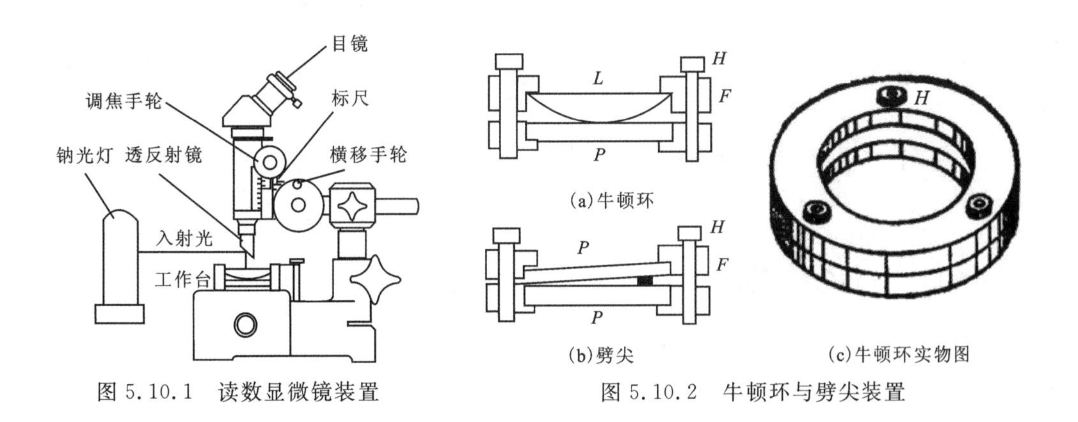

图 5.10.1　读数显微镜装置

图 5.10.2　牛顿环与劈尖装置

【演示原理】

1. 牛顿环

牛顿环是牛顿于1675年首先观察到的。牛顿在光学中的一项重要发现就是“牛顿环”，这是他在进一步考察胡克研究的肥皂泡薄膜的色彩问题时提出来的。将一块曲率半径较大[牛顿用的是92英寸(1英寸=2.54 cm)，即233.68 cm]的平凸透镜放在一块玻璃平板上，如图5.10.3所示，用单色光照射透镜与玻璃板，就可以观察到一些明暗相间的同心圆环，如图5.10.4所示。即用水代替空气，从而观察到色环的半径将减小。他不仅观察了白光的干涉条纹，之后，牛顿在平凸透镜和玻璃平板之间的空隙里装满水，还观察了单色光所呈现的明间相间的干涉条纹。

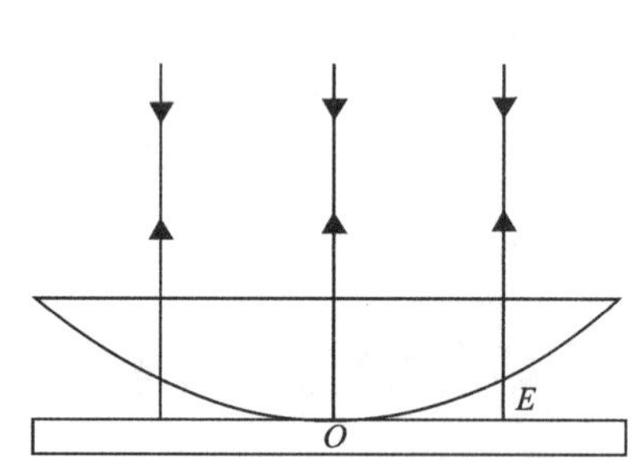

图5.10.3　牛顿环的结构示意图

图5.10.4　牛顿环干涉图样

事实上，牛顿环实验是光的波动说的有力证据之一，但牛顿与发现光的波动性失之交臂，直到19世纪初，英国科学家托马斯·杨才用光的波动说圆满地解释了牛顿环实验。

如图5.10.3所示，空气层厚度e是由平凸透镜的凸表面弯曲引起的，对应的光程差δ为：

$$\delta = 2e + \frac{\lambda}{2} \tag{5.10.1}$$

式中，$\lambda/2$为光在下表面反射时产生的半波损失，对应e处距圆心O的距离r可以近似表示成：

$$e = \frac{r^2}{2R} \tag{5.10.2}$$

按照光的干涉条件，明条纹满足：

$$\delta = \frac{r^2}{R} + \frac{\lambda}{2} = k\lambda \qquad r_k^2 = (2k-1)\frac{\lambda R}{2} \qquad k=1,2,3,\cdots \tag{5.10.3}$$

空气层厚度e相同的地方，对应同样级次的干涉条纹，所以称牛顿环是等厚干涉。而暗条纹满足：

$$\delta = \frac{r^2}{R} + \frac{\lambda}{2} = (2k+1)\frac{\lambda}{2} \qquad r_k^2 = k\lambda R \qquad k=1,2,3,\cdots \tag{5.10.4}$$

可见，交替出现的1级明纹、1级暗纹、2级明纹、2级暗纹等，其r^2分别是$\lambda R/2$的1倍、2倍、3倍、4倍等，构成1、2、3、4、5、6…简单算术级数，与牛顿当初的观察完全吻合；随着r增加，干涉条纹(圆环)愈来愈密(图 5.10.4)。

2. 劈尖干涉

劈尖干涉的装置如图 5.10.5 所示，两块平面玻璃一端接触，另一端被微小物体垫起，中间形成一个空气劈尖。当平行单色光垂直入射到玻璃板上，在上玻璃的下表面反射的光与下玻璃上表面反射的光存在光程差，就会产生干涉，光在下玻璃的上表面反射时产生的半波损失，光程差为 $\delta=2e+\lambda/2$，其中 e 是劈尖厚度，e 相等之处，形成同级的干涉条纹，所以劈尖干涉也是等厚干涉。从接触端起始，劈尖的厚度沿着长度方向成正比增大，所以呈现了一种等间隔的明暗相间的平行直条纹，劈尖棱边处由于半波损失存在，形成暗纹。

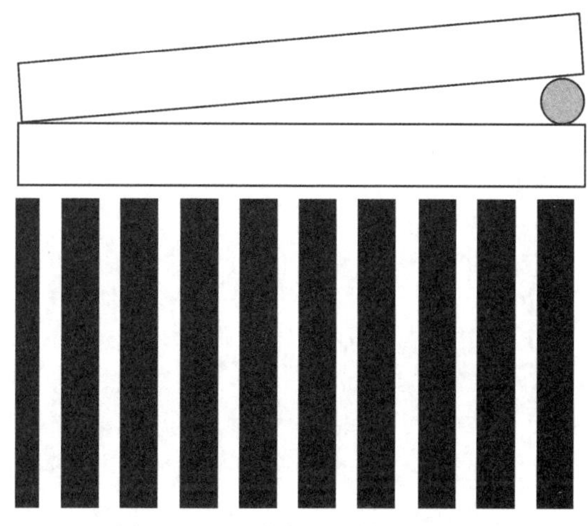

图 5.10.5　劈尖干涉装置及图样

【实验操作及演示现象】

(1)手拿牛顿环装置，在普通照明灯上观察，可以看到中间有个暗斑，那就是牛顿环。

(2)将牛顿环装置放在显微镜载物台上，点亮钠光灯，调整钠光灯位置，使显微镜的视野明亮，先调目镜使目镜中十字叉丝清晰，并转动目镜，使一根叉丝垂直于标尺，再调节调焦手轮，直到看清牛顿环。

(3)调节横移手轮，观察牛顿环的图像，随着 r 增加，干涉条纹(圆环)愈来愈密，而中心是暗纹。

(4)用劈尖取代牛顿环，将劈尖放入显微镜下，调整劈尖装置的方向，使干涉条纹与目镜中的纵叉丝平行。同上(2)中的方法调节显微镜，直到看见干涉条纹、纸条边沿、两玻璃片的接触端(此处应可看见玻璃片端面)三者是否大体上相互平行；调节横移手轮，观察劈尖干涉条纹，应呈现了一种等间隔的明暗相间的平行直条纹。

【思考题】

(1)为什么等厚干涉原理分析中不考虑入射光在平凸透镜上的表面反射光和下表面反射光之间的干涉？

(2)在读数显微镜的目镜中，可能看到视域内亮度不均匀，是什么原因造成的？如何调整？

(3)劈尖干涉可应用到哪些方面？如何应用于检验一个平面的平面度？

(4)牛顿环、劈尖干涉产生相干光的方法是属于分波面法还是分振幅法？

实验 5.11　肥皂薄膜的干涉

【演示目的】

(1)了解等倾干涉原理;

(2)观察白光照射肥皂膜所产生的美丽的彩色条纹带,总结相关规律。

【实验装置】

装置包括液体槽和各种形状的不锈钢丝框,如图 5.11.1 所示。

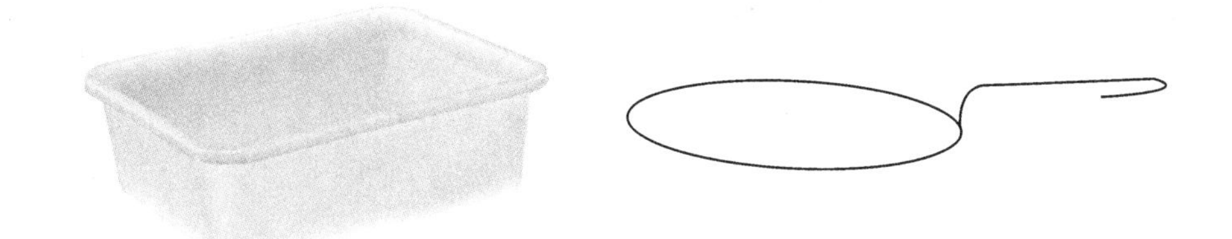

图 5.11.1　肥皂液槽和不锈钢丝框

【演示原理】

水泡是由于水的表面张力而形成的。这种张力是物体受到拉力作用时,存在于其内部而垂直于两相邻部分接触面上的相互牵引力。水面的水分子间的相互吸引力比水分子与空气之间的吸引力强。这些水分子就像被黏在一起一样。但如果水分子之间过度黏合在一起,泡就不易形成了。肥皂"打破"了水的表面张力,它把表面张力降低到只有通常状况下的 1/3,而这正是形成泡所需的最佳张力。

早在牛顿时代,就有英国科学家胡克研究过肥皂膜光的干涉现象,他观察肥皂液形成的薄膜和云母片的颜色,发现它们的颜色跟肥皂膜的厚度和云母的厚度有关,他说"当光落在一个透明薄膜上时,薄膜的前后两表面都要发生反射,从而共同产生薄膜颜色的效应"。胡克是光的波动学说的忠实支持者,他认为光的传播与水波的传播相似,并进一步提出了光波是横波。

如图 5.11.2 所示,透明的肥皂薄膜在单色光的照射下,两个表面的反射光 1、2 会产生干涉,薄膜厚度为 e,薄膜折射率为 n,入射角为 i(也称倾角),折射角为 r,两束反射光的光程差为:

$$\delta = n(\overline{AB} + \overline{BC}) - \overline{AD} + \frac{\lambda}{2} = 2e\sqrt{n^2 - \sin^2 i} + \frac{\lambda}{2} \tag{5.11.1}$$

按照光的干涉条件,明条纹满足:

$$\delta = k\lambda \tag{5.11.2}$$

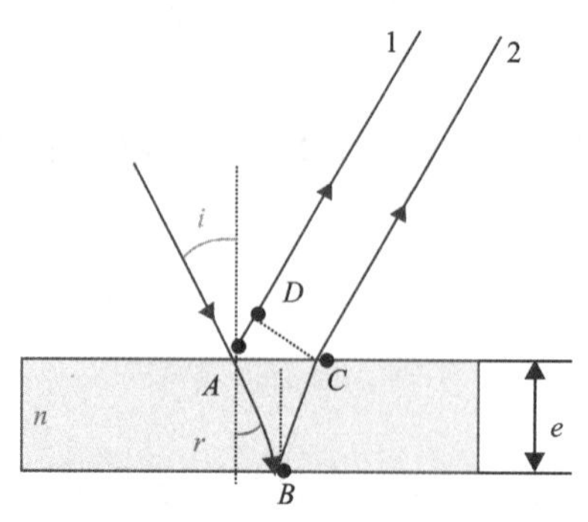

图 5.11.2 薄膜的干涉

暗条纹满足：

$$\delta=(2k+1)\lambda/2 \tag{5.11.3}$$

由式(5.11.1)～式(5.11.3)可以看出，倾角 i 相同的光线对应同一条干涉条纹，所以薄膜干涉条纹被称为等倾条纹。当 $i=0$，即垂直入射情况下，光程差最大，条纹级次最高，两束反射光汇聚(两束平行反射光通过眼球汇聚在视网膜一点)正中；随着 i 增大，光程差减小，条纹级次降低，i 越大，级次越低，同时两束反射光汇聚越向外，所以条纹级次从里向外依次较低；整个条纹间隔内疏外密。

当膜厚变化时，从一定方向观察干涉条纹(也就是 i 一定)，条纹的移动如下：

(1)正视薄膜，也就是 $i=0$ 时，假设我们正好看到的条纹中心是 k 级明纹；随着 e 的增大，δ 随之增大，如增大到 λ 下一个整数倍 $k+1$，这时候我们在中央区间看到了 $k+1$ 级明纹，而原先的 k 级向外移动；e 继续增大，我们会看到条纹不断从中心涌出，原先在中心的条纹向外扩张，直至“涌出”。

(2)当随着 e 的减少，δ 也减小，同上假设我们正视薄膜，刚好看到的条纹中心是 k 级明纹，如减小到 λ 整数倍 $k-1$，这时候我们在中央区间看到了 $k-1$ 级条纹，而原先的 $k-1$ 级是条纹紧靠中央区域的一级明纹，现在移动到中心了；e 继续减小，我们会看到条纹不断从外向中央区域汇聚而“湮灭”。

在白光(太阳光)照射下，由于太阳光是复色光，可见光的波长在 3900～7600Å 之间，不同的波长在肥皂泡的一定位置满足不同的干涉条件，某些波长(颜色)干涉加强(明条纹)，有些波长干涉相消(暗条纹)，也就是肥皂泡出现彩色斑纹；而又由于肥皂泡薄膜不同地方有不同厚度，就会在泡的不同点出现不同的颜色，整个肥皂泡看上去五颜六色，在阳光的照耀下，十分美丽。

在重力影响下，随着肥皂泡薄膜在空气中的蒸发，肥皂膜厚度从上到下变化，薄膜颜色也随之改变；如膜厚度减少到 $\delta_{\max}=2ne+\lambda/2$(在 $i=0$ 时)小于 λ，即 $e<\lambda/(4n)$，其中 λ 在整个可见光(3900Å～7600Å)区间，肥皂泡不再有任何一种可见光干涉加强，这时候，肥皂泡变暗，直到挥发至破灭。

【实验操作及演示现象】

(1)肥皂液的配制。用蒸馏水(或自来水)，在其中加入高泡沫洗衣粉，比洗衣服的浓度稍浓一点，达饱和状态，再加入少量甘油，用铁丝框拉成肥皂膜；

(2)在白光照射(若是晴天在户外即可)下观察肥皂膜所产生的美丽的彩色条纹带，具体步骤是：用一个铁丝框浸到肥皂液里，轻轻拉起来，形成一个肥皂薄膜。把它竖直放置，在重力作用下，肥皂膜成为上薄下厚的尖劈状。在白光照射下就可以看到美丽的彩色干涉条纹带。当肥皂液慢慢流下时，可以看到彩色条纹带在由窄变宽。

记住一个结论：同一级条纹，颜色靠近红色的薄膜较厚，靠近蓝色的较薄。仔细观察肥皂膜颜色的改变，原来是偏红色的，变成黄色，那就是薄膜在变薄；如果看到整个肥皂膜显示出蓝色，那就是接近破灭了；直到变暗，那就是马上要破灭了。

(3)用 He－Ne 激光扩束照射肥皂膜，就可以看到明暗相间的干涉条纹，而且看到级次增多。如果你能联想到同一级条纹具有相同的光程差，而光程差与薄膜厚度和入射光的倾角相关，那你看到的不同条纹，实际对应着肥皂膜不同位置还有不同的厚度。

【注意事项】

在肥皂液中加入甘油可以增加肥皂膜的弹性，使之不易破碎，但过多的甘油会使条纹不稳定，且无规律。因此，甘油的用量不宜过多，应以肥皂膜维持 2～3 min 为宜。

【思考题】

(1)为什么肥皂膜的干涉条纹稳定后，条纹总是在薄膜的下方，上方几乎没有干涉条纹？

(2)如果在室内做实验，采用透镜把肥皂泡干涉图像投影到墙面上，可观察到肥皂膜透射光的干涉，它有什么特点？

实验 5.12 肥皂膜的干涉(帘式)

【演示目的】

利用帘式肥皂膜演示光的干涉现象。

【实验装置】

帘式肥皂膜演示装置如图 5.12.1 所示。

图 5.12.1 帘式肥皂膜演示仪

【演示原理】

在重力作用下,肥皂膜呈上薄下厚的尖劈状。根据实验 5.11 所述,当白光照射肥皂膜时,可以看到美丽的彩色干涉条纹。

【实验操作及演示现象】

(1)在液槽中配好肥皂液,使肥皂液淹没拉膜杆。使用前将肥皂液搅匀。

(2)拉膜杆全部浸在液槽中,轻轻拉起,拉成一个 850 mm×700 mm 的大肥皂膜,肥皂膜面垂直地面,在重力作用下肥皂膜呈上薄下厚的尖劈状。

(3)如用单色光照射肥皂膜,能看到明暗相间的干涉条纹。

【注意事项】

帘式肥皂膜的细绳一定轻拉轻放,以免拉断细绳。

【思考题】

(1)为什么肥皂膜成膜初期,膜上的干涉条纹无规律或不稳定?

(2)肥皂膜干涉纹产生相干光的方法是属于分波面法还是分振幅法?

实验5.13　用迈克尔逊干涉仪演示等倾、等厚干涉条纹

【演示目的】

(1)了解迈克尔逊干涉仪的结构；

(2)了解迈克尔逊干涉仪的工作原理；

(3)进一步理解等倾干涉和等厚干涉。

【实验装置】

装置包括迈克尔逊干涉仪(图5.13.1)、钠灯、针孔屏、毛玻璃屏、He-Ne激光器。

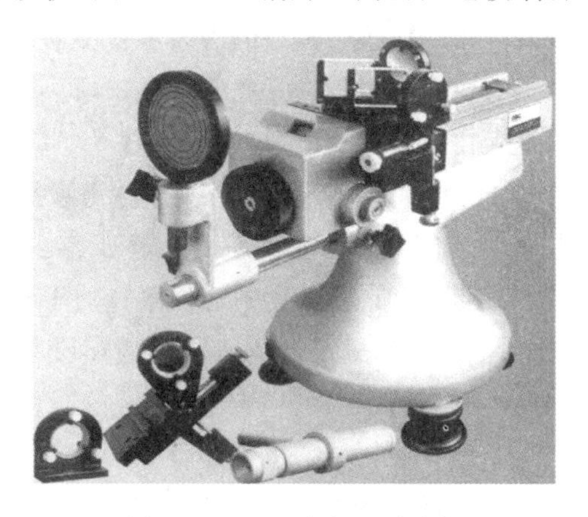

图5.13.1　迈克尔逊干涉仪

【演示原理】

迈克尔逊干涉仪是光学干涉仪中最常见的一种，其发明者是美国物理学家迈克尔逊。1881年迈克尔逊和莫雷合作，为研究“以太”漂移而设计制造出来的精密光学仪器。它是利用分振幅法产生双光束以实现干涉。在近代物理和近代计量技术中有着重要地位。例如，在光谱线精细结构的研究和用光波标定标准米尺，甚至用于引力波探测，迈克尔逊干涉仪都有着重要的应用。现在，利用该仪器的原理，还研制出多种专用干涉仪。

图5.13.2是迈克尔逊干涉仪的光路示意图，图中M_1和M_2是在相互垂直的两臂上放置的两个平面反射镜，其中M_1是固定的，M_2由精密丝杆控制，可沿臂轴前、后移动，移动的距离由刻度转盘(由粗读和细读2组刻度盘组合而成)读出。在两臂轴线相交处，有一与两轴成45°角的平行平面玻璃板G_1，它的第二个平面上镀有半透半反的银膜，以便将入射光分成振幅接近相等的反射光(1)和透射光(2)，故G_1又称为分光板。G_2也是平行平面玻璃板，与G_1平行放置，厚度和折射率均与G_1相同。由于它补偿了光线(1)和(2)因穿越G_1次数不同而产生的光程差，故称为补偿板。

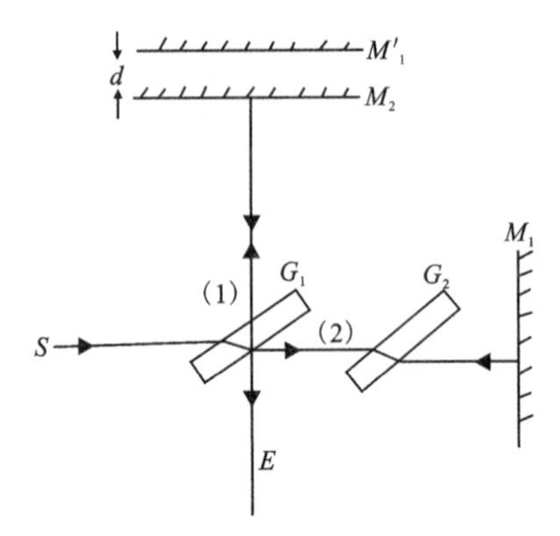

图 5.13.2 迈克尔逊干涉仪光路示意图

从扩展光源 S 射来的光在 G_1 处分成两部分，反射光(1)经 G_1 反射后向着 M_2 前进，透射光(2)透过 G_1 向着 M_1 前进，这两束光分别在 M_2、M_1 上反射后逆着各自的入射方向返回，最后都达到 E 处。因为这两束光是相干光，因而在 E 处的观察者就能够看到干涉条纹。

由 M_1 反射回来的光波在分光板 G_1 的第二面上反射时，如同平面镜反射一样，使 M_1 在 M_2 附近形成 M_1 的虚像 M'_1，因而光在迈克尔逊干涉仪中自 M_2 和 M_1 的反射相当于自 M_2 和 M'_1 的反射。由此可见，在迈克尔逊干涉仪中所产生的干涉与空气薄膜所产生的干涉是等效的。

当 M_2 和 M'_1 平行时(此时 M_1 和 M_2 严格互相垂直)，将观察到环形的等倾干涉条纹。一般情况下，M_1 和 M_2 形成一空气劈尖，因此将观察到近似平行的干涉条纹(等厚干涉条纹)。

用波长为 λ 的单色光照明时，迈克尔逊干涉仪所产生的环形等倾干涉圆条纹的位置取决于相干光束间的光程差，而由 M_2 和 M_1 反射的两列相干光波的光程差为

$$\delta=2d\cos i \tag{5.13.1}$$

式中，i 为反射光(1)在平面镜 M_2 上的入射角。对于第 k 条纹，则有

$$2d\cos i_k=k\lambda \tag{5.13.2}$$

当 M_2 和 M_1' 的间距 d 逐渐增大时，对任一级干涉条纹，例如 k 级，必定是以减少 $\cos i_k$ 的值来满足式(5.13.2)的，故该干涉条纹间距向 i_k 变大($\cos i_k$ 值变小)的方向移动，即向外扩展。这时，观察者将看到条纹好像从中心向外"涌出"，且每当间距 d 增加 $\lambda/2$ 时，就有一个条纹涌出。反之，当间距由大逐渐变小时，最靠近中心的条纹将一个一个地"陷入"中心，且每陷入一个条纹，间距的改变亦为 $\lambda/2$。

因此，当 M_2 镜移动时，若有 N 个条纹陷入中心，则表明 M_2 相对于 M_1 移近了

$$\Delta d=N\frac{\lambda}{2} \tag{5.13.3}$$

反之，若有 N 个条纹从中心涌出来，则表明 M_2 相对于 M_1 移远了同样的距离。

激光器发出的光，经凸透镜 L 后汇聚于 S 点。S 点可看作一点光源，经 G_1(G_1 分光板未画出)、M_1、M'_2 的反射，也等效于沿轴向分布的 2 个虚光源 S'_1、S'_2 所产生的干涉。因 S'_1、S'_2 发出的球面波在相遇空间处相干，所以观察屏 E 放在不同位置上，则可看到不同形状的干涉条纹，故称为非定域干涉。当 E 垂直于轴线时(图 5.13.3)，调整 M_1 和 M_2 的方位也可观察到等倾、等厚干涉条纹。

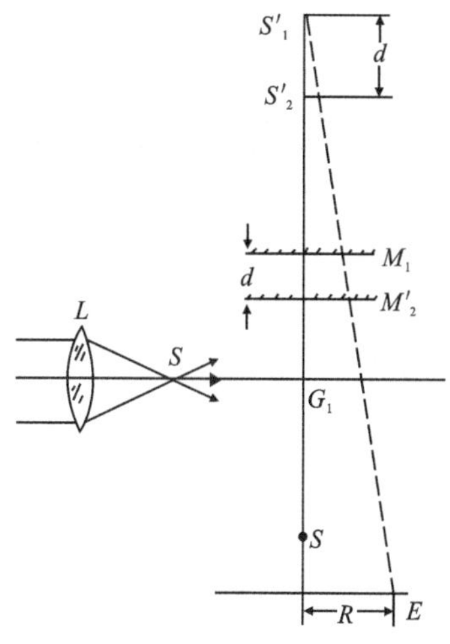

图 5.13.3 点光源非定域干涉

【实验操作及演示现象】

(1)打开激光器电源,调整 He－Ne 激光器激光的出射方向,在毛玻璃屏上观察分光的板上有几个像点,适当移动迈克耳逊干涉仪和调节平面镜背后的螺丝,使毛玻璃屏上能看到两组像点相重合。在光路中放入扩束镜,观察毛玻璃屏上出现的现象,细致地调节平面镜背后的螺丝,直到 M_1 和 M'_2 严格平行,在屏上出现等倾干涉条纹。

(2)观察等倾干涉条纹的规律:通过微调旋钮移动 M_1,观察等倾条纹陷入或者冒出,涌出是薄膜变厚,湮灭是薄膜变薄,根据旋钮移动方向,判断你使用的仪器 M'_1 是在 M_2 的前面还是后面。

(3)观察等厚干涉条纹:调节平面镜后的螺丝,使 M'_1 和 M_2 之间形成很小的夹角,观察平行的等间距的等厚干涉条纹。

【注意事项】

(1)迈克尔逊干涉仪系精密光学仪器,使用时应注意防尘、防震;

(2)不能触摸光学元件的光学表面;不要对着仪器说话、咳嗽,以免唾沫飞溅,污染光学面。

(3)实验时动作要轻、要缓,尽量使身体部位离开实验台面,以防震动。

【思考题】

(1)调节迈克尔逊干涉仪时看到的亮点为什么是两排,而不是两个?两排亮点是怎样形成的?

(2)实验中毛玻璃起什么作用?

(3)为什么当 M_1 和 M_2 严格互相垂直时,观察的是等倾干涉?倾角如何产生?

实验 5.14　散射光干涉演示装置

【演示目的】

加深对光的干涉的理解，观察散射白光的干涉。

【实验装置】

散射光干涉演示原理如图 5.14.1 所示，主要包括一个直径 800 mm 的凹球面 A、黏贴于凹球面上的经过抛光可形成散射中心的聚酯铝薄膜 B、12 V50W 白光点光源灯 D、高为 1400～1800 mm可调节的金属支架 C。

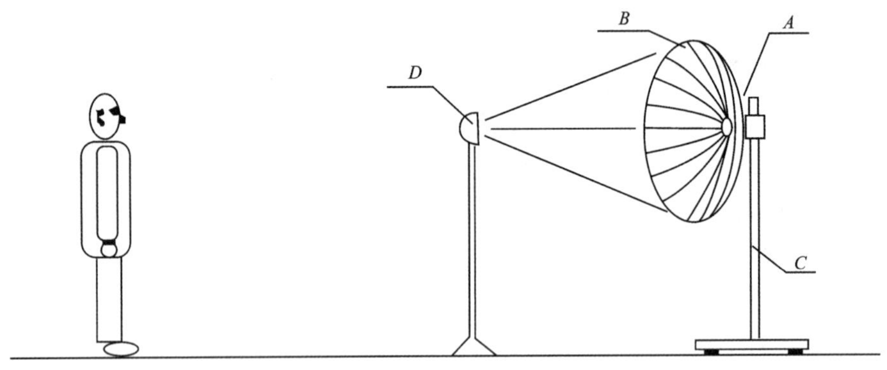

图 5.14.1　散射光干涉演示装置原理图

【演示原理】

频率相同、振动方向相同、相位差恒定的两列光为相干光。当几列相干光在相同的区域中相遇时，就会产生干涉现象。有的地方干涉加强，看起来较亮；有的地方干涉减弱，看起来较暗。于是形成明暗相间的干涉图像。明暗位置与产生干涉的光的波长有关。因此，白光形成的干涉图像一般是彩色的。

散射光干涉演示装置是一种简单而实用的白光干涉仪。一般用白光很难看到干涉现象，特别是在大教室内演示白光的干涉现象十分困难，但此实验可以观察到散射光的干涉。

先将凹面从金属支架上拿下，把光源 D 支架安在金属支架上，再将凹面 A 固定在支架上，调整 C 将凹球面中心置于约 1.50 m 高处，调节点光源 D 的高度和位置使其位于凹球面球心，打开点光源的电源，使发出的光照射在凹球面聚酯铝薄膜上，观察者站在远离球面中心的适当地方，视线经过点光源向凹球面中部看去，就可以看到在过点光源的竖直平面上有 4～5 条彩色散射干涉环，人眼左右稍微移动，可以看到彩色圆环的连续移动，变成彩色弧线。

散射光干涉形成的原理是薄膜干涉。当一个点光源发出的光投射到厚度均匀的薄膜上时，入射光将会反射和折射。在从光源 D 到凹球面 A 的中心处为圆心的同心圆上，反射光束与折射光束的光程差相同，当 $\delta=k\lambda$ 时，出现干涉加强。白光是复色光，在特定的方向上对特定的 λ 出现干涉加强，其他 λ 干涉相消，观察者将从该方向看到干涉加强的光的颜色，观察方向稍微变化，相应的条纹颜色也随之改变。

【实验操作及演示现象】

(1)先将凹面从金属支架上拿下，把光源支架安在金属支架上，再将凹面固定在支架上。将凹球面中心置于约 1.50 m 高处，调节点光源上下高度和位置使其位于凹球面球心处，打开电源使光源发出的光照射在凹球面聚酯铝薄膜上。

(2)观察者站在远离凹球面球心的适当位置，视线过点光源向凹球面中部看去，就可以看到在过点光源的竖直平面上有 4～5 条彩色散射干涉环。

【注意事项】

射灯容易摔坏，注意放置牢固。

【思考题】

解释彩虹的形成原因。

C　光的衍射类

光在传播过程中，遇到障碍物或小孔时，光将偏离直线传播的路径而绕到障碍物后面传播的现象，叫光的衍射（俗称绕射）。衍射和干涉都是波动的表现，光的衍射和光的干涉同样证明了光具有波动性。

法国的物理学家菲涅尔以惠更斯原理和干涉原理为基础，用新的定量形式建立了惠更斯-菲涅耳原理，完善了光的衍射理论。

实验 5.15　夫琅禾费衍射

【演示目的】

通过演示光遇到单缝、细丝、圆孔、圆屏、十字孔、方孔等障碍物时产生的夫琅禾费衍射，加深对光的衍射的理解，更好地认识光的波动性。

【实验装置】

图 5.15.1 所示为光的衍射演示装置，图 5.15.2 所示为用于光的衍射演示的衍射透光孔。

左侧盒内包含氦氖激光器和转动圆盘

图 5.15.1　光的衍射演示装置

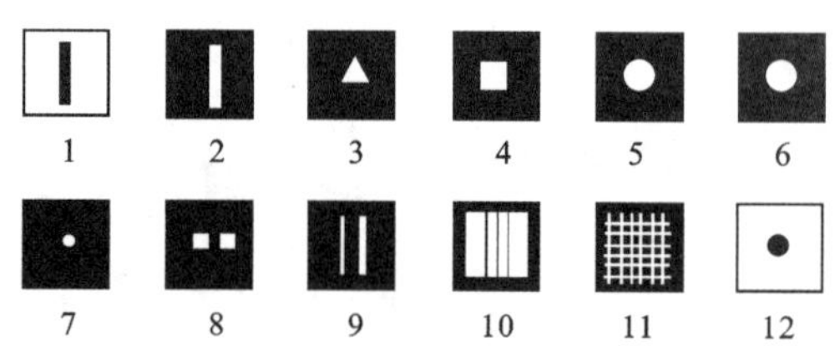

1. 单丝；2. 单缝；3. 三角形孔；4. 正方形孔；5. 六边形孔；6. 八边形孔；7. 圆孔；8. 双正方形孔；9. 双缝；10. 一维光栅；11. 二维光栅；12. 圆屏

图 5.15.2　用于光的衍射演示的衍射透光孔

【演示原理】

光的衍射现象是光的波动性的基本特性之一，它最早由法国的物理学家菲涅尔阐明。菲涅尔生长在那个激荡人心的法国大革命时代，土木工程学校毕业的菲涅尔在政府任工程师之时，把研究光作为一种业余爱好。1815年，菲涅尔向科学院提交了关于光的衍射的第一份研究报告，他观察了来自一个半平面直边的衍射，依靠他的数学技巧，以光波干涉的思想解释惠更斯原理，他对衍射现象提出了一个细致的理论，认为在波的包络面上每一点都发出子波，各子波互相干涉叠加形成新的波前，这不仅决定波的传播方向，还能决定波的强度分布。这一结论完善了惠更斯原理，今并将其完善的原理称为惠更斯-菲涅耳原理。

衍射系统一般是由光源、衍射屏（狭缝、小圆孔、小圆盘、细丝等）和接收屏三部分组成。按它们相互间距离的不同情况，通常将衍射分为两类：一类是衍射屏离光源或接收屏的距离为有限远的衍射，称为菲涅尔衍射；另一类是衍射屏与光源和接收屏的距离都是无穷远的衍射，也就是照射到衍射屏上的入射光和离开衍射屏的衍射光都是平行光的衍射，称为夫琅禾费衍射。

1. 单缝夫琅禾费衍射

如图 5.15.3 所示，让一束单色平行光通过宽度 a 的单缝，缝隙宽度满足衍射条件时（狭缝宽度与波长大致同数量级），观察屏会出现一系列亮暗相间的条纹。根据惠更斯-菲涅尔原理，接收屏上的这些亮暗条纹，是从同一个波前上发出的子波产生干涉的结果，单缝的夫琅禾费衍射条纹的光强分布如图 5.15.4 所示。

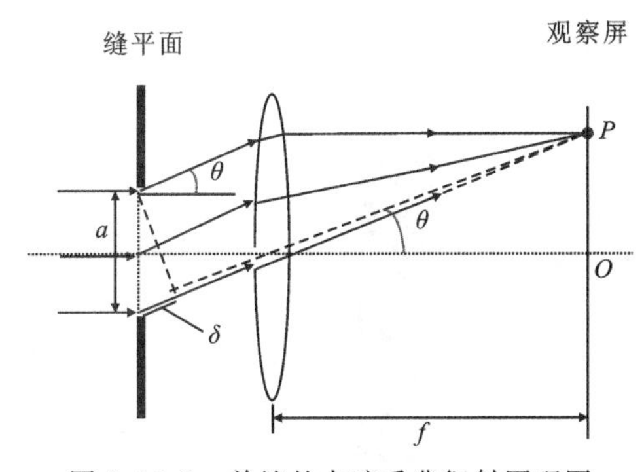

图 5.15.3 单缝的夫琅禾费衍射原理图

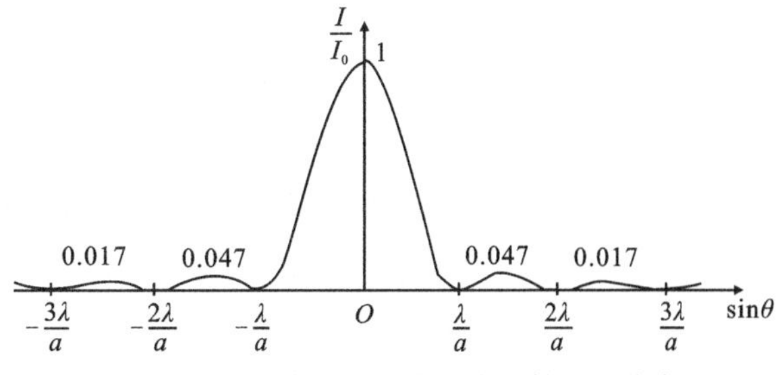

图 5.15.4 单缝的夫琅禾费衍射光强分布

极小值出现的位置是等间距的，满足：

$$a\sin\theta = k\lambda \qquad k=\pm 1,\pm 2,\cdots \tag{5.15.1}$$

极大值出现的位置满足：

$$a\sin\theta=0,\pm 1.43\lambda,\pm 2.46\lambda,\pm 3.47\lambda \tag{5.15.2}$$

2. 圆孔的夫琅禾费衍射

波长为 λ 的平行光垂直照射到直径为 D 的圆孔上，在屏上出现明暗交替的同心环形圆孔衍射花样，如图 5.15.5(c)所示，中央光斑最亮，称为爱里斑。爱里斑的半角宽度为

$$\theta = 1.22\lambda/D \tag{5.15.3}$$

3. 光栅的夫琅禾费衍射

波长为 λ 的平行光垂直照射到光栅常数为 d 的衍射光栅上，当衍射角 θ 满足光栅方程

$$d\sin\varphi = k\lambda \qquad k = 0,\pm 1,\pm 2,\cdots \tag{5.15.4}$$

出现光栅衍射的明条纹。光栅衍射条纹的形状如图 5.15.6 所示

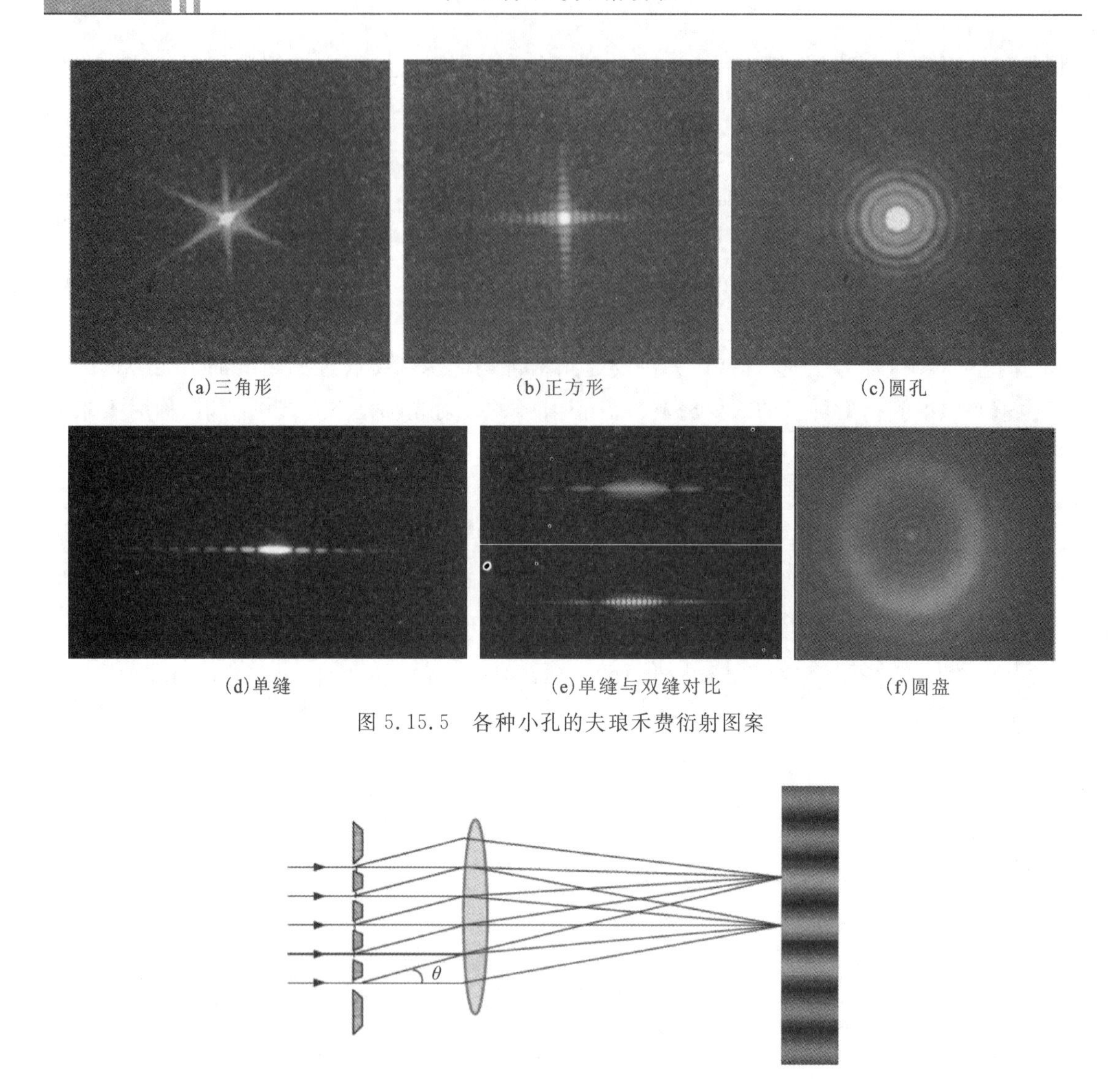

(a)三角形　(b)正方形　(c)圆孔

(d)单缝　(e)单缝与双缝对比　(f)圆盘

图 5.15.5　各种小孔的夫琅禾费衍射图案

图 5.15.6　光栅的夫琅禾费衍射

本实验演示设备是通过不同波长的激光光源照射位于光源与屏之间的衍射屏，衍射屏上有不同形状的孔洞和缝隙，当激光照射到该孔洞或缝隙上时，就会产生对应的衍射图样。

【实验操作及演示现象】

(1)接通电源，打开电源开关，转动圆盘，观察单缝的夫琅禾费衍射图案，如图 5.15.5(d)所示，发现中央明纹宽度是其他明纹的两倍，中央明纹最亮，其他各级明纹的亮度随着级次的增加而减弱。

(2)转动圆盘，单缝换为细丝，接收屏上的夫琅禾费衍射花样和单缝衍射花样相似，虽然细丝和单缝的透光是互补的，但衍射图是一样的。

(3)转动圆盘，换上双缝衍射屏，将显示一排等距离的光斑，同时发现远离中心的光斑光强依次变弱，如图 5.15.5(e)(下图)所示。等间距是两个缝的光相互干涉的结果，光斑强度的变化则是因为每个缝衍射的光强随着远离中心位置不同而不同。

(4)转动圆盘，换上圆孔衍射屏，观察圆孔的夫琅禾费衍射图案，发现中央圆形亮斑，即爱里斑。爱里斑的大小说明平行光透过有限尺寸的透镜后，屏幕上的成像是一个斑而不是一个点，这正是我们眼睛或其他光学仪器分辨物体极限的根源，如果相距很近的不同物体各自成像的爱里斑太近，图像就会重合，导致无法分辨。

(5)转动圆盘，换上三角形孔、正方形孔、六边形孔、八边形孔、双矩孔，观察它们的夫琅禾费衍射图案，发现出现与它们的透光孔图形对称性相当的衍射光斑，如图 5.15.5 所示。

(6)转动圆盘，换上一维光栅，观察它的夫琅禾费衍射图案，发现每个光斑明显变窄，出现锐化现象(因为用激光光束直接照射，没有出现线状)，如图 5.15.7(a)所示。

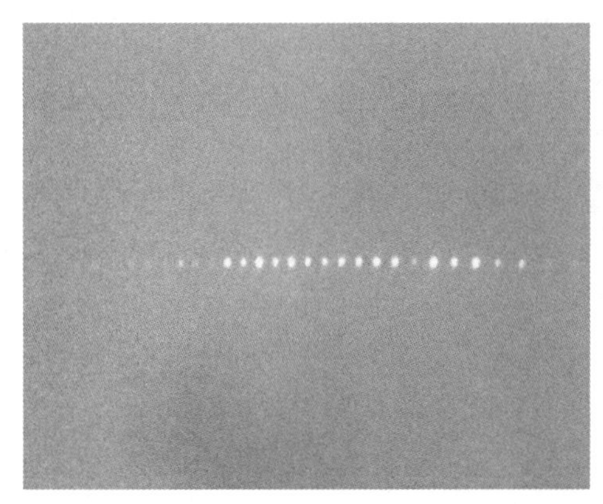

(a)一维光栅

(b)二维光栅

图 5.15.7　各种光栅的夫琅禾费衍射图案

(7)转动圆盘，换上二维光栅，观察它的夫琅禾费衍射图案，发现十分美妙的满天星图案，如图 5.15.7(b)所示。

(8)转动圆盘，换上圆屏，观察到图案中心是一个亮斑，实际上是远场的泊松斑。图案外围的圆形条纹是圆屏边缘的衍射造成的，如图 5.15.5(f)所示。

【注意事项】

(1)请勿直视激光，防止损坏眼睛；

(2)每个小孔是用磁体固定，若不同心请细调直到同心效果最佳；

(3)若空间允许，接收屏距离远一些更好；

(4)转动圆盘和衍射屏要存放在干燥的环境中，要按照光学元件的标准来清洗，否则影响透光。

【思考题】

(1)本实验衍射属于菲涅尔衍射还是夫琅禾费衍射？

(2)这种衍射条纹属于定域性条纹还是非定域性条纹？

实验 5.16　光的衍射演示

【演示目的】

欣赏美丽的激光扫描和衍射图案，了解激光表演原理。

【实验装置】

该实验装置包括激光动画表演仪和一个屏幕。

【演示原理】

简单地说，激光秀原理主要基于激光束直线传播、折射和反射，二维和三维激光束定位、光强及变化控制、扫描速度和方向控制，红、绿、蓝三色激光合成彩色显示，以及激光的干涉、衍射和散射，还要利用人眼的视觉暂留特性。

今天，激光动画秀越来越受欢迎，相信大多数人已经在风景名胜、剧院、酒吧、KTV 和其他地方看到过。激光动画的成像原理大致分为扫描式和衍射式两种。

1. 扫描式

激光器发出的是一束光。我们所看到的动画或者空间的线条感，如果没有扫描电机辅助的话，那就是一束光，不会动。要呈现出美妙的空间效果，只靠一个激光器是做不到的。还需要一个重要器件，那就是高速扫描振镜，如图 5.16.1 所示。振镜上面有 x 轴和 y 轴的电机，电机定子上有很小的反射镜，当这两电机做扫描时，就可以将激光反射到墙面上，像数学里面的平面坐标系一样，可在坐标系里面画各种图形。这种工作机理其实我们在激光打印机、激

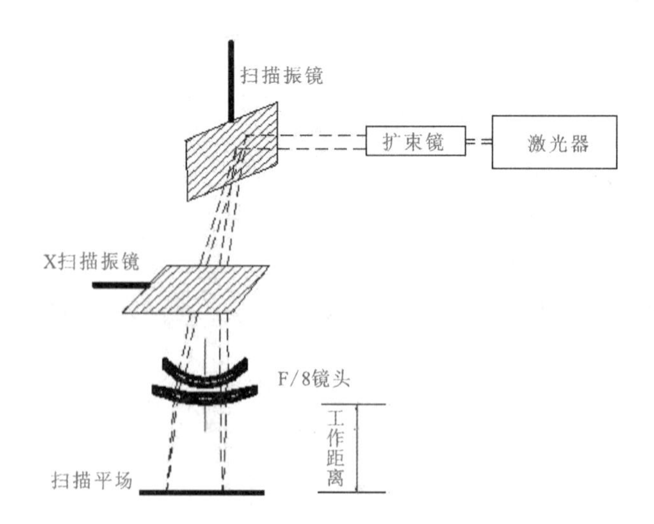

图 5.16.1　扫描振镜工作原理示意图

光加工中心等设备中都可以看到，只不过那里用的是纸张之类，这里用的是建筑物墙面、大地、舞台，甚至是天空的云层。画这些图形的速度非常快。

如果加上烟雾或者是水幕墙的话，在画图形的同时，我们就可以看见空间里面的激光，感觉整个空间像被这一束光切割开来，辅以计算机的控制，所画图形的颜色出现变换、变形移动等效果，我们就能看到绚丽震撼的效果了，大型激光秀就是这样展示出来的，如图 5.17.2 所示。

图 5.16.2　扫描式激光动画

2. 衍射式

这一类成像比较简单，就是让激光光束通过一个特制的衍射光学元件(diffractive optical elements，DOE)，这个元件的镜片上面雕刻有各种花纹和图案，当比较粗的激光通过这个镜片时，就会产生衍射，在“屏幕”上形成各种各样的魔幻图形。这类激光造价相对于振镜系的会便宜很多。

衍射光学元件是基于光波的衍射理论，利用计算机辅助设计，并通过半导体芯片制造工艺，在基片上(或传统光学器件表面)刻蚀产生台阶型或连续浮雕结构，形成同轴再现且具有极高衍射效率的一类光学元件。衍射光学元件薄而轻，体积小，还具有高衍射效率、多设计自由度、良好的热稳定性和独特的色散特性，是诸多光学仪器的重要元件。由于衍射总是导致光学系统的最高分辨率受到限制，传统的光学总是尽量避免衍射效应造成的不利影响，直到 20 世纪 60 年代，模拟全息术和计算机全息图以及相息图的发明和成功制作引起了观念上的重大变革。到了 20 世纪 70 年代，尽管计算机全息图和相息图的技术日臻完善，但是制作在可见光和近红外光波段内具有高衍射效率的超精细结构元件仍面临困难，因而限制了衍射光学元件的实际应用范围，到了 20 世纪 80 年代，由美国 MIT 林肯实验室领导的研究组首先将制造超大规模集成电路(VLSI)的光刻技术引入衍射光学元件的制作中，提出了“二元光学”的概念，之后各种新型的加工制作方法不断涌现，高质量的和多功能的衍射光学元件制作，极大地推动了衍射光学元件的发展。

其实这种“二元光学”器件在实验 5.9“菲涅尔透镜”有所体验，只不过菲涅尔透镜是基于光的折射的最简单“二元光学”器件。基于超大规模集成电路(VLSI)光刻技术的衍射光学元件单元尺寸达到微米甚至是亚微米量级。

如实验 5.15“夫琅禾费衍射”中看到的那样，一个正方形衍射效果是图 5.16.3 中的光芒

A(十字星)。如果要实现动画,制作一系列不同方向的正方形图案,让图案随着步进电机转动,当激光照射到这些图案元件,就会形成动画,看到十字星转动。而在屏幕上十字星的大小由正方形大小的设计来完成。

图 5.16.3 中的 SPI(螺旋)图案的形成来源于相位式衍射光学元件,这里不对每个图案的形成进行更多解释了。

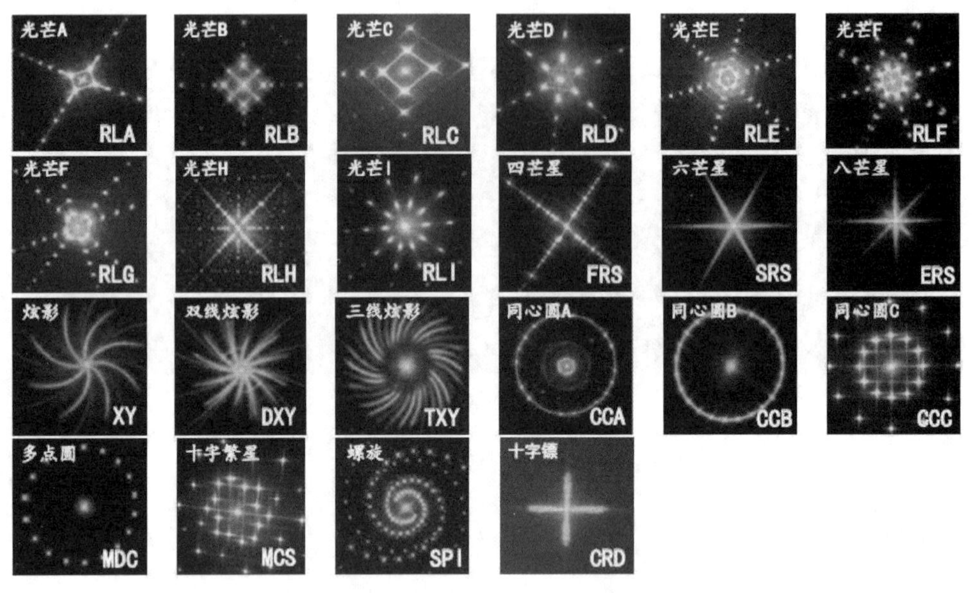

图 5.16.3　衍射光学元件衍射效果图

【实验操作及演示现象】

(1)打开电源开关,可以看到各种衍射光学元件衍射动画效果。

(2)迎着激光方向看演示的激光,可以看到变换的激光光线;顺着激光方向看演示的激光基本是暗的;

(3)有没有你熟悉的图案,想一想它是哪种衍射片形成的。

【注意事项】

请勿直视激光,防止损坏眼睛。

【思考题】

(1)如果在整个屏幕显示"满天星",应该用什么衍射光学元件?它会不会影响其他衍射效果?

(2)通过旋转规则多面体(例如旋转玻璃棒和钻戒)来反射激光束,观察演示效果。

实验 5.17 彩色的裙子

【演示目的】

(1)加深对光衍射的理解;

(2)观测正交光栅对白光的衍射。

【实验装置】

图 5.17.1 彩色的裙子

【演示原理】

实验 5.16 已经介绍了二维光栅在单色光下的衍射,正交光栅(图 5.17.2)属于二维光栅中的一种(图 5.17.2)。白光是复合光,白光中各种不同波长的光通过二维正交衍射光栅而发生色散,呈现如图 5.17.3 所示的彩色花样。实验室所用的白光源是白色 LED 灯。

太阳光是由七种颜色光合成的白色光,彩色电视机中的白色光则是由三基色红、绿、蓝(RGB)合成。由此可见,要使 LED 发出白光,它的光谱特性应包括整个可见的光谱范围。但要制造这种性能的 LED,现在的工艺条件是不可能的。根据人们对可见光的研究,人眼睛所能见的白光,至少需两种光的混合,即二波长发光(蓝色光+黄色光)或三波长发光(蓝色光+绿色光+红色光)的模式。上述两种模式的白光,都需要蓝色光,所以摄取蓝色光已成为制造白光的关键技术,也就是曾经热门的“蓝光技术”。1986 年,日本名古屋大学年过五旬的赤崎勇和他的学生天野浩成功制出了以前被认为不可能制造出的氮化镓晶体，日亚化学工业的员工中村修二注意到了赤崎勇师徒的研究成果，1993 年制出了高亮度的蓝光 LED。2014 年，日本的赤崎勇、天野浩和美国的中村修二因发明高亮度蓝色发光二极管，带来了节能明亮的白色光源，他们共同获得当年的诺贝尔物理学奖。

图 5.17.2　二维正交光栅

图 5.17.3　二维正交光栅白光衍射

事实上，用任何一块二维光栅，甚至只要是垂直两方向周期性密集分布的条纹，例如细纱巾、的确良布等也可起到二维光栅的作用，直接对着小电珠灯光观察，都可以看到类似图 5.17.3的衍射图样。

【实验操作及演示现象】

（1）按下按钮，点亮白光 LED 灯光，将正交衍射光栅置于小女孩裙子的部位观察，即可以看到由正交光栅衍射产生的衍射光谱而形成的彩色裙子，试试移动眼睛的远近，感受观察的距离对色散的影响。

（2）转动正交衍射光栅，可以看到不同角度的纹路交叉，如斜交叉纹路—竖直纹路—斜交叉纹路交替变化。

【注意事项】

（1）实验操作时，要小心不要打落正交光栅；

（2）眼睛正对正交光栅，且尽量靠近光栅。

【思考题】

尝试用纱巾或薄纺织布观测白光衍射，分析纱的疏密对衍射的影响。

实验 5.18　波带片演示

【演示目的】

(1)领会光的波动性，通过该装置掌握波带片成像的基本原理；

(2)通过该装置观察波带片成像的特点。

【实验装置】

图 5.18.1 所示为波带片。

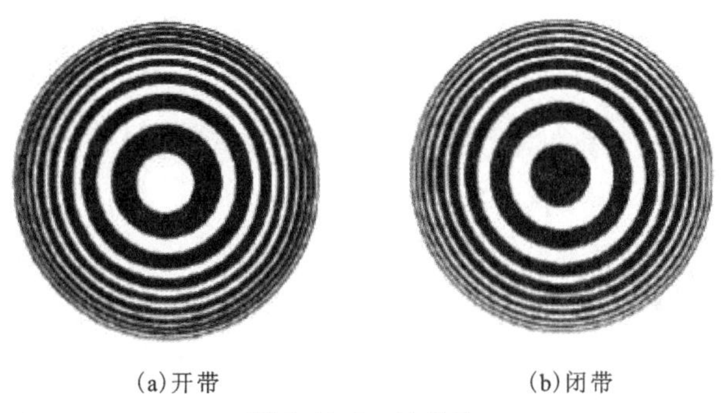

(a)开带　　(b)闭带

图 5.18.1　波带片

【演示原理】

说起波带片的原理，首先得提到菲涅尔的半波带方法。菲涅尔虽然建立了一套完备的波动光学理论，提出了惠更斯-菲涅尔原理，但他在解决问题的时候，还是用当时人们常用的几何法，这就是菲涅尔的半波带法。这点与牛顿在处理牛顿力学问题时非常相似，牛顿虽然是微积分的发明人之一，但他的巨著《自然哲学的数学原理》中解决力学问题用的主要还是几何方法。

1. 单缝衍射的半波带法分析

菲涅尔的半波带法在单缝衍射里面就有很好的应用，但这种方法对单缝衍射极大值位置的预测与惠更斯-菲涅尔原理的计算结论出现些许差别，基于惠更斯-菲涅尔原理的计算结论更准确，但半波带法更简单、直观。

参照图 5.15.3 中单缝的夫琅禾费衍射示意图，可以将单缝沿 θ 方向衍射光的光程差按照相差 $\lambda/2$ 进行分割，如图 5.18.2 中一样，沿着 θ 方向，缝上 1 点与 2 点发出的光程差为 $\lambda/2$；2 点与 3 点发出的光程差也是 $\lambda/2$；3 点与 4 点发出的光程差也是 $\lambda/2$，这样整个 $\delta=a\sin\theta$ 按照图 5.19.2 被分割成 3 个半波带，1～2 之间最上与最下边缘的光程差 $\lambda/2$；而 2～3 之间最上与最下边缘的光程差也是 $\lambda/2$，它与 1～2 半波带沿着 θ 方向，光强相同，对应点发出的光都是 π 的相位差，故相互抵消；只剩下 3～4 半波带存在，很容易总结出下面的结论：

极小值满足：

$$a\sin\theta = k\lambda \qquad k=\pm1,\pm2,\cdots \tag{5.18.1}$$

极大值满足：

$$a\sin\theta=0,\pm1.5\lambda,\pm2.5\lambda,\pm3.5\lambda,\cdots \tag{5.18.2}$$

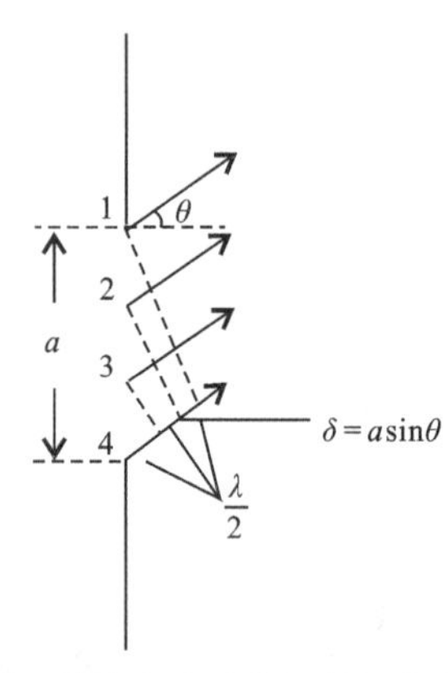

图 5.18.2 单缝夫琅禾费衍射的半波带原理图

也就是 $\delta=a\sin\theta=0$ 时，是 0 级主极大；δ 分割成偶数个半波带，相邻两个半波带发出的衍射光互相抵消，如式(5.18.1)描述的出现衍射极小；而 δ 分割成奇数个半波带，相邻两个半波带发出的衍射光互相抵消外，还剩下一个半波带没有被抵消，出现式(5.18.2)描述的衍射次极大。

2. 圆孔衍射的半波带法分析

如图 5.18.3 所示，CC'是在不透明屏上的一个小圆孔，半径为 ρ，点光源 S 发出球面波，S 距离圆孔的距离是 R，P 到球面波阵面 CC'的顶点 B_0的距离为 r_0，按照上面的半波带方法，以球面波阵面 CC'的顶点 B_0为中心，把波阵面 CC'分割成多个环带，每相邻的两个环带边缘到 P 的光程差均为 $\lambda/2$，也就是说相邻两个环带在 P 点引起的光振动的相位差为 π。我们把相邻两个环带其中之一在 P 点的振动规定为正，另一个则为负，这种环带称为菲涅尔圆孔半波带。

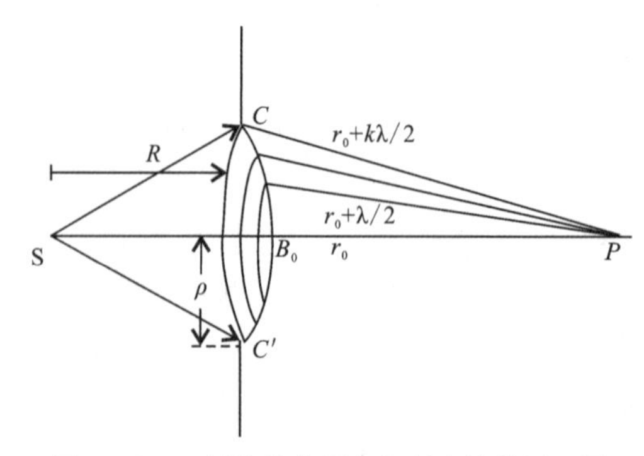

图 5.18.3 圆孔的菲涅尔衍射半波带原理图

设 $a_1,a_2,a_3,\cdots,a_k$分别为第 1 个、第 2 个、第 2 个、…，第 k 个半波带在 P 点的光振动振

幅,则合振幅

$$A_k = a_1 - a_2 + a_3 - \cdots \pm a_k \tag{5.18.3}$$

式中,k 为偶数时取负号,奇数时取正号。考虑序数 k 的增大,各个半波带距 P 点的距离为 $r_k = r_0 + k\lambda/2$,相应倾角也逐步增大,按照惠更斯-菲涅尔原理的阐述,$a_1, a_2, a_3, \cdots, a_k$ 的大小随着 k 的增大而单调减小,即

$$a_1 > a_2 > a_3 > \cdots > a_k$$

可以近似表达为

$$a_2 = \frac{a_1 + a_3}{2}, a_3 = \frac{a_2 + a_4}{2}, \cdots a_{k-1} = \frac{a_{k-2} + a_k}{2} \tag{5.18.4}$$

将式(5.18.4)代入式(5.19.3)得

$$A_k = \frac{a_1}{2} \pm \frac{a_k}{2} \tag{5.18.5}$$

式中,k 为偶数时取负号,奇数时取正号。

如果圆孔的半波带不多,a_1 与 a_k 的差别不大,在这种情况下:

k 为奇数

$$A_k = \frac{a_1}{2} + \frac{a_k}{2} \approx a_1 \tag{5.18.6a}$$

k 为偶数

$$A_k = \frac{a_1}{2} - \frac{a_k}{2} \approx 0 \tag{5.18.6b}$$

这表明,在此条件下,当圆孔露出的半波带数目为奇数时,P 为亮点;当半波带数目为偶数时,P 为暗点。可以证明,半波带的数目 k 可以由下式确定:

$$k = \frac{\rho^2}{\lambda} \frac{R + r_0}{Rr_0} \tag{5.18.7}$$

式(5.18.7)表明,在光源到圆孔的距离 R 及圆孔的孔径 ρ 给定后,圆孔上露出的半波带数目,也就是 P 点的亮暗将取决于 P 点到圆孔的距离 r_0。另一方面,当 R 与 r_0 给定后,改变圈孔的半径 ρ,也可以使 P 点的光强出现明暗交替变化。

显然这个结论与几何光学的结论是完全不同的,几何光学认为光是直线传播的,P 点应恒为亮,但实验结果证实了半波带法的结论。但是在圆孔孔径很大,以至于 $k \to \infty$ 时,第 k 个半波带在 P 点的光振幅 a_k 实际上可以忽略不计,此时

$$A_k = \frac{a_1}{2} \pm \frac{a_k}{2} \approx \frac{a_1}{2} \tag{5.18.8}$$

即 P 点的光强不会有明暗交替变化,这个结论与几何光学的结论是一致的。

3. 圆屏衍射的半波带法分析

现在考察点光源 S 发出的光波通过一个不透明圆屏 D 后,在 S 与圆屏中心的直线上任意一点 P 的光强。如图 5.18.4 所示,根据上述菲涅尔半波带理论,圆盘使点光源 S 发出的波面中,前 m 个半波带对 P 点的光强不起作用,所以 P 点光振动的合振幅为

$$A_P = a_{m+1} - a_{m+2} + a_{m+3} - \cdots \pm a_{m+k} \tag{5.18.9}$$

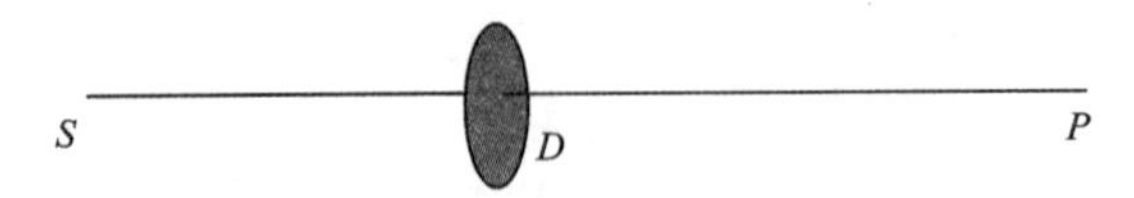

图 5.18.4　圆盘的菲涅尔衍射示意图

按照式(5.18.4)

$$A_P = \frac{a_{m+1}}{2} \pm \frac{a_{m+k}}{2} \tag{5.18.10}$$

式中，k 为偶数时，前面取负号；k 为奇数时，前面取正号。而在上述情况下，k 总趋于无限大，所以 $a_{m+k} \to 0$，于是

$$A_P = \frac{a_{m+1}}{2} \tag{5.18.11}$$

这表明，当圈盘不太大，$m+1$ 较小时，在圆盘几何阴影的中心永远是一个亮点。这就是泊松最初认为"不可能的亮斑"，现在称为"泊松亮斑"。

对于轴外任意一点的光强分布，以及光遇到其他障碍物时(如直边、方孔等)产生的菲涅尔衍射现象，也可以用类似的菲涅耳半波带或微波带理论做出完美的解释。

4. 波带片

在菲涅耳圆孔衍射的半波带理论中，对圆孔中心轴线上一点 P，圆孔露出的半波带数目 k 由式(5.18.7)决定，第 k 个半波带的圆孔半径为

$$\rho = \sqrt{\frac{k\lambda R r_0}{R + r_0}} \tag{5.18.12}$$

如果制造这样的一个屏，它对于考察的 P 点，只让奇数或偶数半波带透光，这样的屏就称为波带片，如图 5.19.4 所示，它在 P 点的光振幅为

$$A_P = a_0 + a_2 + a_4 + \cdots \quad \text{或} \quad A_P = a_1 + a_3 + a_5 + \cdots \tag{5.18.13}$$

如果某一波带片对某点只露出前 10 个奇数半波带，则 P 点的光振幅约为 A_P，由式(5.18.8)可知，这接近于不放任何光阑情况时的 20 倍，其光强将接近于不放任何光阑时的 400 倍。这表明，波带片对点光源发出的光线显然具有会聚作用。因此，波带片和一般的会聚透镜一样，能够用于成像。此外，波带片也有焦距 f，波带片的焦距就是平行光通过波带片时，波带片到透射光会聚点的距离，其大小由下式决定

$$f = \frac{\rho^2}{k\lambda} \tag{5.18.14}$$

式中，ρ 是波带片的最大通光孔径；k 是半波带数目；λ 是入射光的波长。

由式(5.18.7)可得

$$\frac{1}{R} + \frac{1}{r_0} = \frac{1}{f} \tag{5.18.15}$$

此外，在距波带片 $f/3, f/5, f/7, \cdots$ 处，还有较弱的会聚点，即波带片与普通透镜的不同之处是：波带片有多个焦点，因为波带片的焦距与波长有关，所以用波带片成像时，将有明显的色差。

【实验操作及演示现象】

(1)打开 He－Ne 激光器,使激光束通过一个平行光管,变成一束截面直径约为 40 mm 的平行光。

(2)将平行激光垂直射在波带片上,移动光屏到适当位置时,即可看到一个清晰的亮点,亮度与透镜聚焦很相似,同样,此光屏到波带片的距离就是焦距。

(3)若把光屏移到 $f/3, f/5, f/7, \cdots$ 时也能看到一个较弱的亮斑,比较模糊,这是波带片与普通透镜的不同之处。

(4)用高亮度的白光源照射波带片,满足透镜成像公式

$$\frac{1}{u}+\frac{1}{v}=\frac{1}{f} \tag{5.18.16}$$

在像点位置的光屏上可以观察到白光源的像。同样,在波带片后面适当的位置上可以观察到对应于其他焦距的较弱的白光源像,但是较为模糊。

(5)调节屏的位置,可观察到波带片的色差,这种色差的规律与透镜的色差规律相反,由焦距公式[式(5.18.14)]可知,红光的焦距较短,蓝光的焦距较长,若将光屏略向波带片移动,白光源像微红,而像的边缘略带蓝色,若将光屏略向远处移动,白光源像微蓝,而像的边缘略带橙红色。

【注意事项】

请不要直视激光,不要用激光照射他人。

【思考题】

(1)为什么说波带片实验是对光的波动学说的强有力支持?

(2)波带片成像和透镜成像有什么相同点和不同点?

实验 5.19　全息图的再现

【演示目的】

(1)通过全息图的再现理解照相原理;

(2)了解全息照相和普通照相的区别。

【实验装置】

图 5.19.1 为全息图延时装置图,该装置包括激光器、全息底片、液晶显示屏、艺术品陈列区。

图 5.19.1　全息图演示装置图

【演示原理】

所谓"全息",是指摄影底片上记录了物体所发射(或反射)光波的振幅和相位的全部信息。而普通摄影只记录了前者而丢失了后者。对全息图(经过显影处理后的底片)再现可以让人们观察到与原物一样逼真的三维立体图像。全息照相原理是 1948 年伽伯提出的,由于当时没有好的相干光源,全息技术发展缓慢,直到 1960 年激光器(相干光源)发明以后,全息技术才得到实质性的发展。但全息再现时总伴随着共轭像,妨碍了高质量像的观察,1962 年离轴全息图的提出解决了这一问题之后,全息干涉计量、全息无损检测、全息存储等实用全息技术得到快速发展,且广泛应用于科研、生产、生活的方方面面。

全息照相的过程分两步:全息记录和全息再现。全息记录原理光路图如图 5.20.2 所示。来自同一激光光源的光经扩束后分成两束:一束光直接照射到照相底片上,这束光称为参考光；另一束光用来照射被拍摄物体，物体表面各点的散射光也投射到照相底片上，这束光称为物光。参考光和物光在底片上叠加时发生干涉，所产生的干涉条纹记录了来自物体各处的光波的强弱，也记录了这些光波的相位。

拍摄全息照片所用的记录介质为全息干板，是在玻璃基板上涂敷颗粒极小的卤化银乳胶而成。曝光后的干板经过显影、定影处理后，就得到全息图。全息图上并没有被拍摄的物体，只有间距极小、形状不规则的干涉条纹，条纹间距一般为 10^{-6} m 数量级，肉眼分辨不了。为了看到被拍摄物，必须对全息图进行再现，其光路如图 5.19.3 所示。

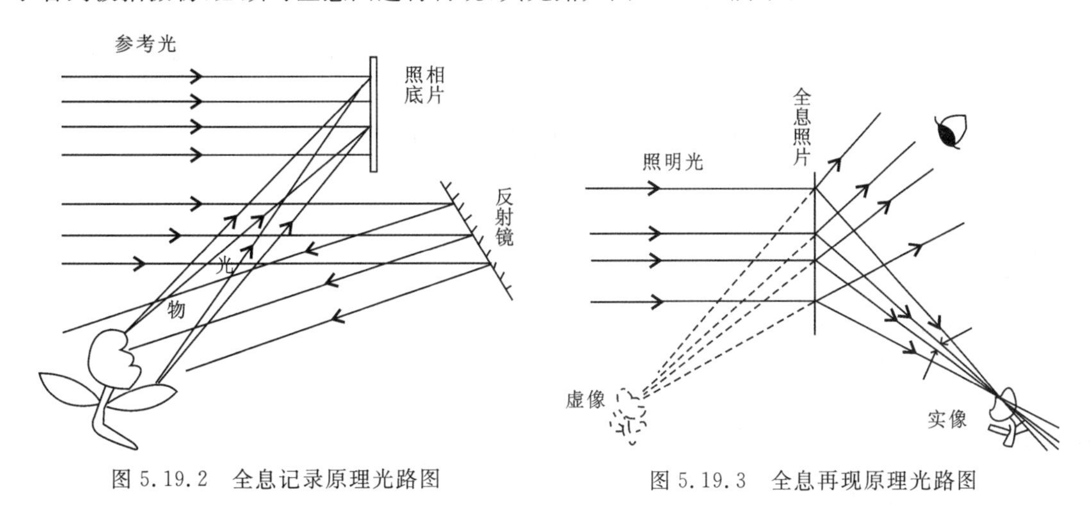

图 5.19.2　全息记录原理光路图

图 5.19.3　全息再现原理光路图

【实验操作及演示现象】

(1)将全息底片放在激光器正前方，打开光源，调整激光器与全息底片之间的距离，使扩束后的激光均匀覆盖在全息底片上。

(2)迎着光源，从不同角度观看拍摄物的立体像，看看之前被挡住的部位能否显露出来。

【注意事项】

避免激光直射人眼。

【思考题】

(1)普通照相和全息照相有哪些区别？从光源、底片、观看照片等多个角度阐述。

(2)遮挡一部分全息底片，使照明光不能透过这部分底片，再次观察立体像，与未遮挡时相比，被拍摄物是否缺失了一部分，清晰度有没有受到影响？为什么会这样？

(3)不用参考光源照射，全息底片上能看到被拍摄的物体吗？

(4)观看拍摄物的立体像时背景光不均匀是怎么造成的？

(5)结合图 5.19.2 分析，如果同轴拍摄，即物光方向和准直参考光的方向平行，再现时观察虚像时为何会受到共轭实像的干扰？

(6)你能举出全息技术应用方面的实例吗？

D　光的偏振类

光的偏振是光波的一种物理属性，它体现了光波振动方向的限制或有序性。作为横波，光的振动方向垂直于其传播方向。自然光(如太阳光)包含所有可能的振动方向，是非偏振光，而偏振光则是具有某一特定振动方向的光。

实验 5.20　晶体的双折射

【演示目的】

(1)演示方解石晶体的双折射；

(2)观察双折射产生的分光及偏振现象。

【实验装置】

图 5.20.1 所示为晶体的双折射实验装置图。

图 5.20.1　晶体的双折射实验装置图

【演示原理】

当一束光射到各向同性的介质表面上时，它将按照折射定律沿某一方向折射，这就是常见的折射现象；但是当一束光射到各向异性的介质中时，折射光有时会分成两束，沿着不同的方向进行，这种同一束入射光折射后分成两束的现象称为双折射。

在双折射现象中，一束折射光遵从正常的折射定律在晶体中传播，这束光称为寻常光(简称 *o* 光)；另一束光不遵从折射定律，在晶体中偏离正常折射的传播方向，称为非寻常光(简称 *e* 光)。

用检偏器来检测这两束光时，会发现 o 光和 e 光都是线偏振光，但是它们的光矢量振动方向不同，o 光的振动面垂直于自己的主截面，e 光的振动面平行于自己的主截面，仅当光轴位于入射面内时，这两个主截面才严格的重合。但是大多数情况下，这两个主截面之间的夹角很小，因而 o 光和 e 光的振动面几乎是互相垂直的。

天然矿物是具有一定结构的晶体，而晶体的物理性质常表现为各向异性，例如，在不同方向具有不同的折射率。晶体中 x 方向的光波电场可以引起 y 方向的极化，光在透明介质中传播实质是光波电场激发晶体粒子作受迫振动，不同方向的电磁辐射可相干叠加。一般进入双折射晶体中的光束的折射率随偏振方向不同而呈现各向异性，一个光束入射，经折射会变为两个偏振方向正交的光束发射出去。

【实验操作及演示现象】

(1)将有三角孔的挡光板放在幻灯机的片架上，使三角孔成像于幕上。用一块较厚的透明方解石压在三角孔上，使得方解石表面紧贴挡光板并盖住三角孔，即可观察到幕上成两个三角孔的像，这就是双折射现象，由于加入了方解石，改变了光路中原来的光程，所成的像变得有些模糊。

(2)以光的传播方向为轴，旋转方解石，可观察到一个像的位置始终不变，而另一个像绕前一个像旋转，不动的像对应 o 光，旋转的像对应 e 光。

(3)在光路中垂直插入偏振片，并旋转偏振片，可观察到这两个像的亮度交替变化，并交替消光，这说明它们所对应的光都是线偏振光。这两束光的消光位置互相垂直，说明两束光的偏振方向互相垂直。

【注意事项】

由于双折射晶体具有方向性。在实验步骤(3)中，再次旋转 90°后，观察不到 e 光的消光现象时，旋转双折射晶体，改变激光的入射面。

【思考题】

(1)如何用方解石获得线偏振光？其偏振方向有何规律？

(2)根据方解石双折射分光的情况，判断其光轴的大概方位，方解石 $n_o=1.6584$，$n_e=1.4864$，试分析沿光轴方向投射到方解石天然解理面上的折射、反射情况。

实验 5.21　穿“墙”而过——光的偏振性演示

【演示目的】

利用两块通光方向正交的偏振片演示光的偏振性。

【实验装置】

“穿墙而过”演示装置，如图 5.21.1 所示，两片柔软偏振化方向垂直的偏振片卷成筒状，贴合在透明玻璃筒内壁。玻璃筒横向放置，内置一小球，玻璃筒中间用支架固定，呈“杠杆”形。当交替按压玻璃筒左右两端使其倾斜并摆动时，小球可以在两片偏振片之间往返滚动。

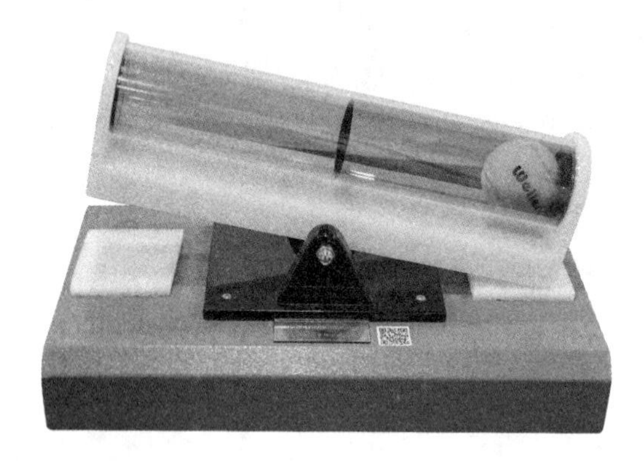

图 5.21.1　“穿墙而过”实验装置图

【演示原理】

光波是特定频率范围的电磁波，在这种电磁波中起视觉作用的是电场矢量 $\boldsymbol{E}$，称光矢量。由于电磁波是横波，故光矢量的振动方向总是和光波的传播方向垂直。

自然光来源于阳光，实际是各个发光原子或分子发出的光波的汇合，而无数多个原子或分子的发光以及同一个原子分子不同时间的发光相位及振动方向完全随机，发出的光波的光矢量可能沿不同方向振动。在一个时间段内来观察一束自然光，在垂直于其传播方向的平面内，光矢量沿各个方向的分布各向均匀，且沿各方向振动的光矢量的振幅相同，如图 5.21.2 所示。

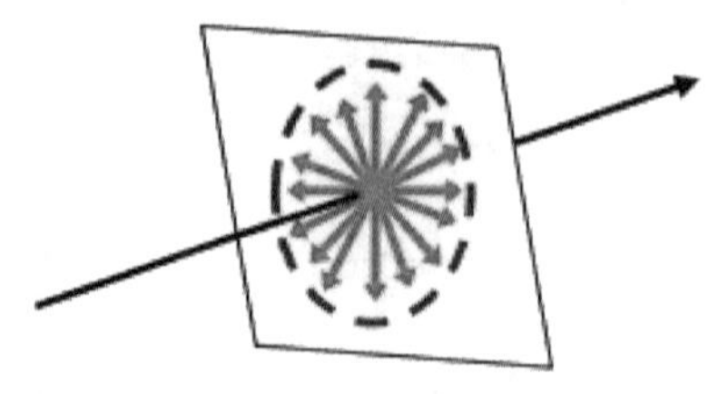

图 5.21.2　自然光示意图

但在许多情况下，在垂直于光波传播方向的平面内，沿不同方向振动的光矢量的振幅不相同，在某些方向上的振幅要明显大于另外的一些方向，或者只在某一个方向上有光振动，这种情况称为光的偏振。

如果在垂直于其传播方向的平面内，光矢量只沿一个固定的方向振动，这种光称线偏振。线偏振光需要通过特殊的方法获得，如利用偏振片获得线偏振光的过程叫起偏。最早的偏振片由 1928 年的一位年仅 19 岁的美国大学生发明，通过一系列工艺将碘原子附着在经过拉伸的碳氢化合物长分子链上形成碘链，碘原子中的自由电子可以沿碘链移动。当自然光垂直入射到基于这种材料制成的偏振片上时，光矢量在平行于碘链方向的振动分量将激起自由电子的运动，其振动能量被完全吸收转化为焦耳热，光矢量在垂直于碘链方向的振动分量无法激起自由电子的运动，完全通过偏振片。所以自然光透过偏振片后就变成了光强减半，且振动方向垂直于碘链方向的线偏振光，垂直于碘链的方向即是偏振片的通光方向，又称为偏振化方向。若将此线偏振光垂直入射到第二个偏振片，将第二片偏振片的偏振化方向旋转至和线偏振光的偏振方向垂直，即和第一个偏振片（起偏器）偏振化方向垂直，则通过第二个偏振片的光强为零。如图 5.21.3 所示。

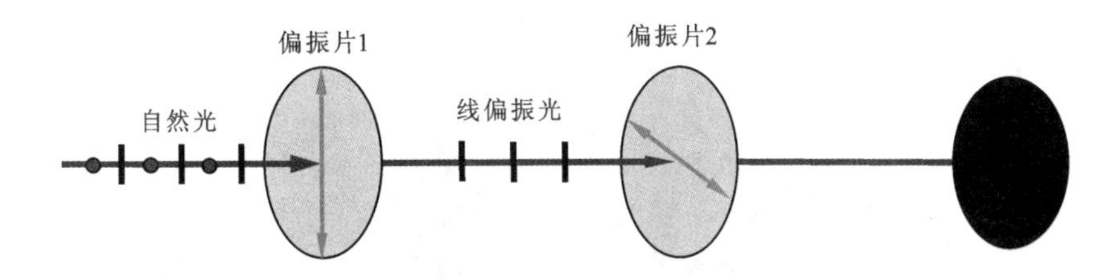

图 5.21.3　自然光通过两片偏振化方向相互垂直的偏振片

本实验装置圆筒正中间部分是两个偏振方向垂直的偏振片重叠部分，不会有光线通过，好像是一堵黑色的墙，但实际只是此处光线无法通过，筒内小球可以自由通过。

【实验操作及演示现象】

(1)左右按压玻璃筒，让小球来回滚动。从侧面观察，且视线要能同时穿过两片偏振片。这时两片偏振片的连接部位看起来为全黑，好像有一层“中间隔层”，感觉小球在穿“墙”而过。

(2)从两个底面观察，“墙”消失了。

【注意事项】

左右交替按压玻璃筒时，不要太用力，以免玻璃筒两端损坏。

【思考题】

(1)为何从侧面观察有“黑”区，从底面观察没有“黑”区？

(2)将其中一片偏振片旋转 90°，卷成筒状后放入，两片偏振片连接部位还有“黑”区吗？

(3)光的偏振在生活中还有哪些应用？

实验 5.22　反射与折射的偏振——布儒斯特定律

【演示目的】

(1)观测自然光经玻璃堆反射和折射后,反射光和折射光的偏振现象;

(2)分析反射和折射光的偏振性质,理解马吕斯定律和布儒斯特定律。

【实验装置】

图 5.22.1 所示是布儒斯特定律演示仪。

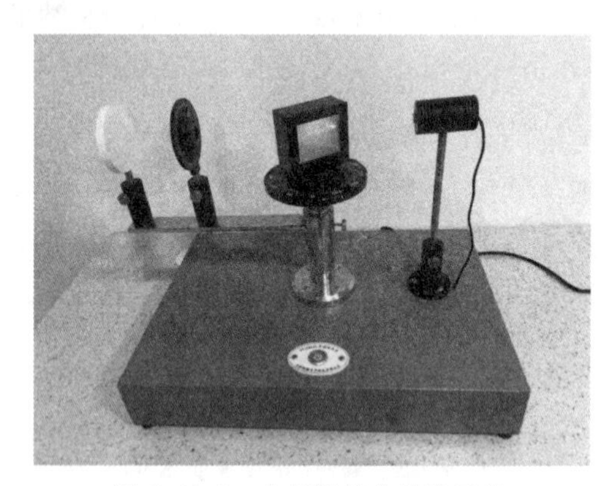

图 5.22.1　布儒斯特定律演示仪

【演示原理】

布儒斯特定律由英国物理学家布儒斯特于 1815 年发现,自然光以任意角度从折射率为 n_1 的介质入射到折射率为 n_2 介质表面时,如图 5.22.2(a),反射光为部分偏振光,透射光也为部分偏振光;随着入射角 i 的改变,反射光和透射光的偏振化成分也发生变化;当反射光线与折射光线垂直,反射光变成完全线偏振光,其偏振化方向垂直于入射面,如图 5.22.2(b),透射光为部分偏振光,平行于入射面的偏振化成分较强,反射光与透射光传播方向垂直。此时自然光的入射角 i 称为布儒斯特角,其满足:

$$\tan i = \frac{n_2}{n_1} \tag{5.22.1}$$

可以用偏振片来检测反射光和透射光的偏振性方向,检测是基于马吕斯定律。1808 年,马吕斯发现光强为 I_0 的线偏振光通过偏振片后的光强 I 与光偏振方向和偏振片起偏方向的夹角 φ 的关系符合式(5.22.2),当待测光的偏振化方向与偏振片的偏振化方向夹角 $\varphi=0°$,即平行时,透射光最强。当待测光的偏振化方向与偏振片的偏振化方向夹角 $\varphi=90°$,即互相垂直时,透射光最弱;如果待测光是完全偏振光,会出现消光现象。

$$I = I_0 \cos^2\varphi \tag{5.22.2}$$

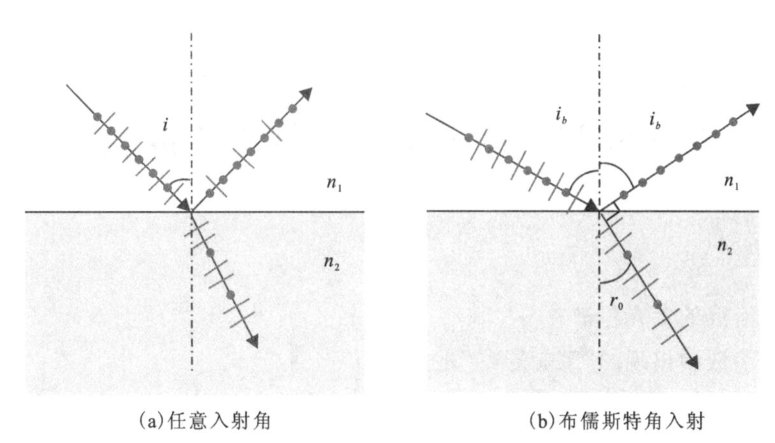

(a)任意入射角 (b)布儒斯特角入射

图 5.22.2 反射和折射光的偏振

【实验操作及演示现象】

(1)打开电源开关,使玻璃堆平面与刻度盘的 0°～180°线平行,并使光线垂直入射到玻璃堆表面。

(2)将毛玻璃屏置于玻璃堆后面,观察透射光的亮度随旋转偏振片的角度应有明暗变化,但无消光现象。

(3)保持刻度盘不动,将玻璃堆旋转一定角度,如 20°、40°,将毛玻璃屏分别置于玻璃堆的反射光路和透射光路,观察反射光和透射光的亮度随旋转偏振片角度均有明暗变化,但无消光现象。

(4)仍保持刻度盘不动,继续将玻璃堆旋转至约 53°,仍将毛玻璃屏分别置于玻璃堆的反射光路和透射光路,观察反射光和透射光的亮度随旋转偏振片角度变化,反射光明暗变化,有消光现象;透射光有明暗变化,但无消光现象。

(5)注意观察反射光和透射光在毛玻璃屏上最亮或最暗时,偏振片的偏振化方向旋转的角度。

【注意事项】

(1)移动毛玻璃屏时要拿起来再放下,不要在仪器底盘上滑动,以免划伤底盘。

(2)旋转玻璃堆时注意保持刻度盘不动,以免转过的角度不准确。

(3)不要长时间通电,以免光源过热,损坏光源和电源。

(4)不要直视激光。

【思考题】

(1)从垂直入射玻璃堆的情况来看,激光器发出的光线是哪种偏振光?

(2)玻璃堆旋转一定角度(如 20°、40°)入射的情况来看,结果验证了什么?

(3)玻璃堆旋转转至约 53°入射的情况来看,结果又验证了什么?

(4)夏天,汽车司机在宽阔的柏油路面上行驶时,为了挡住柏油路面反射的太阳光,以保障行车安全,常常戴一副偏振眼镜,试解释其中的道理。

实验 5.23　蔗糖溶液的旋光色散演示

【演示目的】

(1)观察糖溶液的旋光色散；

(2)观察糖溶液中出现的“螺旋彩虹”现象。

【实验装置】

图 5.23.1 所示是旋光色散演示仪，它包括日光灯、起偏器、玻璃管、检偏器。

图 5.23.1　旋光色散演示仪

【演示原理】

1811 年，法国的阿拉戈在研究石英晶体的双折射特性时发现：一束线偏振光沿石英晶体的光轴方向传播时，其振动平面会相对原方向转过一个角度。由于石英晶体是单轴晶体，光沿着光轴方向传播不会发生双折射，因此阿拉戈发现的现象应属于另外一种新现象，这就是旋光现象，也即旋光效应。后来人们发现很多物质(如石英、氯化钠等晶体，蔗糖溶液、松节油等液体)都有这一特性，我们的演示实验是用蔗糖溶液。

当偏振光通过蔗糖溶液，光矢量的振动面将以传播方向为轴发生转动，如图 5.23.2 所示。

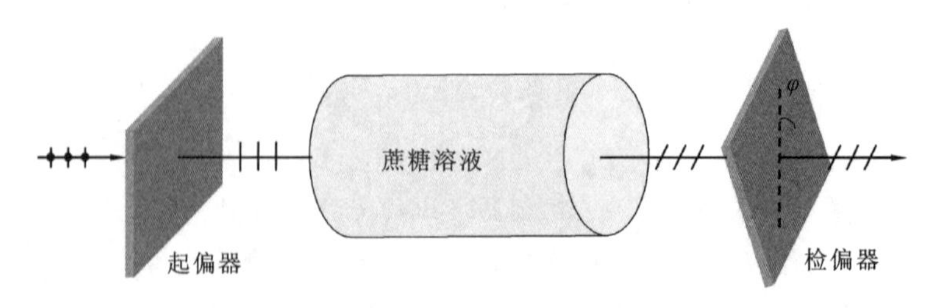

图 5.23.2　蔗糖旋光示意图

蔗糖溶液放在两个偏振片中间，一个偏振片用于起偏，另一个偏振片用于检偏。对于液体旋光物质，振动方向转过的角度 φ 用式(5.23.1)表示

$$\varphi = \alpha LC \tag{5.23.1}$$

式中，比例系数 α 称溶液的旋光率，它是与入射光波长有关的常数；C 为溶液的浓度；L 为偏振光在旋光物质中经过的距离。旋光率大致与入射偏振光波长的平方成反比，这种旋光度随波长而变化的现象称为旋光色散。当白色偏振光通过蔗糖溶液，透射光经偏振片后，白光就变成了彩色，当第二个偏振片绕着光轴旋转时，屏幕上的彩色也随着变化。若将白光从盛有蔗糖溶液的玻璃管一端射入，由于蔗糖溶液中杂质的散射，在管的侧面就可以看到“螺旋彩虹”。

【实验操作及演示现象】

(1)配制溶液：大约用 300g 蔗糖，玻璃管内的溶液占整个容器的 2/3～1/2，将溶液摇匀。

(2)打开仪器灯箱光源，在玻璃管侧面可观察到玻璃管下半部有蔗糖溶液的地方透过来的光的颜色呈现赤色、橙色、黄色、绿色、青色、蓝色、紫色，这就是糖溶液的旋光色散彩虹。

(3)连续缓慢转动前端检偏器(起偏器)，可观察到玻璃管下半部有蔗糖溶液的地方透过来的光的颜色依次变化，并呈螺旋线式的移动，这种现象称为“螺旋彩虹”；管的上部没有蔗糖溶液的地方仅有明暗的变化。

【注意事项】

(1)定期更换蔗糖溶液，以免变质和霉变。

(2)较长时间不用时，一定要将蔗糖溶液倒掉，把管清洗干净，晾干存放。

(3)清洗玻璃管时，可以放入沙粒、米粒、豆粒或碎鸡蛋皮摇晃清洗。

【思考题】

(1)如何利用蔗糖溶液的旋光现象设计并制作旋光量糖计(测量蔗糖溶液浓度的仪器)？如何对仪器校正？

(2)除了蔗糖溶液外，你知道还有哪些物质也具有旋光性？请举例。

实验 5.24　光测弹性实验

【演示目的】

用光学法模拟应力分布。

【实验装置】

实验装置如图 5.24.1 所示，由白光光源，带角度盘的偏振片 P_1、P_2 及悬挂在它们之间的薄板状光弹性材料模型组成。模型上、下两头用绳索拉紧，调节上部的螺母可以改变施加在模型上的竖直拉力。

图 5.24.1　光测弹性装置

【演示原理】

光弹性法是应用光学原理研究弹性力学问题的一种实验应力分析方法。它使用透明光弹性材料模拟实际构件受力，在偏振光场中产生干涉条纹，通过条纹分析获得模型各点的应力，再根据相似原理换算求得实际构件的真实应力场。

1816 年，布儒斯特发现某些透明介质在应力作用下具有暂时双折射现象，接着，纽曼和麦克斯韦在 18 世纪中叶先后对透明介质在任意力系作用下的双折射理论进行了研究，建立了应力-光学定律。此后，光学仪器的发展和敏感光弹性材料环氧树脂的出现使光弹性法的发展趋于成熟，用此方法可以研究几何形状和载荷条件都比较复杂的工程构件的应力分布状态，广泛用于机械设计、水利工程建筑、桥梁工程、房屋建造等领域，在优化工程结构设计中发挥重要作用。

1. 双折射现象

双折射现象指光波入射到各项异性介质中(晶体)，会分成两束振动方向垂直的线偏振光，这两束折射光线在晶体内部的传播速度不一样，其中的一束遵循折射定律，称为寻常光（o光）；另一束不遵循折射定律，称为非寻常光（e光）。

有些本来是光各向同性的材料，如环氧树脂、有机玻璃、聚碳酸酯等，在不受外力时没有双折射现象。然而当其承受外力时，就呈现光的各向异性，发生双折射现象，而当外力撤除时，又恢复原各向同性，这种现象称为暂时双折射或应力双折射，具有这种性质的材料称为光弹性材料。光弹性测量方法正是利用光弹性材料的此种特性。

2. 应力-光学定理

应力-光学定理概括为：具有双折射效应的弹性体内任一点的3个相互垂直的主应力（或主应变）方向分别与该点的3个折射率主轴方向重合；该弹性体任一点处的主应力差与主折射率差成正比。用下式表示

$$\begin{cases} n_1 - n_2 = C(\sigma_1 - \sigma_2) \\ n_2 - n_3 = C(\sigma_2 - \sigma_3) \\ n_3 - n_1 = C(\sigma_3 - \sigma_1) \end{cases} \tag{5.24.1}$$

式中，n_1、n_2、n_3是透明介质变形后分别与3个主应力方向σ_1、σ_2、σ_3方向一致的主折射率；C为材料的应力光学系数。

3. 平面应力问题

使笛卡尔坐标系x、y、z轴分别与3个主应力（σ_1、σ_2、σ_3）方向一致，薄板构件的板平面为xoy平面。对于薄板拉压问题，由于工件较薄，且外力与板平面共面，可认为在该面垂直方向的应力可忽略，即z方向应力为$\sigma_3=0$。使偏振光沿z方向垂直于平板入射，由于应力双折射效应，光线被分解为沿σ_1、σ_2方向（x、y方向）振动的两个线偏光，根据晶体光学相关知识，两个线偏振光传输方向没有分开（限于篇幅，此处不再赘述）。将式(5.24.1)的第一式两边同时乘平板的厚度h，得到光程差为

$$\delta = h(n_1 - n_2) = Ch(\sigma_1 - \sigma_2) \tag{5.24.2}$$

即出射时，两条偏振光的光程差与主应力差成正比，由于应变正比于应力，两条偏振光的光程差也与主应变差成正比。

4. 平面应力条件下光弹材料在偏振光场中的光学干涉

如图5.24.2所示，光源发出的光经过偏振片P_1起偏后，到达光弹材料模型发生双折射，产生的两束传输方向一致但振动方向垂直的线偏光，由偏振片P_2合成并发生干涉。

设光弹材料模型任意点的两个主应力方向分别与x轴与y轴方向，这两个方向也是发生双折射后两束线偏振光的振动方向。设起偏器P_1的通光方向与x轴正向的夹角为θ，若光源为单色光，设通过起偏器后线偏振光的光场为

$$E = a\sin\omega t \tag{5.24.3}$$

线偏光达到光弹材料模型后，由于暂时双折射，沿两主应力方向分解为

$$\begin{cases} E_x = a\cos\theta\sin\omega t \\ E_y = a\sin\theta\sin\omega t \end{cases} \tag{5.24.4}$$

由于两束光沿两个方向折射率不同，通过模型后产生相位差β

$$\beta = 2\pi\frac{\delta}{\lambda} \tag{5.24.5}$$

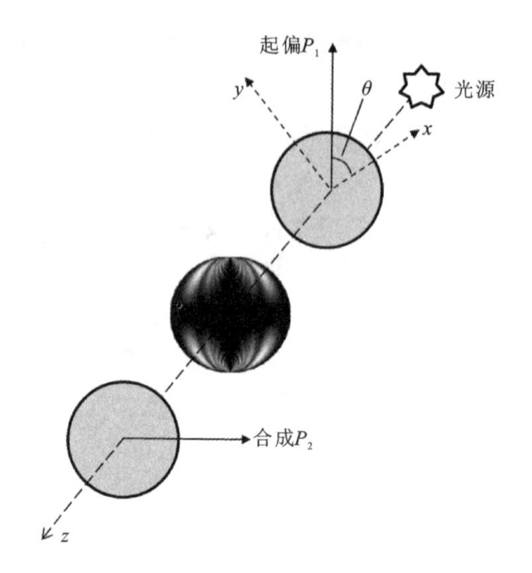

图 5.24.2 偏振光干涉光路图

两束光达到偏振片 P_2后，与偏转片通光方向平行的分量才能通过，故叠加后的光场为

$$E' = a\sin(\omega t + \beta)\cos\theta\sin\theta - a\sin\omega t\sin\theta\cos\theta \tag{5.24.6}$$

化简为

$$E' = a\sin2\theta\sin\frac{\beta}{2}\cos(\omega t + \frac{\beta}{2}) \tag{5.24.7}$$

将式(5.24.5)代入式(5.24.7)，求得干涉光强为

$$I' = a^2\sin^2 2\theta\sin^2\left(\frac{\pi}{\lambda}\delta\right) \tag{5.24.8}$$

5. 条纹分析

下面分析干涉光强为零时的干涉条件。

1) $\sin\frac{\pi\delta}{\lambda} = 0$

当光程差满足 $\delta = k\lambda$ 时(k 为整数)，上式成立，此时

$$\sigma_1 - \sigma_2 = k\frac{\lambda}{Ch} \qquad k=0,\pm1,\pm2,\cdots \tag{5.24.9}$$

由式(5.24.9)可知，当模型表面上某点的两个主应力方向的应力差使得光程差等于入射光波长的整数倍时，模型表面上的这个点将呈现暗点，称为消光，光程差相同的点构成同一级暗纹，对应同一级别 k。当用白光做光源时，干涉条纹是彩色带组成的，应力差值相等的位置对应条纹的颜色相同，其原因是某一种入光波发生消光，出现互补色，故称这种干涉条纹为等色线(又称等差线)，等色线的光学含义是线上各点光程差相等，力学含义是线上各点主应力差相等。不同波长的零级等色线都对应于主应力差为零的点，它们重合在一起，即零级等色线为黑色暗线。改变模型载荷，各点主应力差会改变，等色线会随载荷增减变化。等色线越密集表明该区域应力变化越大，一般也是应力比较大的位置。

2) $\sin2\theta = 0$

当 $\theta=0°$或 $90°$时，$\sin2\theta=0$ 成立，无论波长为多少，对应光强均为零。而 θ 为 P_1的通光方

向与主应力 σ_1 方向的夹角，也是 P_2 的通光方向与主应力 σ_2 方向的夹角，如图 5.25.2 所示。这说明主应力方向和通光方向一致时，出现消光。而模型受力后各点主应力方向虽不一样，但却是连续变化的，这样主应力方向一致的点形成一条黑色暗线，称为等倾线。转动 P_1 及 P_2（保持转动过程中二者通光方向垂直），通光方向发生改变，主应力方向与通光方向相同的点的连线也随之变化，即等倾线会随着偏转片转动而变化。如图 5.24.3 所示，图中各质点上的箭头为主应力方向。

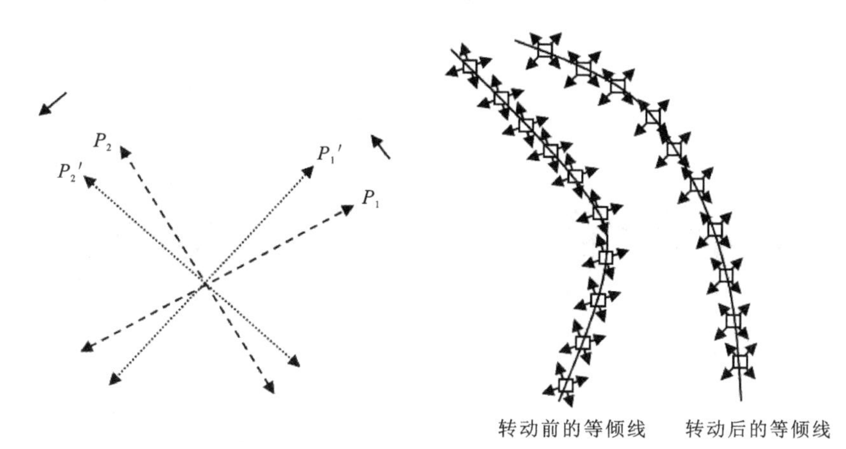

图 5.24.3　等倾线随偏振片转动而变化示意图

【实验操作及演示现象】

(1)转动偏振片 P_1 及 P_2，使二者角刻度盘上的角度差为 90°，此时它们的通光方向垂直。

(2)打开白光光源，观察彩色条纹和黑色条纹，判断哪些区域应力较大。

(3)转动偏振片 P_1 及 P_2，保持二者的通光方向正交，观察条纹的变化，判断黑色条纹中哪些是等倾条纹，哪些是零级等色条纹。根据偏振片的通光方向判断等倾条纹上各点主应力方向。

(4)拧松悬挂端的螺母，减小负载，观察条纹变化。拧紧悬挂端的螺母，增加负载，再观察条纹变化。

【注意事项】

注意增加负载不宜过大。

【思考题】

(1)怎么区分零级等色条纹和等倾条纹？

(2)为什么等倾条纹随着偏振片通光方向变化而变化？

(3)将两片偏振片通光方向转至平行，观察条纹有什么不同，并分析原因。

(4)如果用单色光照射，条纹会有什么不同？

(5)在图 5.24.2 所示光路中插入两片 1/4 波片，可以消除等倾条纹，只保留等色条纹，你知道其工作原理吗？

第六篇　综合物理

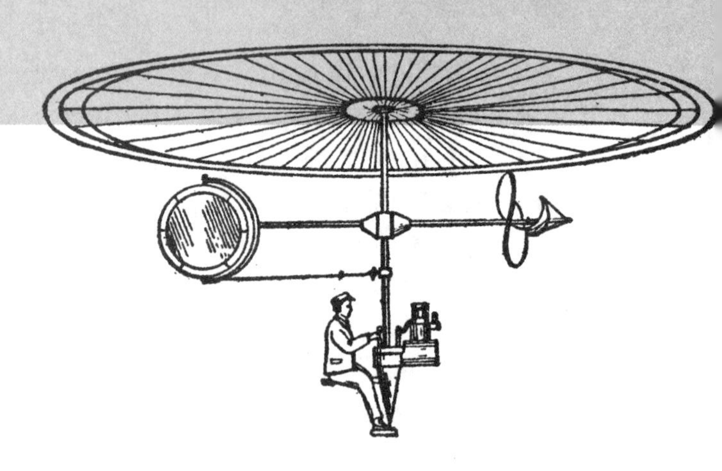

本篇主要讲述现代物理与光电子技术相关的实验。现代物理是 20 世纪以来物理学的重大突破和革新所形成的一系列理论体系和实验方法的总称，它的兴起和发展深刻地改变了人们对自然界基本规律的认识。现代物理主要包括狭义相对论和广义相对论。现代物理的崛起始于 19 世纪末 20 世纪初的物理学革命，标志性事件包括 X 射线的发现放射性现象的发现电子的发现光电效应的解释迈克耳逊-莫雷实验、黑体辐射问题的解决。

20 世纪中叶至后期，物理学取得了更多重大突破，包括量子电动力学、粒子物理学的标准模型的确立、宇宙背景微波辐射的发现(证明了大爆炸理论)以及弦理论等更深层次的理论探讨。进入 21 世纪，现代物理继续引领科技创新，在高能物理、天体物理、量子信息科学、量子计算等领域取得了显著成果，同时也面临许多未解之谜，比如暗物质、暗能量的本质、量子重力的统一理论等。

A 现代物理

实验6.1 黑体辐射

【演示目的】

演示黑体辐射的基尔霍夫定律和气体状态方程。

【实验装置】

如图6.1.1所示的黑体辐射演示系统由2套类似的装置构成，每套装置均有2个瓶口向下的相同体积的吸热瓶，两吸热瓶分别与充有液体的“U”形管两端相连且密封有空气。常态下，“U”形管内液面由放气阀维持高度相同。装置1的两吸热瓶颜色不同，两吸热瓶正中间有白炽灯，白炽灯点亮后，两瓶能获得相同的热能；装置2的两吸热瓶均为黑色，两吸热瓶正中间有铝板加热器，铝板两侧分别是黑色和白色分别正对两黑瓶。

图6.1.1 黑体辐射演示仪

【演示原理】

1.黑体

热力学中的“黑体”是一个理想化的物体，它将外来的电磁辐射全部吸收，无反射和透射。无论是否吸收电磁波，只要温度高于0K，黑体就会辐射出电磁波。这是因为只要温度高于0K，构成物体的分子、原子和电子等都在不停地做热运动，而带电微粒的加速运动会等效为高频交变电流，会向外辐射电磁波。

2. 黑体辐射规律

不同温度下物体所发射的电磁波的强度随辐射电磁波的频率有不同分布而且有规律，其分布特点是低频和高频辐射较少，中间频率辐射有峰值，具体规律为：一是辐射电磁波的总功率正比于温度 T 的四次方（斯特藩—玻耳兹曼定律）；二是辐射强度峰值对应的电磁波波长反比于温度（维恩位移定律）。

3. 物体发射与吸收的规律

基尔霍夫热辐射定律揭示了物体发射与吸收辐射的规律。在某一温度 T 下，物体表面单位面积向外界发射的频率为 ν，附近单位频段的电磁波的功率 $E(\nu,T)$ 称为该物体的辐射本领。物体表面单位面积对外界入射的频率为 ν 附近单位频段的电磁波的吸收率 $a(\nu,T)$ 称为它的吸收本领。任何物体在同一温度 T 下的辐射本领 $E(\nu,T)$ 与吸收本领 $a(\nu,T)$ 成正比，即它们的比值只与 ν 和 T 有关，而与构成物体的材料无关，有

$$\frac{E(\nu,T)}{\alpha(\nu,T)} = f(\nu,T) \tag{6.1.1}$$

其中，$f(\nu,T)$ 是一个与物质无关的普适函数，这个规律称为基尔霍夫热辐射定律。这里辐射本领 $E(\nu,T)$ 为从物体单位表面发出的辐射通量谱密度，吸收本领 $a(\nu,T)$ 为被物体面元吸收的辐射通量谱密度，它与照射在物体面元上的辐射通量谱密度之比。$a(\nu,T)$ 是一个无量纲的量，显然，$0 \leqslant a(\nu,T) \leqslant 1$。

由此可见，物体辐射多，吸收也多，反之亦然。越接近黑体的物体（例如黑色吸热瓶，反射少），在相同辐射下吸收较多，升温较大。

4. 理想气体状态方程

对 $n$mol 的封闭气体，压强 P、容积 V 和温度 T 之间的关系是：$PV = nRT$，其中 R 是常数。若气体的量 n 相同，体积 V 也相同，显然压强 P 正比温度 T。

在图 6.1.1 中，左装置演示相同辐射（白炽灯）下不同吸收体（黑瓶和银白瓶）的吸热效果。右装置演示相同吸收体（两相同黑瓶）的不同辐射体（同温度，但不同颜色）的辐射效果。都用“U”形管液面高度（压强计）显示吸热后压强变化，压强大的一侧所连接的吸热瓶吸热多，温度高。

【实验操作及演示现象】

（1）打开装置 1 的气阀（阀门把手置于水平位置）。待“U”形管两边的液面高度一致后，将阀门关闭（阀门把手置于垂直位置）。

（2）开启装置 1 的白炽灯电源，观察“U”形管（压力计）中液面的变化，比较不同表面的吸收本领。结果是黑瓶一侧的液面下降，表示黑瓶一侧压强更大，温度较高，即黑瓶吸热较多。

（3）关闭装置 1 的灯泡电源。

（4）打开装置 1 的通气阀门，使得“U”形管两边的液面高度恢复一致。

（5）打开装置 2 的气阀，待“U”形管两边的液面高度一致后，将阀门关闭（阀门把手置于垂直位置）。

(6)打开装置2的加热板电源,两相同黑瓶正对同温度加热板两侧的颜色分别是黑和白,加热板开始加热,由于加热板加热到一定温度需要一定的时间,起初现象不明显,3 min 后可观察到"U"形管两边的液面高度的变化,比较不同表面的发射本领。结果表明,正对加热板黑色一侧的液面下降,表明正对黑色一侧压强更大,温度较高,吸热较多,即黑色一侧辐射较多。

(7)关闭装置2的加热板电源。

(8)打开装置2的阀门,使"U"形管两边的液面高度一致。

【注意事项】

(1)加热期间加热板很热,避免烫伤;

(2)切勿将本仪器倒置或倾倒,以免管内液体流出。

【思考题】

(1)为什么说对任何物体,辐射多者,吸收也多?

(2)如果本实验的过程拖的时间很长,"U"形管两边的波面高度是否逐渐又趋于一致?为什么?

(3)传热的过程有几种?如何突出热辐射过程,而让其他过程处于较小可以忽略的程度?

(4)如果实验结果与预期的相反,试分析造成实验失败的因素可能有哪些?

(5)如果装置两边都用银白色吸热瓶,会有什么现象?

实验 6.2　稀土壁画

【演示目的】

(1)荧光演示隐形立体画展示；

(2)认识稀土长余辉荧光材料。

【实验装置】

图 6.2.1 所示为稀土荧光演示仪。装置中右边窗口为紫外线照射前的效果，左边窗口为发出荧光后的效果。

图 6.2.1　稀土荧光演示仪

【演示原理】

1. 荧光和长余辉荧光(磷光)

荧光又作“萤光”，是一种光致发光的冷发光现象。当短波光(通常是蓝紫光、紫外线或 X 射线，频率较高，具有较高的能量)照射到某些常温物质后，物质分子吸收光能进入激发态，并且退激发，跃迁到低一些的能级，发出比入射光的波长较长(频率较低，能量较低)的光。通常，发出光的波长在可见光波段，若停止照射后发光现象立即消失，这种光就是我们通常所说的荧光；若停止照射后发光还会持续一段时间，这就是磷光或称为长余辉荧光。发出磷光的退激发过程是被量子力学的跃迁选择规则禁止的，因此这个过程很缓慢。所谓的“在黑暗中发光”的材料通常都是磷光性材料，如夜明珠。

常见的荧光装置是荧光灯。灯管内部被抽成真空，再注入少量的水银。灯管电极的放电使水银发出紫外波段的光。这些紫外光是不可见的，并且对人体有害，所以灯管内壁覆盖了一层称作荧光粉的物质，它可以吸收那些紫外光并发出可见光。

荧光在人们生活中有广泛的应用，如纸币的荧光防伪、LED 灯、新型冠状病毒核酸荧光检测、荧光显影侦探等。很多矿物和宝石也有荧光现象。例如，不同产地的刚玉（红蓝宝石）在紫外灯下可有红荧光和橙荧光，钻石则可能有橙、黄、蓝、紫、绿多种荧光，萤石有蓝紫荧光，A 货翡翠少有荧光反应，但 B 货翡翠可有明显荧光，天然黑珍珠有荧光，但人工处理的没有荧光等，这些荧光特征经常被珠宝鉴定师拿来作为宝石鉴定的依据。

生活中用到的磷光也很多，例如夜光手表、夜光标牌，还有办公楼走廊的安全提示牌，以及本演示实验的稀土长余辉壁画等。

2. 稀土元素

稀土就是化学元素周期表中镧系元素——镧（La）、铈（Ce）、镨（Pr）、钕（Nd）、钷（Pm）、钐（Sm）、铕（Eu）、钆（Gd）、铽（Tb）、镝（Dy）、钬（Ho）、铒（Er）、铥（Tm）、镱（Yb）、镥（Lu），以及与镧系的 15 个元素密切相关的元素——钇（Y）和钪（Sc），共 17 种元素，称为稀土元素。稀土元素是 17 种特殊元素的统称。

稀土是从 18 世纪末开始陆续被发现，当时人们常把不溶于水的固体氧化物称为土，例如，将氧化铝称为“陶土”，氧化钙称为“碱土”等。稀土一般是以氧化物状态分离出来的，比较稀少，因而得名为稀土。

稀土元素被誉为“工业的维生素”，具有无法取代的优异磁、光、电性能，对改善产品性能、增加产品品种、提高生产效率起到了巨大的作用。由于稀土作用大、用量少，已成为改进产品结构、提高科技含量、促进行业技术进步的重要元素，是珍贵的战略资源。

稀土元素被广泛应用在冶金、石油化工、芯片、超导材料、强磁、电动汽车、智能手机、光纤电缆、交通、照明、显示、防伪、安全等科技领域。中国拥有丰富的稀土矿产资源，成矿条件优越，探明的储量居世界之首。

3. 稀土长余辉发光材料

具有长余辉效应的物质称为长余辉材料，俗称夜光材料、蓄光材料，它吸收太阳光或人工光源所产生的光的能量后，将部分能量储存起来，然后缓慢地以可见光的形式释放出来，在照射光源撤除后仍然可以长时间发出可见光。

传统的长余辉材料主要是碱土金属硫化物（如 CaS：Bi、CaSrS：Bi 等）和过渡元素硫化物（如 ZnCdS：Cu、ZnS：Cu 等）。它们具有化学稳定性差和余辉时间短缺点。

稀土掺杂的硫化物长余辉发光材料开辟了崭新的天地，主要是以稀土（主要是 Eu^{2+}）作为激活剂，添加 Dy^{3+}、Er^{3+} 等稀土离子或 Cu^{2+} 等非稀土离子作为助激活剂。稀土硫化物长余辉发光材料的亮度和余辉时间为传统硫化物材料的几倍。以硫化物为基质的长余辉材料覆盖了从蓝光到红光的整个可见光范围。

1993 年，Matsuzawa 等人合成了掺 Dy 的 $SrAl_2O_4$：Eu，研究发现其余辉衰减时间长达 2000 min。随后，人们相继开发了一系列稀土激活的铝酸盐长余辉材料，如蓝色 $CaAl_2O_4$：Eu，Nd 和蓝绿色 $Sr_4Al_{14}O_{25}$：Eu，Dy，其长余辉材料及余辉性能参数见表 6.2.1。

表 6.2.1 几种铝酸盐长余辉发光材料的发光性能

长余辉材料的组成	发光颜色	发射波长/nm	余辉强度/(mcd·m^{-2})		余辉时间/min
			10 min 后	60 min 后	
$CaAl_2O_4:Eu^{2+},Nd^{3+}$	青紫	440	20	6	>1000
$SrAl_2O_4:Eu^{2+}$	黄绿	520	30	6	>2000
$SrAl_2O_4:Eu^{2+},Dy^{3+}$	黄绿	520	400	60	>2000
$Sr_4Al_{14}O_{25}:Eu^{2+},Dy^{3+}$	蓝绿	490	350	50	>2000
$SrAl_4O_7:Eu^{2+},Dy^{3+}$	蓝绿	480	—	—	约 80
$SrAl_{12}O_{19}:Eu^{2+},Dy^{3+}$	蓝紫	400	—	—	约 140
$BaAl_2O_4:Eu^{2+},Dy^{3+}$	蓝绿	496	—	—	约 120
ZnS:Cu	黄绿	530	45	2	约 200
ZnS:Cu,Co	黄绿	530	40	5	约 500

与硫化物长余辉发光材料相比，铝酸盐长余辉发光材料具有发光效率高、余辉时间长、化学性能稳定的优点，但发光颜色单调，遇水不稳定。

铝酸盐的长余辉材料，其激活剂主要是 Eu_2O_3、Dy_2O_3、Nd_2O_3 等稀土氧化物，助溶剂为 B_2O_3，余辉发光颜色主要集中于蓝绿光波长范围。时至今日，虽然铝酸盐的耐水性不是很好，但铝酸盐体系长余辉材料 $SrAl_2O_4$:Eu,Dy 和 $Sr_4Al_{14}O_{25}$:Eu,Dy 仍是现阶段主要的长余辉材料。

由于硅酸盐为基质的长余辉材料具有良好的化学稳定性和热稳定性，同时原料 SiO_2 廉价、易得，近些年来越来越受人们重视。1975 年日本开发出硅酸盐长余辉材料 Zn_2SiO_4:Mn,As，其余辉时间为 30 min。此后，多种硅酸盐的长余辉材料也相继被开发，如 $Sr_2MgSi_2O_7$:Eu,Dy、$Ca_2MgSi_2O_7$:Eu,Dy、$MgSiO_3$:Mn,Eu,Dy。硅酸盐基质长余辉材料中的主要激活剂为 Eu^{2+}，其发光颜色仍集中于蓝绿光。余辉性能较好的是 Eu 和 Dy 共掺杂的 $Sr_2MgSi_2O_7$ 和 $Ca_2MgSi_2O_7$，其余辉持续时间大于 20h。此外，在 Mn、Eu、Dy 三元素共掺杂的 $MgSiO_3$ 中观察到了红色长余辉现象。

硅酸盐体系长余辉材料在耐水性方面具有铝酸盐体系无法比拟的优势，但其发光性能较铝酸盐材料差。

4. 隐形立体壁画

隐形画是用稀土长余辉发光材料制作的隐形幻彩涂料做出的墙画。隐形幻彩涂料在自然灯光下不显示任何色彩，而在紫光灯照射下，这种隐形画会呈现出非常艳丽的色彩。类似地，荧光壁画是由特殊的荧光颜料和化学制剂做出的墙画，表现出特殊的荧光效果和三度空间的立体纵深效果。

立体画是画家利用特殊的3D手法，透视角度，明暗对比，显示出彩色的立体视觉空间，结合稀土长余辉特性，营造强烈的视觉冲击力，使观赏者身临其境。

【实验操作及演示现象】

(1)用稀土发光材料制作的荧光小屋，在不打紫光灯的情况下呈现一种图案或无图案，紫光灯亮后，由荧光颜料绘制的3D立体画面呈现出来，效果非常奇妙。

(2)用稀土长余辉发光材料制作的立体画，开灯光连续照射一段时间后关掉光源，此时图画呈现出另一种景象。

(3)用稀土长余辉荧光材料制作的留影板，将手放在板上，在打开灯光连续照射一段时间后，关掉光源，此时会在留影板上呈现出另一种景象。

【注意事项】

尽量避免直视紫光灯。

【思考题】

(1)紫光照射时间与荧光效果有何关系？

(2)手的温度与留影板荧光效果有无关系？

实验 6.3　记忆合金

【演示目的】

(1)演示记忆合金材料的形状记忆功能;

(2)增加对记忆合金特殊功能材料的感性知识。

【实验装置】

图 6.3.1 所示是用记忆合金在常温下制作的“含苞”的花朵,热风机加温后会开放(消除低温成形形变,恢复原形)。

图 6.3.1　形状记忆合金演示仪

【演示原理】

形状记忆合金又简称记忆合金(shape memory alloy,SMA),它是指具有一定初始形状的合金在低温下经塑性形变并固定成另一种形状后,通过加热到某一临界温度以上又可恢复到初始形状的一类合金。

形状记忆合金具有的能够记住其原始形状的功能称为形状记忆效应(shape memory mffect,SME)。很多合金材料都具有形状记忆效应,但只有在其形变过程中产生较大回复应变和形变回复力时才具有利用价值。记忆合金由于具有孪晶界面移动机制,可恢复的应变量达到 7%~8%,比一般材料要高得多。对一般材料来说,这样大的变形早就发生永久形变了。

在这里必须简单介绍几个基本概念:奥氏体、马氏体及马氏相变。

为了纪念英国冶金学家罗伯茨-奥斯汀(1843—1902 年)对金属科学的贡献,把碳溶解在 γ 铁中形成的一种间隙固溶体,呈面心立方结构,叫奥氏体。奥氏体是一般钢在高温下的组织,存在一定的温度和成分范围。在合金钢中除碳之外,其他合金元素也可溶于奥氏体中,并扩大或缩小奥氏体稳定区的温度和成分范围。例如,加入锰和镍能将奥氏体临界转变温度降至室温以下，使钢在室温下保持奥氏体组织，即所谓的奥氏体钢。奥氏体是一种塑性很好，溶碳能力较大，强度较低的固溶体，具有一定韧性，不具有铁磁性。

马氏体最初是在钢（中、高碳钢）中发现，将钢加热到一定温度（形成奥氏体）后经迅速冷却（淬火），得到能使钢变硬、强度增大的一种淬火组织。为纪念德国冶金学家马滕斯，把这种组织命名为马氏体。最早把钢中奥氏体转变为马氏体的相变称为马氏体相变。20 世纪以来，又相继发现在某些纯金属和合金中也具有马氏体相变。目前广泛地把基本特征属马氏体相变型的相变产物统称为马氏体。马氏体相变具有可逆性，将马氏体向高温相（奥氏体）的转变称为逆转变。马氏体的屈服强度又比母相奥氏体低得多，合金在马氏体状态比较软，这点与一般的材料很不同。

1. 记忆合金的历史

记忆合金的历史可追溯到 1932 年。瑞典人奥兰德在金镉合金中首次观察到“记忆”效应，即合金的形状被改变之后，一旦加热到一定的跃变温度时，它又可以魔术般地变回到原来的形状。

1938 年，美国的 Greningerh 和 Mooradian 在 Cu－Zn 合金中发现了马氏体的热弹性转变。随后，苏联的 Kurdjumov 对这种行为进行了研究。1951 年，美国的 Chang 和 Read 在 Au47·5Cd 合金中也发现了形状记忆效应。这是最早观察到金属形状记忆效应的报道。数年后，Burkhart 在 In－Ti 合金中观察到同样的现象。然而在当时，这些现象的发现只被看作个别材料的特殊现象而未能引起人们足够的重视。直至 1962 年，美国海军军械研究所的比勒在研究工作中发现，在高于室温较多的某温度范围内，把一种镍-钛合金丝烧成弹簧，然后在冷水中把它拉直或铸成正方形、三角形等形状，再放在 40℃以上的热水中，该合金丝就恢复成原来的弹簧形状。后来陆续发现，某些其他合金也有类似的功能。并且发现每种以一定元素按一定重量比组成的形状记忆合金都有一个转变温度，在这一温度以上将该合金加工成一定的形状，然后将其冷却到转变温度以下，人为地改变其形状后再加热到转变温度以上，该合金便会自动地恢复到原先在转变温度以上加工成的形状。从此开创了“形状记忆”的实用阶段。

1969 年，Ni－Ti 合金的“形状记忆效应”首次在工业上应用。Raychem 公司人员采用了一种与众不同的管道接头装置。为了将两根需要对接的金属管连接，选用转变温度低于使用温度的某种形状记忆合金，在高于其转变温度的条件下，做成内径比待对接管子外径略微小一点的短管（作接头用），然后在低于其转变温度下将其内径稍加扩大，对其加温到该接头的转变温度时接头就自动收缩而扣紧被接管道，形成牢固紧密的连接。首次将 Ni－Ti 合金制成管接头应用于美国 F－14 战斗机上的油压系统，使用了 10 万余件，他们从未发生过漏油、脱落或破损事故。

1969 年 7 月 20 日，美国又将 Ni－Ti 记忆合金丝制成宇宙飞船用的天线。“阿波罗”11 号登月舱在月球上首次留下了人类的脚印，并通过一个直径数米的抛物面天线在月球和地球之间传输信息。这个庞然大物般的天线就是用 Ni－Ti 形状记忆合金材料，先在其转变温度以上按预定抛物面要求做好，然后降低温度把它压成一团，装进登月舱带上天去。放置于月球后，在阳光照射下，达到该合金的转变温度，天线“记”起了自己的本来面貌，变成一个巨大的抛物面。

这些应用大大激励了国际上对形状记忆合金的研究与开发。20 世纪 70 年代，相继开发出了 Ni－Ti 基，Cu－Al_2－Ni 基和 Cu－Zn－Al 基形状记忆合金；80 年代开发出了铁系合金 Fe－Mn－Si 基、不锈钢基等铁基形状记忆合金，其由于成本低廉、加工简便，引起材料工作者的极大兴趣。20 世纪 90 年代至今，高温形状记忆合金、宽滞后记忆合金以及记忆合金薄膜等已成为研究热点。

几十年来，有关形状记忆合金的研究已逐渐成为国际相变会议和材料会议的重要议题，多次召开专题讨论会，不断丰富和完善了马氏体相变理论。在理论研究不断深入的同时，形状记忆合金的应用研究也取得了长足进步，其应用范围越来越广泛。

从 SMA 的发现至今，已有 80 余年历史，美国、日本等国家对 SMA 的研究和应用开发已较为成熟，同时也较早地实现了 SMA 的产业化。我国从 20 世纪 70 年代末才开始对 SMA 进行研究，起步较晚，但起点较高。在材料冶金学方面，特别是实用形状记忆合金的炼制水平已得到国际学术界的公认，在应用开发上也取得了一些独到的成果。但是，受研究条件的限制，在 SMA 的基础理论和材料科学方面的研究，我国与国际先进水平尚有一定差距，尤其是在 SMA 产业化和工程应用方面与国外差距较大。

2. 记忆合金的功能机理

形状记忆合金并不像人类那样具有记忆力，而是记忆合金的晶体结构能随温度有规律地变化。假设它的单位晶体结构为立方体，当温度降低时，其微观结构发生变化，成菱形块。当然，这样的微观变化用肉眼是看不出来的。在温度升高后，单位晶体结构恢复为立方体，各单位晶体结构之间的相应位置也都复原，致使合金的宏观形状也恢复为原来的形状。例如，一根螺旋状高温合金，经过高温退火后，它的形状处于螺旋状态。在室温下，即使用很大力气把它强行拉直，但只要把它加热到一定的“变态温度”，这根合金仿佛记起了什么似的，立即恢复到它原来的螺旋形态。

形状记忆效应是热弹性马氏体相变产生的低温相在加热时向高温相进行可逆转变的结果。图 6.3.2 是用记忆合金做成弯曲的勺子，当遇到较高的温度后会自动变直，当温度降低又恢复弯曲状。

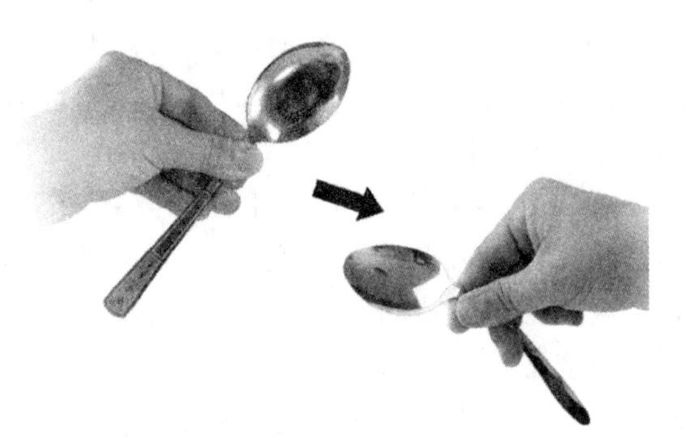

图 6.3.2　弯勺子“魔术”演示

3. 记忆效应的分类

合金的记忆效应是由合金的“相变”来实现的。形状记忆效应主要分为单程记忆效应、双程记忆效应和全程记忆效应 3 种。

单程记忆效应：形状记忆合金在较低的温度下变形，加热后可恢复变形前的形状，这种只在加热过程中存在的形状记忆现象称为单程记忆效应。利用单程形状记忆效应的单向形状恢复可制成管接头、天线、套环等。利用外因性双向记忆恢复，即利用单程形状记忆效应并借助外力随温度升降做反复动作可制作热敏元件、机器人、接线柱等。

双程记忆效应：某些合金加热时恢复高温相形状，冷却时又能恢复低温相形状，称为双程记忆效应。利用双程记忆效应随温度升降做反复动作可制作热机、热敏元件等。但这类应用记忆衰减快、可靠性差，不常用。

全程记忆效应：加热时恢复高温相形状，冷却时变为形状相同而取向相反的低温相形状，称为全程记忆效应。

4. 形状记忆合金的应用

迄今为止，形状记忆合金已有十几种体系，包括 AuCd、Ag－Cd、Cu－Zn、Cu－Zn－Al、Cu－Zn－Sn、Cu－Zn－Si、Cu－Sn、Cu－Zn－Ga、In－Ti、Au－Cu－Zn、NiAl、Fe－Pt、Ti－Ni、Ti－Ni－Pd、Ti－Nb、U－Nb 和 Fe－Mn－Si 等。其因具有许多优异的性能，被广泛应用于航空航天、机械电子、生物医疗、桥梁建筑、汽车工业及日常生活等领域。

1）航空航天工业中的应用

欧洲和美国正在研制用于直升飞机的智能水平旋翼中的形状记忆合金材料。由于直升飞机高震动和高噪声使用受到限制，其噪声和震动的主要来源是叶片涡流干扰，以及叶片形线的微小偏差，这就需要一种平衡叶片螺距的装置，使各叶片能精确地在同一平面旋转。目前已开发出一种叶片的轨迹控制器，它是用一个小的双管形状记忆合金驱动器控制叶片边缘轨迹上的小翼片的位置，使其震动降到最低，其已成功地应用在波音 777—300ER 上。

在卫星中使用一种可打开容器的形状记忆释放装置，该容器用于保护灵敏的锗探测器免受装配和发射期间的污染。

2）机械电子产品中的应用

记忆合金已用于管道结合和自动化控制方面。用记忆合金制成套管可以代替焊接。方法是在低温时将管端内径扩大约 4％，装配时套接在一起，一经加热，套管收缩恢复原形，形成紧密的接合。飞机、船舰和海底油田管道损坏，用记忆合金配件修复起来，十分方便。在一些施工不便的部位，用记忆合金制成销钉，装入孔内加热，其尾端自动分开卷曲，形成单面装配件。另一种连接件的形状是焊接的网状金属丝，用于制造导体的金属丝编织层的安全接头。这种接头已经用于密封装置、电气连接装置、电子工程机械装置，并能在 65～300℃ 严酷的环境中可靠地工作。将形状记忆合金制作成一个可打开和关闭快门的弹簧，用于保护雾灯免于飞行碎片的击坏。记忆合金也用于制造精密仪器或精密车床，一旦由于震动、碰撞等原因导致精密仪器或精密车床发生变形，只需加热即可排除故障。在机械制造过程中，各种冲压和机械操作常需将零件从一台机器转移到另一台机器上，现在利用形状记忆合金开发了一种取代手动或液压夹具，这种装置叫驱动气缸，它具有效率高、灵活、装夹力大等特点。

记忆合金特别适合于热机械和恒温自动控制，利用记忆合金的热机设计方案也不少，它们都能在具有低温差的两种介质间工作，从而为利用工业冷却水、核反应堆余热、海洋温差和太阳能开辟了新途径。不过，现在普遍存在的问题是这种设计方案效率不高，只有 4％～6％，有待于进一步改进。

3)生物医疗上的应用

记忆合金在现代医疗中正扮演着不可替代的角色。用于医学领域的 Ti－Ni 形状记忆合金,除了利用其形状记忆效应或超弹性外,还应满足化学和生物学等方面的要求,即良好的生物相容性。Ti－Ni 可与生物体形成稳定的钝化膜,在医学上 Ti－Ni 合金主要应用有:人造骨骼、伤骨固定加压器、牙科正畸器,各类腔内支架、栓塞器、心脏修补器、血栓过滤器、介入导丝和手术缝合线、髓内针、人工关节、人造肾脏用微型泵等。

通常牙齿矫形用不锈钢丝 Co－Cr 合金丝,但这些材料有弹性模量高、弹性应变小的缺点。为了给出适宜的矫正力,在矫正前就要加工成弓形,而且结扎固定要求熟练。如果用 Ti－Ni合金作牙齿矫形丝,即使应变高达 10%,也不会产生塑性变形,而且应力诱发马氏体相变,使弹性模量呈现非线形特性,即应变增大时矫正力波动很少。这种材料不仅操作简单,疗效好,也可减轻患者不适感。

记忆合金还可应用于脊柱侧弯矫形。各种脊柱侧弯症(先天性、习惯性、神经性、佝偻病性、特发性等)疾病患者,不仅身心受到严重损伤,而且内脏也受到压迫,所以有必要进行外科手术矫形。目前这种手术采用不锈钢制哈伦顿棒矫形,存在安放难以控制、矫正力下降快等问题。采用形状记忆合金制作的哈伦顿棒,只需要进行一次安放矫形棒固定。如果矫形棒的矫正力有变化,可以通过体外加热形状记忆合金,把温度升高到比体温约高 5℃,就能恢复足够的矫正力。

另外,用 Ti－Ni 形状记忆合金制作各种骨连接器、接骨用的骨板,不但能将两段断骨固定,而且在恢复原形状的过程中产生压缩力,迫使断骨接合在一起。像结扎脑动脉瘤和输精管的长夹等,都是在植入人体内后靠体温的作用启动。血栓过滤器也是一种记忆合金新产品,被拉直的过滤器植入静脉后,会逐渐恢复呈网状,从而阻止 95%的凝血块流向心脏和肺部。人工心脏是一种结构更加复杂的脏器,用记忆合金制成的肌纤维与弹性体薄膜心室相配合,可以模仿心室收缩运动,如图 6.3.3 所示。

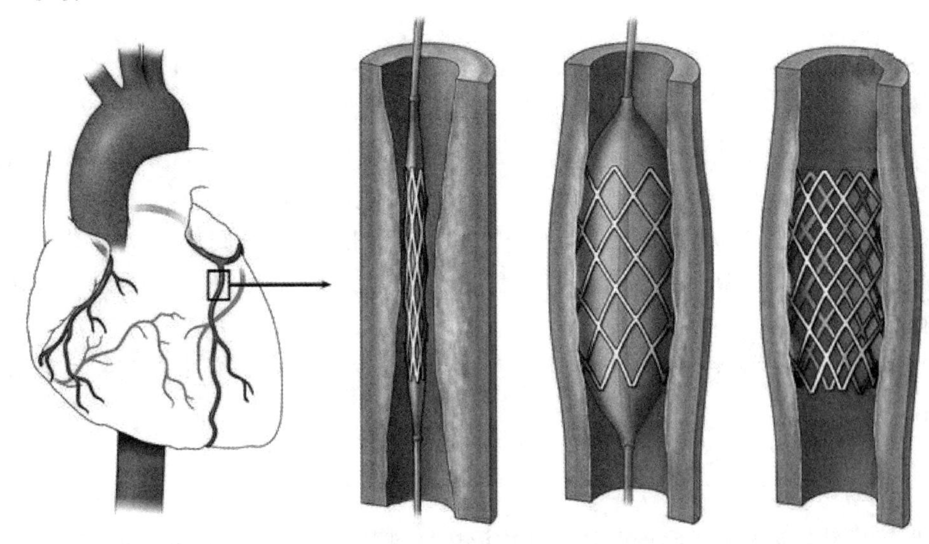

图 6.3.3　记忆合金在医疗上的应用

4)日常生活中的应用

目前形状记忆合金大多被用来制作温度控制开关或电热驱动装置。如煮咖啡的最佳温度是90℃,利用形状记忆合金制作咖啡壶的温控开关,使它高于90℃的时候自动断开,低于该温度时又自动接通。同样的道理,形状记忆合金被广泛用于恒温器、自动干燥库、电磁炉、净水器等。

防烫伤阀。在家庭生活中,已开发的形状记忆阀可用来防止洗涤槽中、浴盆和浴室的热水意外烫伤。如果水龙头流出的水温达到可能烫伤人的温度(大约48℃),形状记忆合金驱动阀门关闭,直到水温降到安全温度,阀门才重新打开。

眼镜框架。在眼镜框架的鼻梁和耳部装配Ti-Ni合金可使人感到舒适并抗磨损。用超弹性Ti-Ni合金丝做眼镜框架,即使镜片热膨胀,该形状记忆合金丝也能靠超弹性的恒定力夹牢镜片,而普通的眼镜框则不能做到。眼镜框受到碰撞变形后,只要将其浸泡在温水里就可以恢复原状。

移动电话天线。使用超弹性Ti-Ni金属丝做蜂窝状电话天线是形状记忆合金的另一个应用。过去使用不锈钢天线,由于弯曲常常出现损坏问题。使用Ti-Ni形状记忆合金是移动电话天线,具有高抗破坏性,普遍受到人们的欢迎。

火灾检查阀门。火灾中,当局部地方升温时阀门会自动关闭,防止了危险气体进入。这种特殊结构设计的优点是,它具有检查阀门的功能,然后又能复位到安全状态。这种火灾检查阀门在半导体制造业、化学和石油工厂中得到使用。

自动弹簧。英国一家公司研制的窗户弹簧开启器,白天气温高,它会自动打开窗户,晚上气温低,它便自动关窗,可谓"体贴入微"。

5)应用中存在的问题

在SMA的研究和应用中,目前存在以下主要问题。

(1)SMA的各种功能均依赖于马氏体相变,需要不断对其加热,冷却及加载、卸载,且材料变化具有迟滞性,因此SMA只适用于低频(10 Hz以下)窄带振动中,这就大大限制了材料的广泛应用。

(2)SMA自身存在损伤和裂纹等缺陷,如何克服这些缺陷、改善材料性能,是当前迫切需要解决的问题。

(3)现有的SMA结构模型在实际工程应用中都还存在一些缺陷,如何克服这些缺陷,从而精确地模拟出SMA的材料行为,也是一个需要研究的重要课题。

(4)在医学应用方面,还需要继续研究SMA的生物相容性和细胞毒性。

(5)SMA作为一种新型功能材料,其加工和制备工艺较难控制,目前还没有形成一条SMA自动生产线。

(6)为了提高应用水平,SMA元器件还需要进一步微型化,提高反应速度和控制精度,有许多工作要做。

(7)材料价格相当昂贵,需要降低成本等。

6)高科技应用展望

21世纪将成为材料电子学的时代。形状记忆材料兼有传感和驱动的双重功能,可以实现控制系统的微型化和智能化,如全息机器人、毫米级超微型机械手等。用形状记忆合金制作的机器人的动作除温度外不受任何环境条件的影响，有望在反应堆、加速器、太空实验室等高技术领域大显身手。

2009年由美国北卡罗来纳州立大学的研究人员研制出只有手掌大小，不足6g，感觉像羽毛一样轻的“机器蝙蝠”，拥有形状记忆合金的节状四肢以及用智能材料制作的“肌肉”。它是用于侦察或者收集其他信息的绝好的微型飞行器。博士生导师斯坦佛·斯勒科说：“我们使用一种对电流产生的热有敏感作用的合金。热会刺激发丝大小的金属丝。使得它们像‘金属肌肉’一样收缩，在收缩过程中，这种肌肉金属丝还能改变它们的电阻，电阻很容易被测量，因此可实现同步动作和感应输入。这种双重功能将有助于减轻机器蝙蝠的重量，让机器人面对改变的形势做出快速反应，简直和真正的蝙蝠一样完美。”

相信在不久的将来，汽车的外壳也可以用记忆合金制作。如果不小心碰瘪了，只要用热水或电吹风加加温就可恢复原状，既省钱又省力，非常方便。

本实验装置主要由记忆合金弹簧和合金花组成。在高于记忆合金的“跃变温度”(约85℃)时，记忆合金产生相变，记忆合金弹簧在热风中缩短，在空气中伸长，合金花在热风中开放。

【实验操作及演示现象】

(1)开热风机吹“含苞”的合金化，合金花在热风中开放。

(2)关热风机片刻降温后，合金花闭合。

【注意事项】

注意避免热风烫伤。

【思考题】

如图6.3.4所示，演示用的“永动机”转轮由5根轻杆和转轴构成，轻杆的末端装有形状记忆合金制成的叶片，轻推转轮后，进入热水的叶片因伸展面“划水”，推动转轮转动。离开热水后，叶片形状迅速恢复，转轮因此能较长时间转动。下列说法中正确的是(　　)。

A. 转轮依靠自身惯性转动，不需要消耗外界能量；

B. 转轮转动所需能量来自形状记忆合金自身；

C. 转动的叶片不断搅动热水，水温升高；

D. 叶片在热水中吸收的热量一定大于在空气中释放的热量。

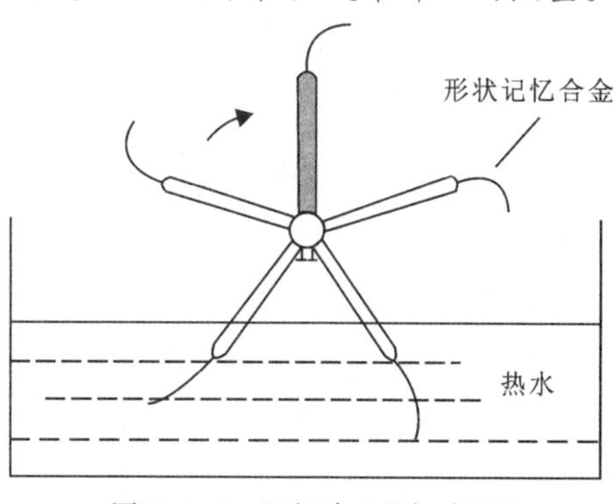

图6.3.4　记忆合金“永动机”

实验 6.4　纳米磁液

【演示目的】

(1)观察纳米磁性液体在磁场中的状态变化;

(2)了解磁性液体在磁场中状态变化的基本原理。

【实验装置】

图 6.4.1 所示为盛装纳米磁液的装置。

图 6.4.1　纳米磁液装置

【演示原理】

没有磁性的铁、钴、镍、铁合金等这类铁磁材料,在磁体的作用下会获得磁性,这个过程称为磁化。铁磁材料能够被磁化是因为这些材料内部存在磁畴,磁畴可以理解为具有磁性的微观区域(每个磁畴可看作是一个微型磁体)。磁畴中箭头的方向是其磁矩的方向,相当于微型磁体的 S 极指向 N 极的方向。当无外磁场时,各磁畴磁矩方向杂乱无章,整体不显磁性。当接触或靠近磁体时,磁畴磁矩方向对齐并沿着磁场方向排列,即铁磁材料被磁化。如图 6.4.2 所示。

当铁磁材料尺寸比较大时,人们肉眼无法感知这种磁化。如果把磁性材料(Fe、Co、Ni等)的尺寸做到纳米级(0.1～100 nm),这种材料就称为磁性纳米颗粒。而纳米磁液是指用表面活性剂将直径小于 10 nm 的磁性纳米颗粒包覆并高度分散在载液中形成的一种胶体溶液。磁流体具有液体的流动性和固体的磁性。当未施加外磁场时,纳米磁液不显磁性,液面平整。当施加外磁场时,纳米磁性颗粒由于磁化会表现出磁性,这些颗粒会聚集到磁场强度大的区域,同时,其磁畴方向会迅速对齐并沿着磁场方向排列,导致磁液整体出现形状的变化。

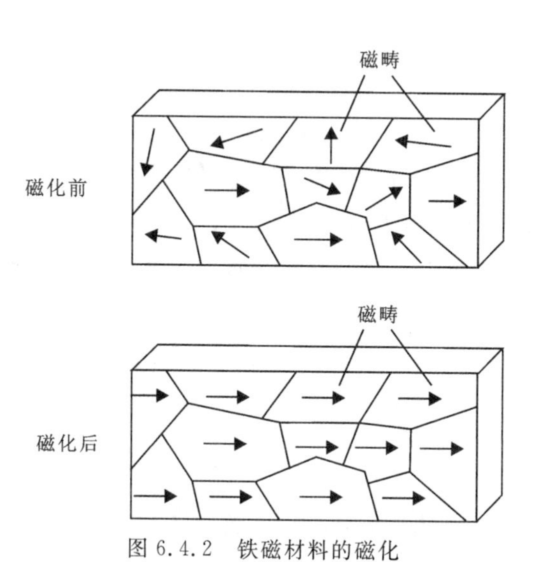

图 6.4.2　铁磁材料的磁化

【实验操作及演示现象】

将磁性液体置于容器中，接着用磁铁隔着容器靠近磁性液体，可以观察到磁液从自由流动的状态转变为沿磁场方向呈现出针状排列。若用磁性更强的磁体靠近，磁液的磁化强度将增强，观察到的针状排列更加有序和明显。撤去磁场后，磁性纳米颗粒会恢复到原来分散的状态，磁液再一次成为均匀的液体。

【思考题】

(1)磁性液体为什么会出现针状排列的形状？

(2)磁场强度对磁性液体形状有影响吗？

B 光电子技术

光电子技术是是光学与电子学相结合的交叉学科，通过利用光子和电子相互作用的原理来实现信息的处理、传输和存储等功能的技术集合。该技术基于光子和电子两者的优势，不仅体现在基础科学研究上，而且在工业生产、通信、医疗、军事等诸多领域都有着广泛的应用和深远的影响。

实验 6.5 光控飞机

【演示目的】

演示太阳能的利用与光生伏特效应。

【实验装置】

图 6.5.1 所示是强光灯下用太阳能电池板做机翼的模型飞机，飞机前端是电动马达驱动的螺旋桨，太阳能电池给马达供电，螺旋桨旋转后模型飞机在风力作用下绕支柱圆周飞行。

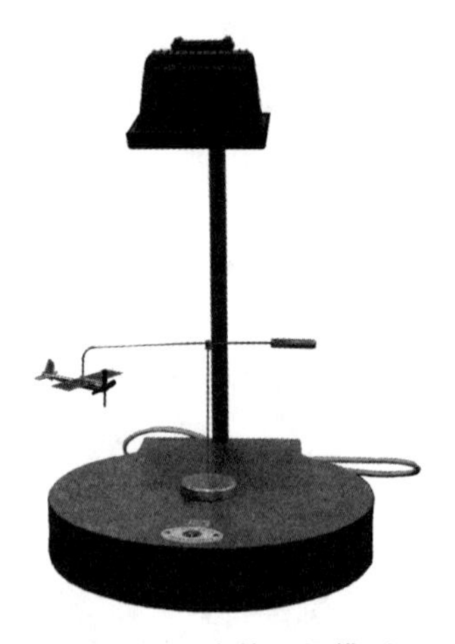

图 6.5.1 光控飞机模型

【演示原理】

能产生光伏效应的材料有许多种，如单晶硅、多晶硅、非晶硅、砷化镓、硒铟铜等，太阳能电池的原理是基于这些材料的光生伏特效应，将光能转换成电能。现以单晶硅为例描述光发电过程。

单晶硅通过掺杂不同元素形成P型和N型半导体，两种半导体接触形成P－N结。当P－N结受光照时，本征吸收和非本征吸收都产生光生载流子，但能引起光伏效应的只能是本征吸收所激发的少数载流子。因P区产生的光生空穴，N区产生的光生电子属多子，都被电势垒阻挡而不能穿过P－N结。只有P区的光生电子和N区的光生空穴和结区的电子空穴对(少子)扩散到结电场附近时能在内建电场作用下漂移穿过P－N结。光生电子被拉向N区，光生空穴被拉向P区，即电子空穴对被内建电场分离。这导致在N区边界附近有光生电子积累，在P区边界附近有光生空穴积累。它们产生一个与热平衡P－N结的内建电场方向相反的光生电场，其方向由P区指向N区。此电场使势垒降低，其减小量即光生电势差，P端是正，N端是负。于是有结电流由P区流向N区，其方向与光电流相反。如果这时分别在P型层和N型层焊上金属导线，接通负载，则负载中便有电流通过，这就构成光电池。多个光电池串联、并联起来，成为太阳能电池组，就能对外输出一定的电压和电流，提供足够大的电功率。当太阳能电池组外部接通小飞机马达电路时，将会驱动马达带动扇叶。这个过程的实质是：光能转换成电能，电能通过马达转换成螺旋桨转动的机械能，使模型飞机“飞行”。

由于是室内演示，该实验采用灯光代替太阳光作为动力能源，生动地展示了太阳能转化为电能，再转化为使小飞机前进的机械能。

【实验操作及演示现象】

打开电源开关即可看到飞机模型的螺旋桨转动，带动飞机绕着支点飞行。

【思考题】

(1)哈勃望远镜上装的光帆是如何提供动力的呢?

(2)自由电荷为什么会在P－N结两侧定向集聚?

(3)太阳能电池输出的电能与哪些因素有关?

实验 6.6 布鲁克斯辐射计

【演示目的】

了解布鲁克斯辐射计的原理。

【实验装置】

图 6.6.1 所示为布鲁克斯辐射计实验装置图。

图 6.6.1 布鲁克斯辐射计实验装置图

【演示原理】

光对被照射物体单位面积上所施加的压力叫作光压,也称为辐射压强。当物体对正入射的光辐射进行完全吸收时,光压等于光波的能量密度;若物体完全反射,光压等于光波的能量密度的 2 倍。光压的存在说明电磁波具有动量。

本实验装置由密封于真空的玻璃容器中的转轮和照明灯组成。假如玻璃容器被抽成完全真空,则当灯光照射转轮时,由于光压作用,涂黑表面所受的压力是白色表面所受压力的一半(光子在白色表面反射与被黑色表面吸收,转轮得到的动量相差一倍),这使得叶片由白面朝黑面转动。但在通常光照下,光压非常小,很难看到此现象。要想看到光压引起的效应,必具备两个条件:玻璃容器的极高真空和对转轮的阻力要极小。

但实际上,玻璃容器内不是极高真空,叶片表面附近有残余气体存在,因叶片中涂黑表面处的气体的温度高于白色表面处的气体(因黑色表面吸热多于白色表面),黑面处的气体的压强大于白面处的气体的压强,因而推动叶片由黑面处向白面处转动。

在光压和气体压强两种作用中,后者更强,整体效果是叶片从黑面处转向白面处,持续地转动。这种情况下,实验装置所展现的是布鲁克斯辐射计的实验现象。

【实验操作及演示现象】

开启照明灯电源,即可看到叶片转动。

【注意事项】

小心烫伤,避免直视强灯光,小心易碎装置。

【思考题】

(1)克鲁克斯辐射计和光压风车有什么关联与区别?

(2)分析风车转向和转速的影响因素。

实验 6.7　无弦琴

【演示目的】

通过琴声演示内光电效应和光开关的通断。

【实验装置】

用金属管制成管风琴状的“无弦琴”，如图 6.7.1 所示。每根金属管对应一个音阶，每根金属管中有一个激光器，激光束向下照射到对应的光开关。每个光开关单独和一个包括声音信号发生器(不同音阶频率不同)、功率放大器以及扬声器的电路相连，对电路开合进行控制。

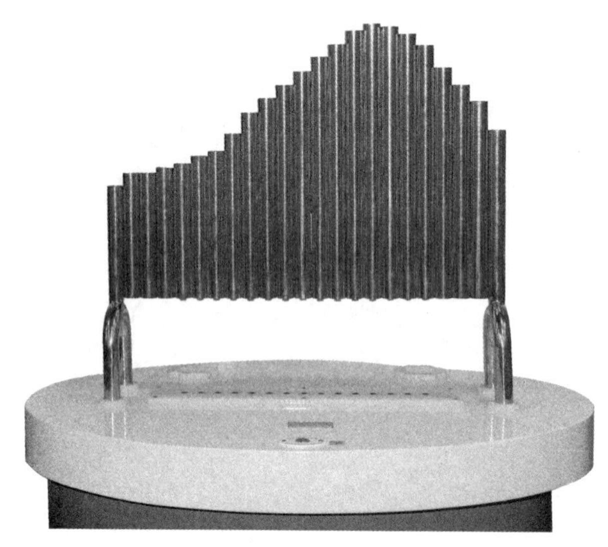

图 6.7.1　无弦琴演示装置

【演示原理】

无弦琴的核心元件是用光敏电阻制成的光控开关。光敏电阻常用硫化镉、硒、硫化铝、硫化铅和硫化铋等材料制作，这些材料在特定波长的光照射下，其阻值迅速减小。这是由于光照在这些材料上后产生的载流子在外加电场的作用下作漂移运动，增加了材料的导电性，从而使其阻值迅速下降，此效应称为内光电效应。其特点是：光照越强，电阻越小；光照越弱，电阻越大。用光敏电阻配合其他电学元件(如三极管)，就可以利用光照强弱改变电阻从而改变电路的通断，制作出光开关。

此“无弦琴”装置中，光开关的状态为：有光照时开关断开，无光照时开关闭合。当演奏者的手指划过某根金属管和下方光开关之间时，会遮挡此路光线，导致光开关闭合，该路电路导通，接入该电路的声音信号发生器发出声音，相当于拨动一根琴弦。而未被遮挡的电路则为断开状态,接入这些电路的声音信号发生器就不能发出声音。于是,演奏者通过有节律地对各路光进行遮挡,就可以“演奏”出不同的音阶和乐曲。

【实验操作及演示现象】

打开电源开关,用手指遮挡“激光束”,就可以听到优美动听的音乐。

【思考题】

(1)实验上光敏电阻用的是内光电效应还是外光电效应?

(2)光敏电阻在生活中还有什么应用呢?

(3)无弦琴音色主要由什么决定的?

(4)该无弦琴能否演奏出强音和弱音,为什么?

实验 6.8　电光效应演示(液晶)

【演示目的】

(1)了解液晶的电光特性；

(2)认识特殊的液晶光栅和物理特性。

【实验装置】

图 6.8.1 所示为演示电光效应的实验光路图。

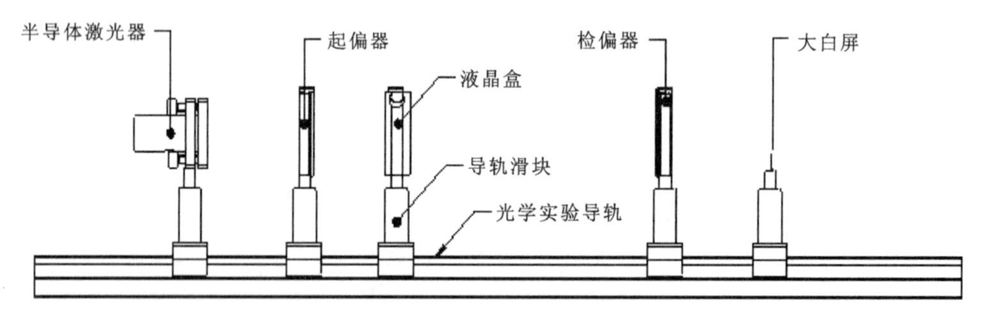

图 6.8.1　演示电光效应的实验光路图

【演示原理】

液晶是介于液体与晶体之间的一种物质状态，一般的液体内部分子排列是无序的，而液晶既具有液体的流动性，其分子又按一定规律有序排列，使它呈现晶体的各向异性。当光通过液晶时，会产生偏振面旋转、双折射等效应。液晶分子是有极性的基团分子，在电场作用下，偶极子会按电场方向取向，导致分子原有的排列方式发生变化，液晶的光学性质也随之发生改变，这种由外电场引起的液晶光学性质的改变称为液晶的电光效应。

1888 年，奥地利植物学家 Reiniter 在做有机物溶解实验时，在一定的温度范围内观察到液晶。1961 年，美国 RCA 公司发现了液晶的一系列电光效应，并制成了显示器件。从 20 世纪 70 年代开始，日本公司将液晶与集成电路技术结合，制成了一系列液晶显示器件，并在这一领域保持领先地位。液晶显示器件由于具有驱动电压低(一般为几伏特)、功耗极小、体积小、寿命长、环保、无辐射等优点，在当今各种显示器件的竞争中独领风骚，已经成为目前显示器的主流配置。

1. 液晶显示的基本原理

以常用的 TN(扭曲向列)型液晶为例，说明其工作原理。TN 型液晶显示单元的结构如图 6.8.2 所示。

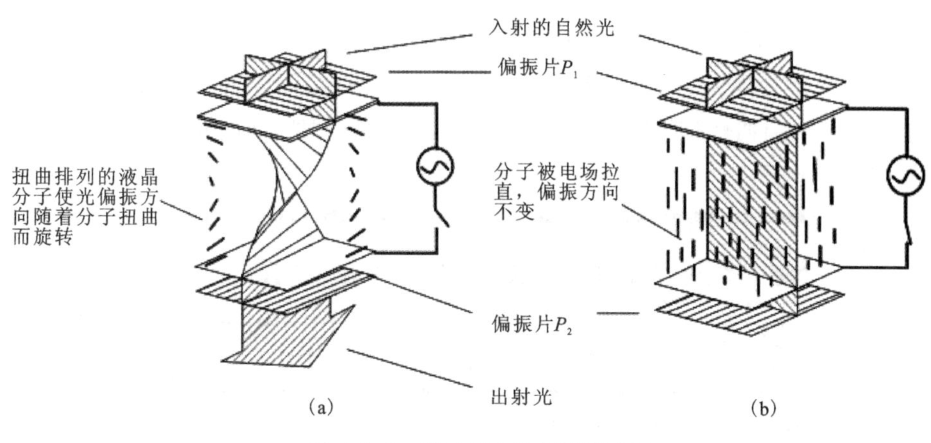

图 6.8.2　液晶显示的原理示意图

在两块玻璃板之间夹有正性向列相液晶材料，液晶分子的形状如同火柴一样，为棍状。棍的长度为十几埃($1\text{Å}=10^{-10}\text{m}$)，直径为 4～6Å，液晶层厚度一般为 5～8μm。玻璃板的内表面涂有透明电极，电极的表面预先作了定向处理(可用软绒布朝一个方向摩擦，也可在电极表面涂取向剂)，这样，液晶分子在透明电极表面就会躺倒在摩擦所形成的微沟槽里，使电极表面的液晶分子按一定方向排列，且上下电极上的液晶分子定向方向相互垂直。上下电极之间的那些液晶分子因范德瓦尔斯力的作用，趋向于平行排列。然而由于上下电极上液晶的定向方向相互垂直，从俯视方向看，液晶分子的排列从图 6.8.2(a)中上电极的沿－45°方向排列，逐步地、均匀地扭曲到下电极的沿＋45°方向排列，整个扭曲了 90°(所以称为扭曲向列型液晶)。

取两张偏振片贴在玻璃的两面，P_1的透光轴与上电极的定向方向相同，P_2的透光轴与下电极的定向方向相同，于是 P_1和 P_2的透光轴相互正交。

当自然光入射通过 P_1，变为偏振方向沿着图 6.8.2(a)所示上电极的沿－45°方向，由于液晶分子的扭曲，偏振方向也随之旋转 90°，沿着图 6.8.2(a)所示下电极的沿＋45°方向，与下电极偏振方向相同，出射光射出，通光显“白”(或称“亮”)。

在施加足够电压的情况下(一般为 1～2V)，在静电场的吸引下，除了基片附近的液晶分子被基片“锚定”以外，其他液晶分子趋于平行于电场方向排列。于是原来的扭曲结构被破坏，成了均匀结构，如图 6.8.2(b)图所示。从 P_1 透射出来的偏振光的偏振方向在液晶中传播时不再旋转，保持原来的偏振方向到达下电极。这时光的偏振方向与 P_2 正交，因而光被关断，显“黑”(或称“暗”)。

由于上述光开关在没有电场的情况下让光透过，有电场的时候光被关断，因此叫作常通型光开关，又叫作常白模式，即“白底黑字”。反之，若 P_1 和 P_2 的透光轴相互平行，则构成常黑模式，即“黑底白字”。

这只是液晶一个单元的工作情况，至于彩色，只要把“黑白”做好了，白要真白，不是泛黄或者泛蓝；黑要真黑，不是泛灰，后面只要上敷滤色片即可。把这些彩色单元做适当组合，就是彩色显示器了。

2. 电控液晶光栅

1963 年，威廉姆斯发现在镀有透明电极、厚度为 10～100μm 的夹层盒内，放进向列相液晶，使其分子轴大致与盒壁平行，然后加直流电压，当电压超过某阈值时，将产生与取向方向垂直的、电压可控的周期性条状区域，可称之为“电控液晶光栅”，如图 6.8.3 所示。

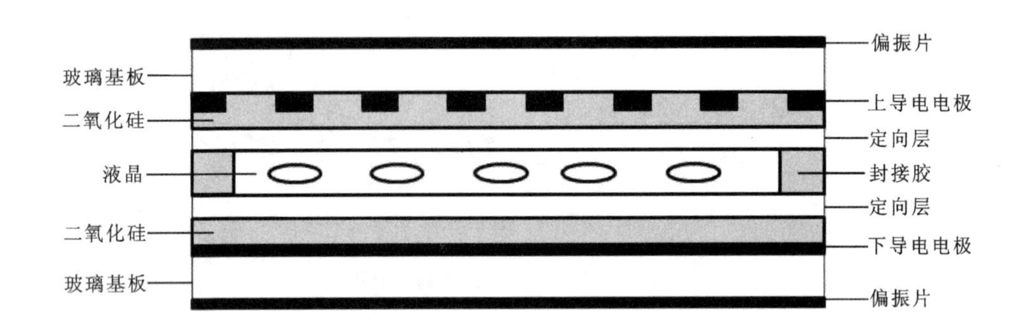

图 6.8.3　液晶光栅示意图

后来 Durand 等人又发现，当所加电场条件改变时，液晶盒中会出现六角形结构或其他更复杂的结构，当光通过液晶盒时还会出现动态散射现象。但是这些区域只有当电场存在时出现，当去掉电场，这些区域也随之消失。1972 年 Carroll 通过试验发现，当光通过加了交流电场的液晶盒时会出现远场衍射现象，与通过透射光栅的现象类似。Carroll 还发现，衍射条纹间隔和衍射角可以很容易地通过所加交流电的频率和振幅来控制。1974 年 Werner 等人用液晶材料 MBBA 和 COC 的混合物在施加电场后得到一种球状结构，这种特殊的结构使得条形区域在撤去电场后仍然稳定存在，但是在施加不同电压时条形区域的形状会发生变化。这种衍射模式使得液晶光栅可用于显示和滤波器。后来陆续对近晶 C 和铁电液晶中的衍射现象进行了研究，但是向列相液晶中的衍射现象更为突出。

1969 年，Helfrich 曾对加直流电场时情况作过解释，他认为，液晶介电常数的各向异性以及流动与液晶中离子迁移率的各向异性能产生这种变形。而且 Gennes 等推导出在交流电场中，电荷密度和局部曲率的运动方程式。结果表明，依照电压频率的不同而存在两种不同的响应方式。频率低时为导电区，频率高时为介电区，或快速消失模。在导电区与介电区中，电压频率和阈值电压之间的关系并不一样。Greubel 等人通过试验证明，平行条纹图形的空间周期即波长的倒数与所加电压成正比。因此，利用电压产生的微型衍射光栅具有实际用途。Margerum 通过实验发现在透明电极上覆盖一层光电导的 MBBA 液晶盒，可以作为可逆的实时相位记录器件，并且对液晶盒施加 4 V 的直流电，取得了 10％的稳定衍射效率。Pollack 等人利用液晶光栅试制了一个低噪声图形放大器，取得了较好的效果。将加了电压的液晶所发生的周期区域当作可将光强变换成空间频率的相位衍射光栅，即可变光栅模式。与光阀组合，就可以将入射到与液晶层串接的光导层内的光强局部变化作为相位衍射光栅的周期，即空间频率的变化加以利用，将其用于图形逻辑器件或空间滤波器。

最初的液晶光栅只是普通的液晶盒，结构相当简单，但是这种微型光栅衍射特性太差，限制了它的应用。此后，随着液晶器件应用的扩展和新的液晶材料的发现，液晶光栅的结构变得越来越复杂，衍射特性的研究也越深入，同时也广泛地应用于图像处理、光调制器、光开关及其他光通信领域。

3. 液晶光栅的演示

在液晶盒的两个电极之间加上一个适当的电压时，液晶分子在外电场作用下的变化，也将引起液晶盒中液晶分子的总体排列规律发生变化，形成光栅。在光的照射下，液晶光栅产生衍射。

同时，液晶分子对偏振光的旋光作用将会减弱或消失。通过检偏器，我们可以清晰地观察到偏振态的变化。

【实验操作及演示现象】

(1)按照图 6.8.1 中半导体激光器、偏振片(起偏器)、液晶盒、偏振片(检偏器)、大白屏的顺序，在导轨上摆好光路。连接各种设备之间的导线。

(2)打开激光器，仔细调整各个光学元件的高度和激光器的方向，尽量使激光从光学元件的中心穿过，照到大白屏。

(3)旋转起偏器，使通过起偏器的激光最强。

(4)打开液晶驱动电源，将功能按键置于连续，将驱动电压置于 6 V 左右，等待几分钟，在白屏上观察液晶盒后光斑的变化情况。应可观察到类似光栅衍射的现象。

(5)仔细调整驱动电压和液晶盒的角度，观察衍射斑的变化，最后使衍射效果最佳。

(6)紧靠液晶盒放置检偏器，用白屏观察检偏器后的衍射斑，旋转检偏器，观察各衍射斑的变化情况，看看它们的变化规律。

(7)关闭液晶驱动电源，发现衍射斑消失，说明液晶光栅是外加电场引起的。

【思考题】

(1)观察实验中的旋转检偏器，各衍射斑有什么变化规律？为什么？

(2)简述电控液晶光栅的用途。

实验 6.9　声光效应演示(超声光栅)

【演示目的】

(1)了解声光调制的一般原理和基本技术；

(2)掌握用声光法测量液体(非电解质溶液)中声速的方法。

【实验装置】

图 6.9.1 所示为声光效应演示示意图。

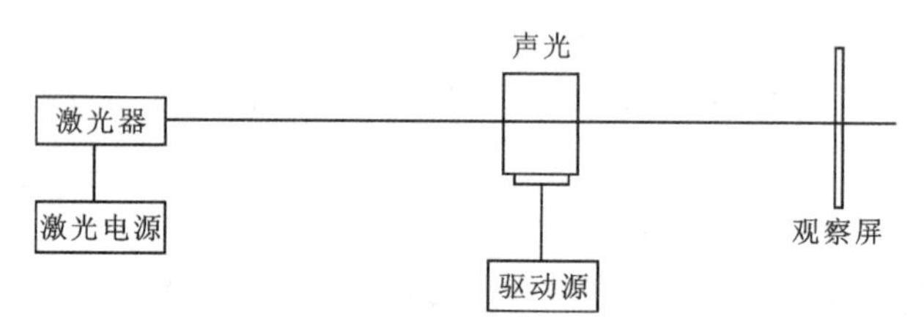

图 6.9.1　声光效应演示示意图

【演示原理】

光波通过被超声波作用的介质时发生衍射的现象称为超声致光衍射(亦称声光效应)。超声波可以利用晶体的压电效应产生,即按一定方向切出的石英晶片,两面镀银电极后,在其上加一交变电压,晶片就会按电场的频率作机械振动产生超声波。让超声波进入透明玻璃水池,便可建立起一个超声场。在这种装置中,压电晶体的作用是把电能转换成机械能,又称为换能器。

超声波作为一种纵波在液体中传播时,其声压使液体分子产生周期性的疏密变化,导致液体的折射率也相应地作周期性的变化,形成疏密波。如前进波被一个平面反射,会反向传播。在一定条件下,前进波与反射波叠加可形成驻波。由于驻波的振幅可以达到单一行波的 2 倍,加剧了波源和反射面之间液体的疏密变化程度。某时刻,纵驻波的波腹处为质点密集区,而波节处为质点稀疏区,如图 6.9.2 所示。

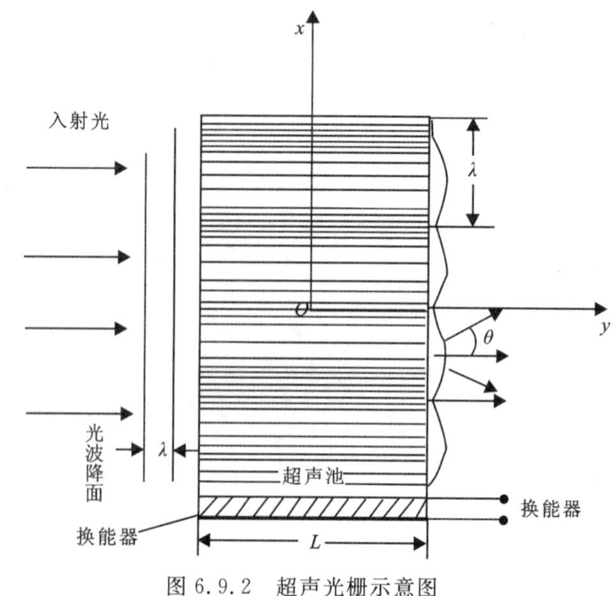

图 6.9.2　超声光栅示意图

波长为 λ 的单色平行光沿着垂直于

超声波传播方向通过上述液体时，液体折射率的周期变化使光波的波阵面产生了相应的位相差，经透镜聚焦出现衍射条纹。当满足声光拉曼-纳斯衍射条件 $2\pi\lambda/L^2 \ll 1$ 时，这种衍射相当于平面光栅衍射，池中的液体就相当于一个衍射光栅。设 Λ 为超声波的波长，相当于光栅常数。L 为超声池的宽度，λ 为入射光波长。可得如下光栅方程(式中 k 为衍射级次，θ_k 为 k 级衍射角)：

$$\Lambda \sin\theta_k = k\lambda \tag{6.9.1}$$

当 θ_k 很小时，有

$$\sin\theta_k = \frac{l_k}{f} \tag{6.9.2}$$

式中，l_k 为衍射光谱零级至 k 级的距离，f 为透镜的焦距。所以超声波波长为

$$\Lambda = \frac{k\lambda}{\sin\theta_k} = \frac{k\lambda f}{l_k} \tag{6.9.3}$$

超声波在液体中的传播速度为

$$V = \Lambda\gamma = \frac{\lambda f \gamma}{\Delta l_k} \tag{6.9.4}$$

式中，γ 是振荡器和压电晶片的共振频率；Δl_k 为同一色光衍射条纹间距。

【实验操作及演示现象】

打开激光器，将待测液体(如蒸馏水)注入超声池内，液面高度以超声池侧面的液体高度刻线为准。两根高频信号连接线的一端各插入超声池盖板上的接线柱，另一端接入超声信号源的高频信号输出端，然后将超声池盖板盖上。调节激光器入射方向，使得激光器垂直入射超声池表面。

开启超声信号源电源，仔细调节超声信号源频率微调旋钮，使电振荡频率与压电陶瓷片固有频率相同，此时，衍射光谱的级次会显著增多且更为明亮。轻微转动超声池盖板，使压电陶瓷片与超声池侧壁平行，并左右转动超声池，使射入超声池的平行光束完全垂直于超声束，同时观察视场内的衍射光谱左右级次及对称性，直到从目镜中观察到稳定而清晰的左右各 3 级(至少 2 级)的衍射条纹为止。

【注意事项】

请不要用激光器照射人眼。

【思考题】

(1)实验过程中的微小震动会对结果产生怎样的影响?

(2)如何保证出现衍射条纹级数最多、强度最大、间距最大?

(3)若想得到最理想的实验结果，关键实验步骤是什么?

(4)实验中所用光源强度对实验结果是否有影响? 为什么?

实验 6.10 法拉第效应

【演示目的】

(1)了解磁场与光的相互作用。

(2)了解法拉第磁致旋光效应。

【实验装置】

图 6.10.1 所示为法拉第效应实验装置示意图。

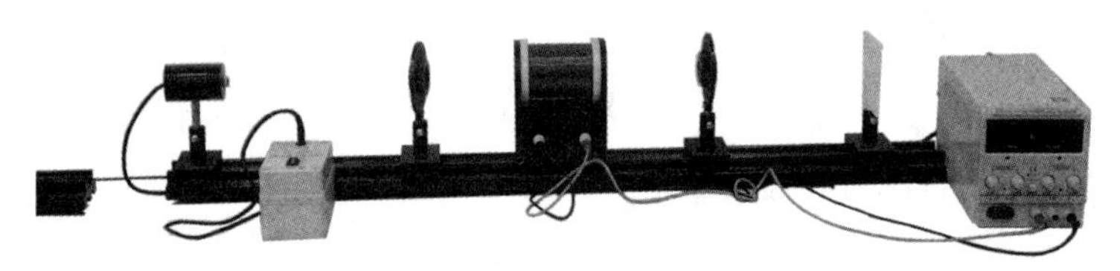

图 6.10.1 法拉第效应实验装置示意图

【演示原理】

1845 年,法拉第在探索电磁现象和光学现象之间的联系时发现,当一束平面偏振光穿过介质时,如果沿光的传播方向对介质加上一个磁场,就会观察到光经过介质后偏振面发生旋转,即磁场使介质具有了旋光性,这种现象称为法拉第效应,或称为法拉第磁光效应。法拉第效应可用于测量溶液含糖量、研究碳水化合物成分和分子结构。

实验表明,在磁场不是非常强的情况下,入射偏振光偏振面旋转的角度 θ 与光波在介质中走过的路程 L 及介质中磁感应强度在光传播方向上的分量 B 成正比,即

$$\theta = VBL \tag{6.10.1}$$

比例系数 V 由介质种类和入射光波长决定,表征该介质的磁光特性,称为费尔德常量。

几乎所有物质(包括气体、液体、固体)都存在法拉第效应。不同的物质偏振面旋转的方向也不相同。习惯上规定,偏振面旋转方向与产生磁场的螺线管电流方向一致时叫作正旋($V>0$),否则叫作负旋($V<0$)。

用经典理论对法拉第效应可作如下的解释:一束线偏振光可以分解成两个同频率等幅度的左旋偏振光和右旋偏振光,这两束光在法拉第旋光材料中的折射率不同,因此传播速度也不同。当它们穿过材料重新合成时,其偏振面就发生了变化,这个变化正比于 B 和 L。

法拉第效应产生的旋光现象与其他旋光现象有所不同,如常见的 1/2 波长和石英旋光片,它们的旋光方向与光传播的方向有关,如将一个线偏振光从材料左侧射到右侧再发射回来,则在二次传播中偏振面的旋转方向相反互相抵消,总的情况是偏振面并没有旋转,而法拉

第效应产生的旋光，其旋转方向只与磁场方向有关，与光传播的方向无关。在上例中，如果旋光是由法拉第效应引起的，那么光反射一次旋转角增大1倍，而不是互相抵消。这是法拉第效应的一个重要特点。因为此特点，法拉第效应在光隔离等方面有着重要的应用。

【实验操作及演示现象】

(1)将设备按图6.10.1摆放。

(2)接好各个设备之间的连线，打开激光器和光功率计电源，调整光路使光束可穿过电磁线圈中心的磁致旋光材料。

(3)旋转检偏器，使白屏上的光最弱，这时起偏器和检偏器相互垂直，处于消光状态。

(4)打开线圈励磁电源，将励磁电流调到0.5A，此时白屏上光的亮度将变大。

(5)重新旋转检偏器，使白屏上光点亮度尽可能弱，系统重新进入消光状态，此时，检偏器角度变化量就是入射偏振光偏振面旋转的角度 θ，而检偏器的旋转方向就是入射光偏振面旋转方向(旋光方向)记下角度变化值和方向。

(6)按一定间隔增大励磁电流，重复步骤(5)。

(7)记下相应的励磁电流值和检偏器的角度变化值，验证二者之间是否为线性关系。

(8)将激光器放到导轨另一端，使光束从电磁线圈的另一端穿过磁致旋光材料，改变励磁电流，观察旋光方向并与步骤(5)中的旋光方向进行比较。

(9)改变电磁线圈中的电流方向，改变电流大小，观察旋光方向和角度掌握其中的规律。

【注意事项】

避免直视激光。

【思考题】

费尔德常量V与溶液的浓度有关，是否可能利用该实验装置设计一种方法测量糖溶液的含糖量？

实验 6.11　激光监听实验

【演示目的】

通过激光监听实验的演示，理解声光、光电和电声信号的相互转换。

【实验装置】

激光监听实验装置如图 6.11.1 所示，包括激光器、装有镜子的密封木箱（内含声源）、硅光电池、放大电路、喇叭。

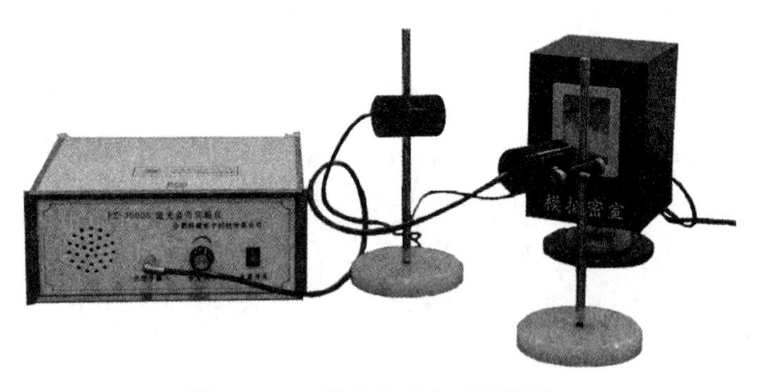

图 6.11.1　激光监听实验装置图

【演示原理】

密闭盒内置播放音乐的扬声器，激光被密闭盒的窗口反射到光电探测器，光探测器将载有密闭盒内音乐信号的光信号经处理还原成声音信号输出。

激光窃听是指利用激光光源和光电子探测技术探测到远处人谈话的一种窃听方法，其特点是作用距离较长，不易受干扰。其基本原理是：将一束激光照射到监听目标周围容易受声压作用而振动的反光物体上，然后在其光束反射方向上接收振动的光信号，并对信号进行解调放大还原声音信号。激光监听实验光路图如图 6.11.2 所示。

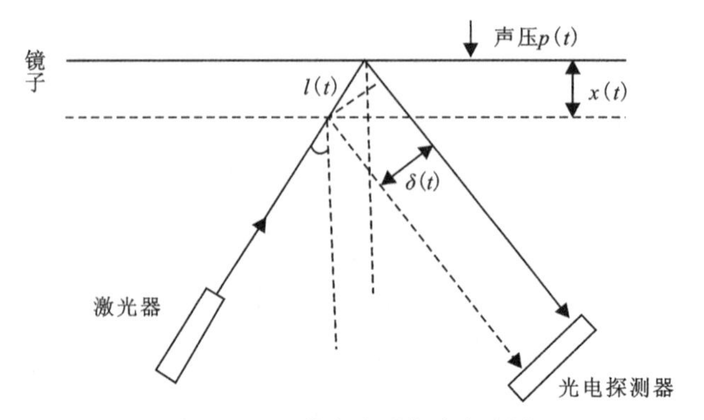

图 6.11.2　激光监听实验光路图

设声波信号为 $s(t)$，则镜子所受声压信号为

$$p(t)=k_1 s(t) \tag{6.11.1}$$

入射角不变的情况下，该声压引起的镜子的振动为

$$x(t)=k_2 p(t) \tag{6.11.2}$$

有

$$l(t)=x(t)/\cos\theta \tag{6.11.3}$$

及

$$\delta(t)=l(t)\sin 2\theta \tag{6.11.4}$$

由式(6.11.3)及式(6.11.4)可得

$$\delta(t)=2x(t)\sin\theta \tag{6.11.5}$$

光电接收端示意图如图 6.11.3 所示，在振动前后光斑均覆盖部分接收窗口，当光斑移动时，进入接收窗口的光斑面积发生变化，变化量为

$$S(t)=h\delta(t) \tag{6.11.6}$$

由于感光面积与输出电流成正比，即

$$I(t)=k_3 S(t) \tag{6.11.7}$$

由以上各式可得

$$I(t)=2k_1k_2k_3hs(t)\sin\theta \tag{6.11.8}$$

式中，k_1、k_2、k_3、h、θ 均为常数，故光电接收器输出电流与声波信号成线性关系。这样就实现了从声波信号到光信号，再到电信号的转换。将该电信号进行放大(前置放大，降噪，后级功放)后驱动喇叭就可以将声波信号还原输出。

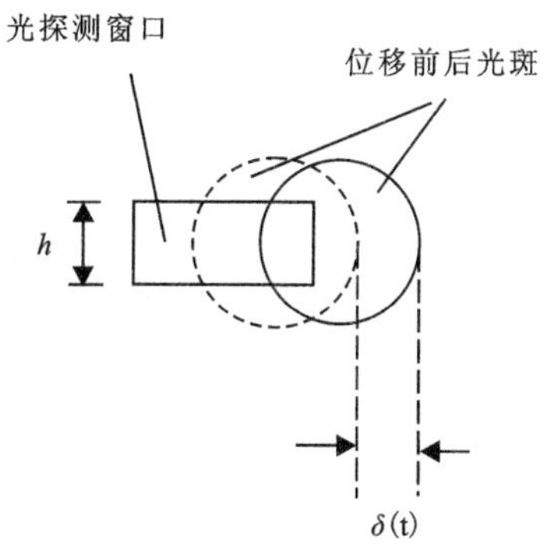

图 6.11.3 光电探测示意图

【实验操作】

(1)打开激光器，使光束以约 45°角照射到小镜子上，调节光电探测器的位置，使反射光斑照射到硅光电池上，且只覆盖光电池的部分面积。

(2)连接硅光电池和扬声器，打开音乐播放器，细调硅光电池位置，直到能听到清晰且放大的音乐声。

(3)改变反射光斑照射到硅光电池上的面积与接收窗口面积之比，使其分别为 1/3、1/2、

2/3、1/1，分辨监听效果有什么样的变化。

(4)调节反射光斑照射面积与接收窗口面积之比为1/2，在此条件下改变入射角和探测器到镜子的距离，分辨监听效果有什么样的变化。

(5)改变镜子与探测器之间的距离，观察光斑大小与光强的变化，分辨监听效果有什么样的变化，测一下最远监听距离。

【思考题】

(1)当反射光斑半径小于接收窗口宽度时，能听到音乐吗？为什么？当反射光斑完全覆盖接收窗口时，能听到音乐吗？为什么？

(2)分析反射光斑照射面积与接收窗口面积之比变化对监听效果的影响。

(3)分析入射角对监听效果的影响。

(4)分析镜子与探测器之间的距离对监听效果的影响。

实验 6.12　光纤通信

【演示目的】

观察视频音频信号通过光纤由发射到接收的过程，了解光纤通信的原理。

【实验装置】

图 6.12.1 为光纤通信演示实验仪，该试验仪包括光发射机、光纤、光接收机、信号源(DVD 机和摄像头)、显示器(自带扬声器)。

6.12.1　光纤通信演示实验仪

【演示原理】

光纤通信是指以光波作为文本、音乐、图像和视频等信息载体，以光纤作为传输媒介的一种通信方式。从原理上看，构成光纤通信的最基本物质要素是光纤、光源和进行电-光、光-电转换的光电子器件。1966 年，当英籍华人高锟提出用石英制作光纤，可实现大容量低损耗的光纤通信时，世界上只有少数人相信，如英国的标准电信实验室(STL)、美国的 Corning 玻璃公司、Bell 实验室。但如今，光纤以其传输频带极宽、抗干扰性高和信号衰减小、原材料丰富且成本低的特点，已成为世界通信中最主要的传输方式。

图 6.12.2 所示光纤通信的传播媒介是光纤。光纤由纤芯、包层、涂敷层及护套层组成，是一个多层介质结构的对称圆柱体。纤芯的主体是二氧化硅，里面掺有其他微量元素用以提高材料的光学折射率。纤芯外面有包层，包层的折射率低于纤芯。对于傍轴光线，由于入射角足够大，光线在纤芯和包层界面发生全反射而实现长距离传输。包层外面是涂覆层，涂覆层外面是护套层，都是起保护作用的，用来增加光纤的机械强度，以使其不受外部损害，如图 6.12.2 所示。光纤的两个主要特征是损耗和色散。

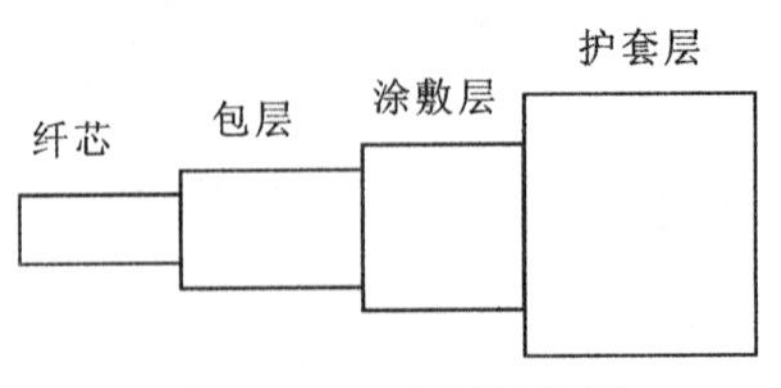

图 6.12.2　光纤结构图

损耗包括光纤对光的吸收损耗、散射损耗和弯曲损耗，光纤通信是随着光纤损耗的不断降低而逐渐实用化并发展起来的，目前普通单模光纤的损耗谱如图 6.12.3所示。可见，在 1310 nm 附近和 1550 nm 附近存在两个低损耗窗口。商业通信所用的为 1550 nm 窗口，损耗约 0.2 dB/km。为了解决长距离通信时光纤对信号的衰减，需要使用中继器对光信号进行放大。

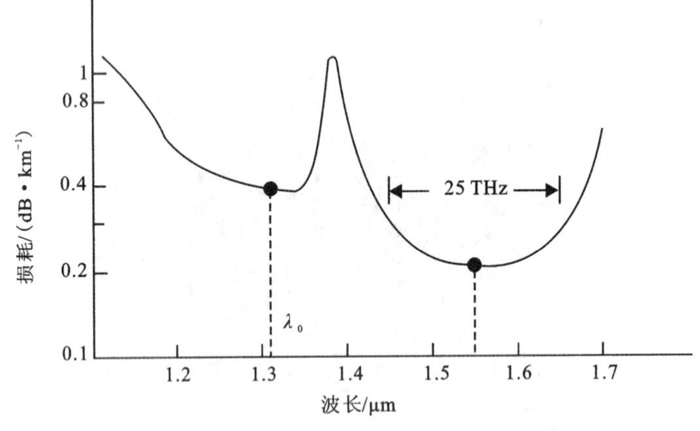

图 6.12.3　单模光纤损耗谱

色散是指具有不同波长成分的光经过透明介质后被散开的现象。在光纤传输理论中，借用色散这个术语表达了新的内容。在光纤中，光信号脉冲含有不同频率成分，其传播速度不同，经过一段距离后，出现了时延差，从而引起信号展宽和畸变，这种现象称为色散，如图 6.12.4所示。为了减小色散对传输信号的影响，光纤通信系统通常采用色散管理措施，如使用色散位移光纤、小色散光纤、色散补偿光纤、负色散光纤等。

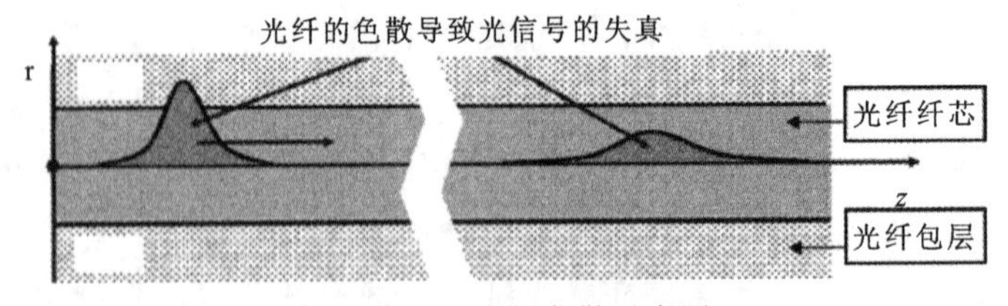

图 6.12.4　光纤色散示意图

（数字）光纤通信的基本原理是将要传输的信息（如文字、音频、图像）进行编码，接着将编码后的数字电信号对半导体激光器发出的激光束进行调制，使光强随电信号的幅度（或频率）变化而变化，并通过光纤传输出去，远距离传输则需要经过中继放大，在接收端，光电探测器将光信号解调为数字电信号并解码恢复为原信息，通过相应的电机端（如扬声器、显示屏）输出。一个典型的光纤通信系统的结构图如图 6.12.5 所示。

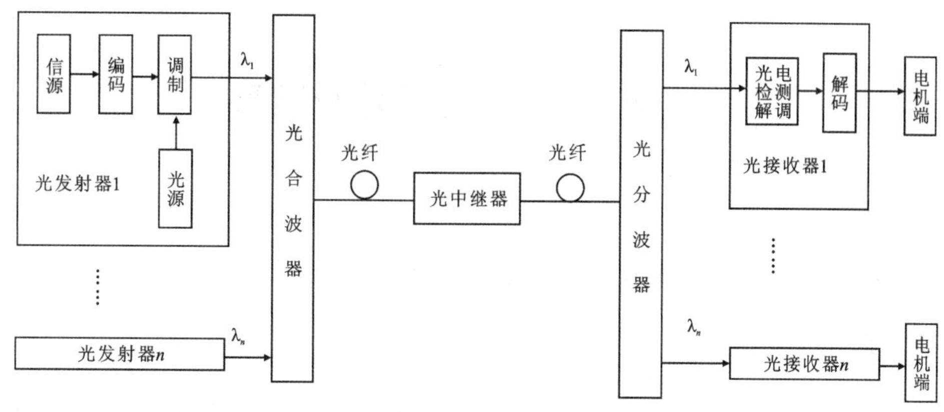

图 6.12.5　光纤通信系统结构图

【实验操作】

(1)将 DVD 的视频、音频输出端口用视频线和音频线分别接到光发射机的 1、3 端口;将摄像头的输出端口用视频线接到光发射机的 2 端口。

(2)将光接收机相应的视频、音频输出端口用视频线和音频线与显示器的 AV 输入端口相连(例如,要观看 DVD 输出,则视频线应接光接收机的 3 端口,要观看摄像头所摄视频,则视频线应接光接收机的 2 端口)。

(3)光发射机的输出端口接光纤一端,光纤另一端接光接收机的输入端口。

(4)接通电源,调节显示器信源模式为 AV 输入,显示器上出现视频,当信号源包括音频输入时(DVD),扬声器发出声音。

(5)演示完毕,关闭信号源和显示器开关,关闭仪器电源。

【思考题】

(1)将光纤弯折较大角度时,对信息传输有无影响?

(2)将图像信号利用光纤传输并在接收端还原,一共需要哪几个步骤?

(3)你知道光纤通信中的波分复用(WDM)技术吗? 指的是什么?

实验 6.13　激光多普勒频移

【演示目的】

利用相位光栅的移动和拍频法演示光的多普勒频移。

【演示装置】

激光多普勒频移演示示意图如图 6.13.1 所示，运动光栅安装在滑槽上，通过转动滑槽边的旋钮可使其移动。

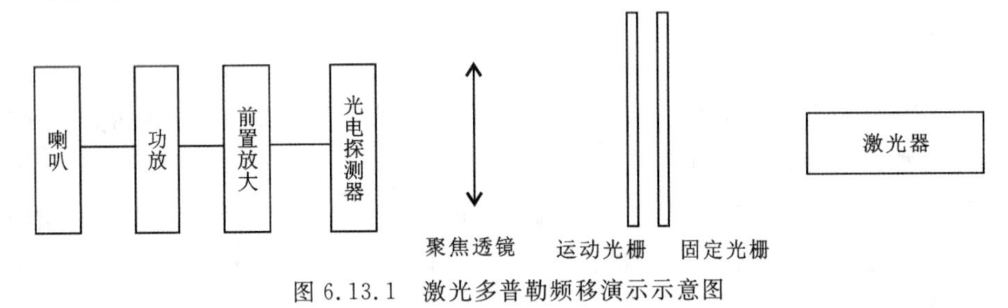

图 6.13.1　激光多普勒频移演示示意图

【演示原理】

多普勒效应是为纪念奥地利物理学家及数学家多普勒命名的。他发现观测者（观测仪器）接收到的物体辐射频率随着波源和观测者的相对运动而产生变化。如图 6.13.2 所示，当观测者向波源运动时，与二者之间无相对运动时相比，接收到的频率变高，而当观测者背向波源运动时，接收到的频率降低。且观测者感受到的频率变化量为

$$\Delta f = \frac{v\cos\theta}{\lambda} \tag{6.13.1}$$

式中，v 为观测者和波源之间的相对运动速度；θ 为速度矢量与波源到观测者连线的夹角，若为朝向运动时，$\theta<90°$；若为远离运动时，$\theta>90°$。多普勒效应可以用图 6.13.2 解释。单位时间内 P（观测者）向 S（波源）移动距离为 $v\cos\theta$，这样，单位时间内比 P 静止时多接收了 $v\cos\theta/\lambda$，故观测者感受到频率增加了 $v\cos\theta/\lambda$。若为背向运动，则观测者所感受到频率减少了 $v\cos\theta/\lambda$。多普勒效应在日常生活中很容易观察到，汽车迎面驶来时汽笛的音调变高，而汽车驶离时，汽笛的音调变低。

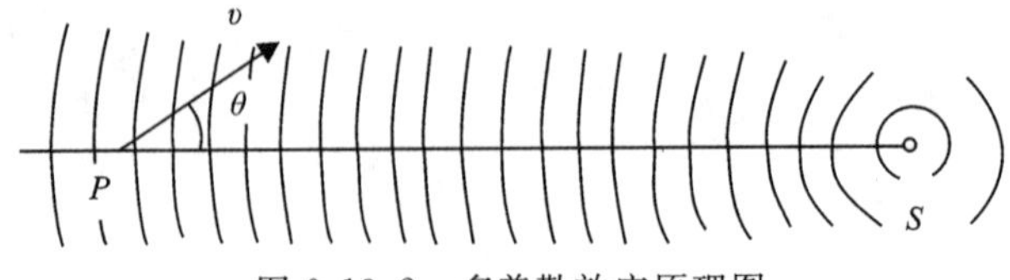

图 6.13.2　多普勒效应原理图

在光波的传播过程中，如果光源和接收器之间存在相对运动速度，接收器接收到的光波频率不同于光源发出的光波频率，由此产生的频率变化称为多普勒频移，由式(6.13.1)可得

$$\frac{\Delta f}{f}=\frac{v\cos\theta}{\lambda f}=\frac{v\cos\theta}{c} \tag{6.13.2}$$

由图 6.13.2 可知，发生多普勒频移的实质是观察点 P 与波源之间发生了空间相差的变化，当相位差减小，接收的频率增加，当相位差增加，接收的频率减小。或者说，观察点 P 穿过了波阵面(等相位面)导致频移的发生，若单位时间内 P 点朝向波源穿过 n 个波阵面(相邻两个波阵面间隔一个波长)，则 P 点接收到的频率增加 n，若 P 点背离波源穿过 n 个波阵面，则 P 点接收到的频率减少 n。

除了 P 点移动产生相位差变化而导致频移，还有其他的方式也可以产生空间相差变化和频移，如利用移动的相位光栅。当激光平面波垂直入射相位光栅时，由于光栅上不同位置对光波的相位延迟不同，入射的平面波在出射时等相位面不再是平面，而是变成了褶曲波阵面，如图 6.13.3 所示。当相位光栅移动时，褶曲波阵面也随之移动，如图 6.13.3(b)。即使观测点 P(探测器)不动，但由于光波波长在 10^{-7} m 数量级，波阵面之间间隔也非常小，效果却是 P 点穿过波阵面引起频移，如图 6.13.3(b)所示。下面具体分析频移量的大小。

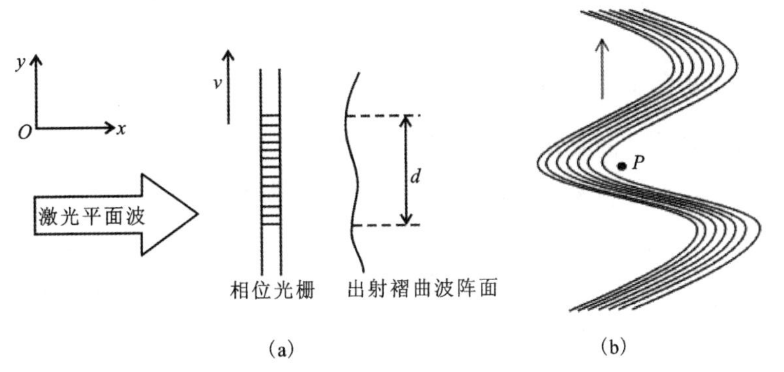

图 6.13.3　经过光栅后的褶曲波阵面(a)和波阵面的移动(b)

当激光平面波垂直入射到光栅时，由于光栅上各缝之间的干涉和每缝自身的衍射，通过光栅后光的强度呈现周期性的变化。在远场，衍射光的主极大位置可用如下光栅方程来表示：

$$d\sin\theta=\pm k\lambda \quad (k=0,1,2\cdots) \tag{6.13.3}$$

式中，d 为光栅常数；θ 为衍射角；λ 为光波波长；k 为级数。

如果光栅在 y 方向以速度 v 移动，则从光栅出射的光波的波阵面也以速度 v 在 y 方向移动。于是对应于同一级条纹的衍射光线，它从光栅出射时，在 y 方向也有一个 vt 的位移量，如图 6.13.4 所示。

根据衍射理论，对应同一级条纹(如第 k 级)的衍射光的衍射角相同。图 6.13.4 中位移前和位移后对应同一级条纹的衍射光经过聚焦透镜后汇聚于同一个观察点 P，光栅移动前后，这个观察点 P 与光源之间的空间相差发生了变化，在 0～t 这段时间，相位差减小量为

$$\Delta\varphi(t)=\frac{2\pi}{\lambda}\cdot\Delta S=\frac{2\pi}{\lambda}\cdot vt\sin\theta \tag{6.13.4}$$

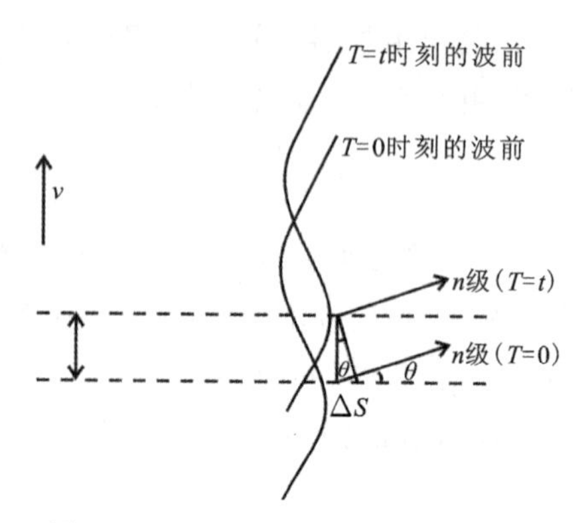

图 6.13.4 衍射光在 y 方向的位移量

将式(6.13.3)代入式(6.13.4)得到

$$\Delta\varphi(t)=\frac{2\pi}{\lambda}\cdot vt\cdot\frac{k\lambda}{d}=2k\pi\frac{v}{d}t=k\omega_d t \tag{6.13.5}$$

式中，$\omega_d=2\pi\frac{v}{d}$，则在单位时间内，观察点 P 感受到的相位差减小量为 $2\pi k\frac{v}{d}$，感受到的波数增加量为 $k\frac{v}{d}$，即 P 点接收到的频率增加 $k\frac{v}{d}$，此频率变化量即为移动的相位光栅造成的多普勒频移，转化为角频率，其频移量为 $2\pi k\frac{v}{d}$，即 $k\omega_d$。

综上所述，若激光从一静止的光栅出射，光波的电场强度为 $E=E_0\cos\omega_0 t$，当光从一个完全相同的移动光栅出射时，第 k 级条纹对应的光波电场强度为

$$E=E_0\cos[\omega_0 t+\Delta\varphi(t)]=E_0\cos[(\omega_0+k\omega_d)t] \tag{6.13.6}$$

下面估算一下多普勒频移的数量级，设光栅常数 d 为 10^{-5} m 数量级，光栅移动速度为 10^{-2} m/s 数量级，则频移值为 $10^3\,s^{-1}$ 数量级，对应于人耳敏感的音频波段。为了检出多普勒频移，将频移前后的两个光波信号进行叠加，得到

$$E'=E_0\cos(\omega_0 t)+E_0\cos[(\omega_0+k\omega_d)t]=2E_0\cos[(k\omega_d/2)t]\cos[(\omega_0+k\omega_d/2)t] \tag{6.13.7}$$

式中，$2E_0\cos[(k\omega_d/2)t]$ 为随时间变化的振幅，而光强为振幅的平方，可得

$$I=2E_0^2[1+\cos(k\omega_d t)] \tag{6.13.8}$$

即拍频光信号光强的变化频率就是多普勒频移，光栅运动速度越大，频移量越大。

采取如下方法可以探测到拍频信号：将两片完全相同的光栅平行紧贴，其中一片 B 静止不动只起衍射作用，另一片 A 相对 B 以速度 v 移动，起频移作用。激光入射双光栅后，射出的衍射光包含了没有频移的光和发生了频移的光，即衍射光是二者的叠加，对衍射光进行光电探测，由于探测器输出电流正比于光强，滤除直流后得到的交流电信号的频率即是多普勒频移，将此交流信号放大以驱动喇叭，可以发出人耳敏感的声音。

【实验操作及演示现象】

(1)启动激光电源开关，将电流调节旋钮调到最大。

(2)调节激光束,使衍射光进入光电探测器前方的透镜,旋转光栅运动控制旋钮,使运动光栅在竖直方向移动,倾听喇叭发出的声音。旋钮转得快,光栅运动速度就大,多普勒频移量亦大,听到的音调也就越高。反之,旋钮转得慢,光栅运动速度就小,多普勒频移量亦小,听到的音调也就越低。因此,如想听到一种稳定的音调,就要保持匀速旋转旋钮,只要动手练习几次,就可得心应手地"转"出各种音调来。

【思考题】

(1)若沿着光栅刻纹的方向移动光栅,能听到扬声器发出的声音吗?

(2)换上不同光栅常数的光栅对,运动光栅沿同一速度移动,音调将如何随光栅常数变化?

(3)根据运动光栅产生激光多普勒频移的原理,在这个装置基础上,你能设计出测量微小振动的实验方案吗?

实验 6.14　激光测距

【演示目的】

熟悉激光的直线传播特性，并利用该特性进行几何关系测距。

【实验装置】

图 6.14.1 所示为激光测距装置，主要由激光器、测角装置构成。

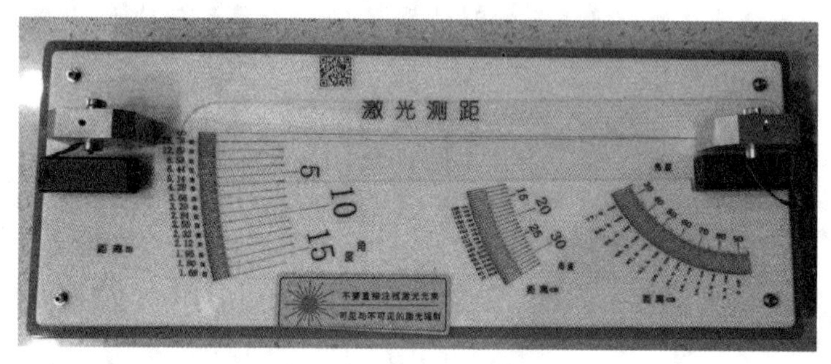

图 6.14.1　激光测距装置

【演示原理】

如图 6.14.2 所示，利用激光会聚和平面几何原理快速测量两点间的距离，测量结果直接在刻度上读出。测量原理如图 6.14.2 所示，AC 间为待测距离，BC 间为一固定距离 K，从底座上固点 C 点的激光器发出的光照射到待测点 A，转动 B 点的激光器，使其发出的光可以在 A 点和 C 点发出的光重合，则 AC 间的距离为 $X=\dfrac{k}{\tan\theta}$，θ 为 B、C 两处激光器出射光之间的夹角。

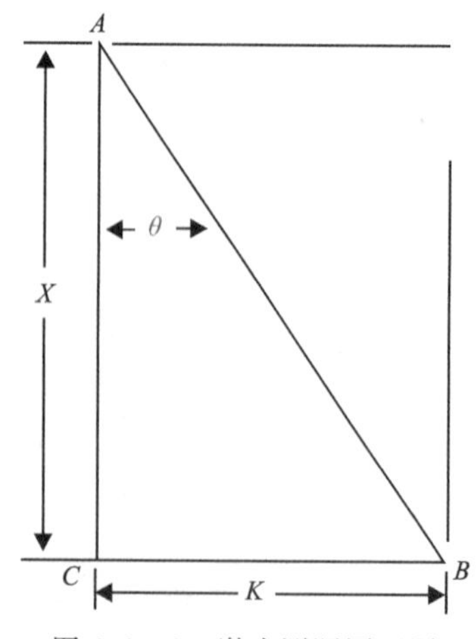

图 6.14.2　激光测距原理图

仪器操作台上标记有三段由半径不同的圆弧组成的读数系统，不同的圆弧对应不同的测量精度。

【实验操作及演示现象】

(1)打开两个激光器开关。

(2)用C点的激光器出射光线对准待测物体，转动B点的激光器，使两个激光器的出射光在待测物体处重合。

(3)当转动仪器面板右部的激光器(即B点的激光器)时，会带动旋转板上的红线指针一起转动，指向面板上的圆弧形角度标记。读出红线指针对应的角度值，即为转动的角度θ，角度旁边标注了由公式$X=\dfrac{k}{\tan\theta}$算得的距离值。

【注意事项】

不要直视激光，不要用激光器照射人眼。

【思考题】

该方法测量距离精度的主要影响因素有哪些？如何提高测量精度？

实验 6.15　激光扫描

【演示目的】

了解激光束扫描原理。

【实验装置】

FZ－JD001 型激光扫描演示仪由信号控制器、激光器、振镜系统组成。信号控制器首先将激光扫描中的图形、文字、动画等图像信息转化为光路扫描的方位-时间信号，实时控制 x、y 方向的摆动电机偏转角度和反射光斑在观察屏（如白墙）上的位置。激光器提供方向性好且光斑小的光束，由于人眼对红光的敏感性较高，本装置使用波长为 630～650 nm 的半导体激光器。由人眼视觉暂留原理（人眼在所见物体消失后，仍会保留其图像约 0.1s）可知，当扫描速度较快时，人眼将“看”到激光光斑扫出的图形、文字等图像。

【实验原理】

激光扫描技术应用广泛，如激光打印、激光打标、激光雕刻、激光焊接、激光快速成型、激光测量、舞台激光秀等。

激光扫描常用方法有转镜扫描与振镜扫描。转镜扫描原理如图 6.15.1 所示，马达带动转镜旋转，改变激光反射光束路径，使光斑实现一维扫描。为了实现二维扫描，需要安装另一个转镜，使两个转镜的旋转轴垂直，入射光经过第一个转镜反射后再经过第二个转镜反射到观察屏或接收屏。

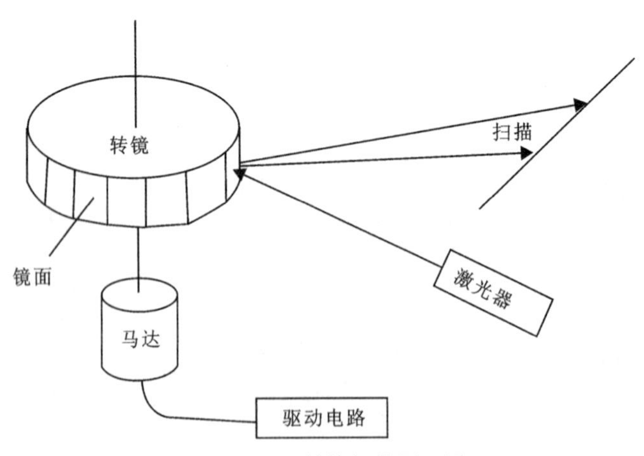

图 6.15.1　转镜扫描原理图

振镜扫描原理图如图 6.15.2 所示，摆动电机，利用磁场对处在其中的通电线圈（转子）产生力矩，但与旋转电机不同，机械纽簧对转子施加了一个恢复力矩，大小与转子偏离平衡位置的角度成正比，当线圈偏转到一定的角度时，电磁力矩与恢复力矩大小相等，故不能像普通电机一样持续旋转，只能偏转，偏转角与电流成正比，其原理与电流表头类似。这样就可通过电流大小和方向来控制偏转角和偏转方向，从而带动振镜往返摆动。两个振镜若单独使用，则 x 方向摆动的振镜使反射激光作 x 方向的一维扫描，y 方向摆动的振镜使反射激光作 y 方向的一维扫描。当两个垂直摆动的振镜配合使用时，就可控制输出激光束进行二维扫描，如图 6.15.2 所示。

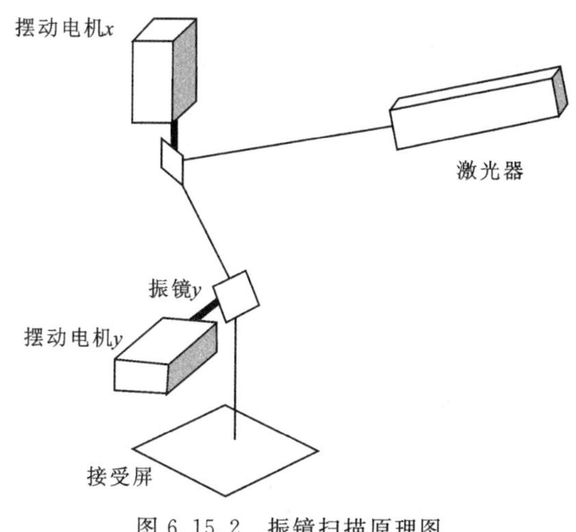

图 6.15.2　振镜扫描原理图

【实验操作及演示现象】

(1)在电源关闭状态下，从出光口观看一对振镜的机械结构。

(2)打开仪器电源，通过按压仪器背面的菜单键切换扫描模式，可以选择自动连续扫描一组图像、扫描一个图像、声控扫描。根据所选模式设定的程序表演各种激光扫描秀，同时可以从仪器出光口观察振镜的运动，注意必须从侧面观察，绝不能正对激光束。

【注意事项】

严禁直视激光，不要照射人眼。

【讨论与思考】

(1)转镜扫描和振镜扫描各有什么特点？

(2)利用转镜扫描能实现等线速度扫描吗？

(3)激光扫描有哪些具体应用？

C 其他与先进技术相关的演示实验

实验 6.16 GPS 全球定位系统

【演示目的】

了解全球定位原理。

【实验装置】

图 6.16.1 所示为 GPS 演示仪。

图 6.16.1 GPS 演示仪

仪器主要包括:

(1)定位装置:支撑架,搭载 4 个超声波发送模块,用于模拟 4 颗导航卫星。

(2)定位目标:可控二自由度运动小车,搭载超声波接收模块,用于模拟 GPS 接收器。

(3)控制部分:电脑端控制程序以及无线通信装置,用于数据采集、数据处理以及图像绘制。

【演示原理】

GPS是英文global positioning system(全球定位系统)的简称。GPS起始于1958年美国军方的一个项目,为陆、海、空三大领域提供实时、全天候和全球性的导航服务,并用于军事情报收集、核爆监测和应急通信,经过20余年的研究实验,耗资300亿美元,到1994年,全球覆盖率达98%的24颗GPS卫星已布设完成。图6.16.2所示是GPS卫星系统在地球上空分布的示意图。

图6.16.2　全球定位系统

GPS定位的基本原理如图6.16.3所示,假设有4颗GPS卫星和一个GPS接收机。GPS卫星上都配备了已同步的精确时钟(铯原子钟),每隔一段时间GPS卫星会发送自己的位置。即在某个精确的已知时刻 t_0,每一颗GPS卫星信号位置(x_i, y_i, z_i)为已知数(i 取1,2,3),GPS接收机的位置坐标(x, y, z)为待求值。假设接收机分别在 t_1, t_1, t_3 时刻接收到其中三颗卫星发送的位置信号,某颗卫星到接收机的距离即可以由这两点的位置坐标来计算,也可以用光速 c 乘以传输时间来计算。于是有

$$\begin{cases} \sqrt{(x_1-x)^2+(y_1-y)^2+(z_1-z)^2}=c(t_1-t_0) \\ \sqrt{(x_2-x)^2+(y_2-y)^2+(z_2-z)^2}=c(t_2-t_0) \\ \sqrt{(x_3-x)^2+(y_3-y)^2+(z_3-z)^2}=c(t_3-t_0) \end{cases} \tag{6.16.1}$$

在这3个方程构成的方程组中,只有 x, y, z3个未知数,理论上可以求出GPS接收机的位置(x, y, z),也就是说,似乎只需要3颗卫星就能实现定位。但是,GPS接收机的时钟精度不高,远低于铯原子钟的精度,时间差(t_1-t_0)乘以光速后,距离误差将非常大,即这3个方程等号两边实际上不严格相等,由这3个方程求出的接收机位置坐标(x, y, z)会“失之毫厘,谬之千里”。假设GPS接收机的时钟与标准时钟的时间误差为 Δt,为了纠正这个 Δt 引起的误差,就需要第四颗卫星提供位置信息。考虑这个时间误差后,方程组(6.16.1)需要改写为

$$
\begin{cases}
\sqrt{(x_1-x)^2+(y_1-y)^2+(z_1-z)^2}=c(t_1+\Delta t-t_0)\\
\sqrt{(x_2-x)^2+(y_2-y)^2+(z_2-z)^2}=c(t_2+\Delta t-t_0)\\
\sqrt{(x_3-x)^2+(y_3-y)^2+(z_3-z)^2}=c(t_3+\Delta t-t_0)\\
\sqrt{(x_4-x)^2+(y_4-y)^2+(z_4-z)^2}=c(t_4+\Delta t-t_0)
\end{cases}
\tag{6.16.2}
$$

方程组(6.16.2)中的未知数为 $x,y,z,\Delta t$，可以由这 4 个方程求解得到。因为每个方程等号两边接近严格相等，故可实现较为精确的定位。

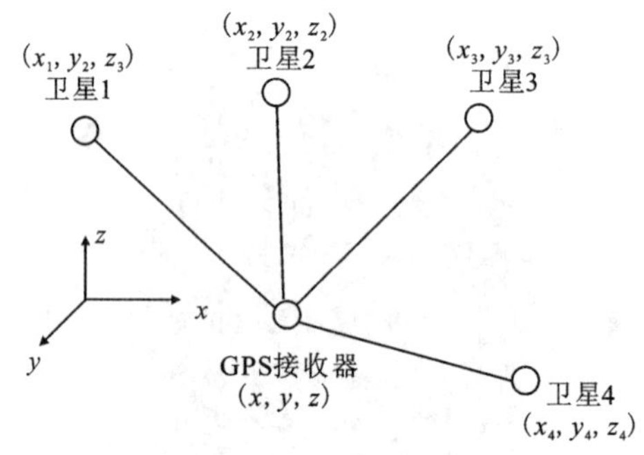

图 6.16.3　GPS 定位原理

【实验操作及演示现象】

仪器使用 4 个超声波发送模块发送超声波，模拟卫星发送微波，使用小车接收超声波，模拟 GPS 接收器接收微波，用计算机软件计算出各个时刻小车位置坐标实现定位。定位目标(小车)可在定位区域(100 cm×100 cm)范围内自由运动。

打开电脑后，双击 GPS 软件图标即可打开软件，点击开始即可演示。电脑屏幕上可以实时显示小车轨迹和朝向。另外，在电脑屏幕上可直接通过点击鼠标来控制小车的行进和转向，实现导航。

【思考题】

影响 GPS 定位精度的因素有哪些?

实验 6.17　3D 打印

【演示目的】

了解 3D 打印技术的基本原理，熟悉 3D 打印机的基本构造和模型制作过程，加深对 3D 打印的理解。用 3D 打印机演示打印棋子、花瓶等。

【实验装置】

图 6.17.1 所示为 HORI 3D 打印机。

图 6.17.1　HORI 3D 打印机

【演示原理】

3D 打印，又称增材制造，是一种融合了计算机辅助设计、材料加工与成形技术，以数字模型文件为基础，通过软件与数控系统将专用的金属材料、非金属材料以及医用生物材料按照挤压、烧结、熔融、光固化、喷射等方式逐层堆积，制造出实体物品的制造技术。简单来说，3D 打印利用热塑性材料的热熔性、黏结性，在计算机控制下层层堆积成形。相对于传统的模型制作，对原材料切削、组装的加工模式不同，3D 打印是一种“自下而上”通过材料累加的制造方法。这使得过去受到传统制造方式的约束而无法实现的复杂结构件制造变为可能。

【实验操作及演示现象】

(1)首先设计出所需零件的计算机三维模型，并存储为 STL 格式文件。

(2)利用 CubeX 设备的软件将三维模型按照一定的规则切片，将原来的 STL 文件变成一系列的层片文件。

(3)连接 CubeX 3D 打印机,设备自动识别离散后的层片文件,并开始执行程序一层一层打印模型,得到一个三维物理实体。

若一时难以自行设计三维模型,也可直接选择仪器自带模型进行打印,具体操作步骤如下。

打开机箱前门,插入含有待打印文件的 U 盘,打开打印机成型区舱门,点击打开 UPS 开关,打开机箱外侧电源总开关,即可观察到液晶屏开机,进入操作界面,如图 6.17.2 所示。

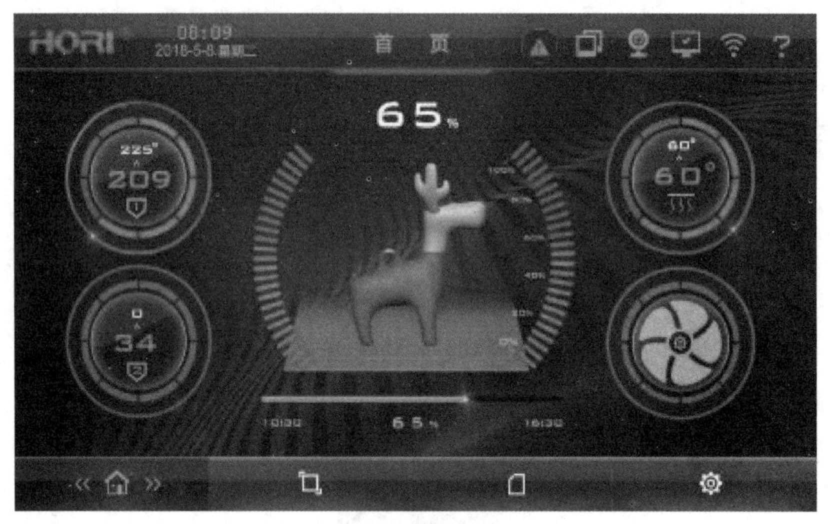

图 6.17.2　3D 打印机操作界面

“首页界面”分为左、中、右三部分,可实时监测并显示打印头和热床温度,以及模型打印进度。屏幕最左侧为打印机喷头温度监测表,分别监测控制打印机喷头的温度。点击喷头温度监测表,拖曳白色按钮可随时调整喷头温度,下方设有进退料按钮,将目标温度调整至 200℃后,点击“一键进料”与“一键退料”按钮。屏幕中间部分显示了模型打印进度,包括打印该模型所需的总时长、当前打印进度以及打印完成百分比,同时还可对模型进行三维预览。屏幕最右侧上方是热床温度监测表,可监测并调整热床温度。屏幕最右侧下方是风扇转速监测表,可依据具体情况调节风扇转速,以便更好地进行模型打印。“打印界面”左侧为“本地磁盘”以及“我的 U 盘”内的模型文件,选择需要打印的文件后,界面右侧会显示出选择的文件名称和切片文件的基本信息,下方两个按钮分别为“开始/暂停”和“停止”。在打印过程中,我们还可以依据实际情况对打印速度进行设置。程序预定时间结束以后,即可取出 3D 打印样品。

【注意事项】

请勿直接接触打印喷头,以免高温灼伤。

【思考题】

(1)该仪器最大可以打多大的模型?

(2)除了本实验中用到的材料以外,还有哪些材料可以作为 3D 打印的材料?